U0291383

长江上游梯级水库群多目标联合调度技术丛书

面向江河湖库生态安全的水库群调度关键技术

熊文　陶江平　陈小娟　毛劲乔　康玲　王超　辛小康　著

中国水利水电出版社

www.waterpub.com.cn

·北京·

内 容 提 要

本书针对长江三峡工程及其上游梯级水库群调度运行对水生态敏感区及敏感对象的影响，选择三峡水库、长江中游江段、洞庭湖和鄱阳湖为典型研究区域，围绕水华防控、鱼类资源保护、湖泊湿地修复等水生态敏感对象开展了水工程调度需求及技术研究。本书提出了面向三峡水库干支流水华防控、长江中游重要水生生物物种保护、洞庭湖和鄱阳湖湿地生态安全保障的长江上游水库群联合生态调度模式，为长江上游梯级水库群多目标联合调度提供了约束条件，为实现长江水生态修复的水资源系统优化配置调度提供了技术支撑。

本书适合于生态水文学、生态水力学、淡水生态学、生态遥感学、鱼类生态学、湿地科学等相关领域的研究人员、管理人员参考使用，也可作为高等院校相关专业高年级本科生和研究生参考用书。

图书在版编目（C I P）数据

面向江河湖库生态安全的水库群调度关键技术 / 熊文等著. -- 北京 : 中国水利水电出版社，2020.12
（长江上游梯级水库群多目标联合调度技术丛书）
ISBN 978-7-5170-9328-2

Ⅰ．①面… Ⅱ．①熊… Ⅲ．①长江流域－上游－梯级水库－水库调度－研究 Ⅳ．①TV697.1

中国版本图书馆CIP数据核字(2020)第270171号

书　　名	长江上游梯级水库群多目标联合调度技术丛书 **面向江河湖库生态安全的水库群调度关键技术** MIANXIANG JIANG HE HU KU SHENGTAI ANQUAN DE SHUIKU QUN DIAODU GUANJIAN JISHU	
作　　者	熊文　陶江平　陈小娟　毛劲乔　康玲　王超　辛小康　著	
出版发行	中国水利水电出版社 （北京市海淀区玉渊潭南路 1 号 D 座　100038） 网址：www.waterpub.com.cn E-mail：sales@waterpub.com.cn 电话：(010) 68367658（营销中心）	
经　　售	北京科水图书销售中心（零售） 电话：(010) 88383994、63202643、68545874 全国各地新华书店和相关出版物销售网点	
排　　版	中国水利水电出版社微机排版中心	
印　　刷	北京印匠彩色印刷有限公司	
规　　格	184mm×260mm　16 开本　15.75 印张　384 千字	
版　　次	2020 年 12 月第 1 版　2020 年 12 月第 1 次印刷	
印　　数	0001—1000 册	
定　　价	**148.00 元**	

水利水电工程建成运行，可发挥防洪、供水、灌溉、发电、航运等诸多功能，对促进国家经济社会发展作用巨大。水利水电工程建设和运行改变了河流的自然属性，导致河流阻隔生境片段化，河流的环境结构、水环境质量、水文节律及径流分配等的改变，不可避免地对水生态系统的结构和功能产生不利影响，引发河流生态系统的退化和生物多样性丧失等问题，尤其是对水生态系统中水生生物产生的诸多影响，备受国内外学者广泛关注。目前，聚焦于流域大尺度生态恢复和水资源配置计划开始推行，以维持可持续的淡水生态系统服务。从流域尺度研究水利水电工程建设及对水生态系统的影响，将有助于认知单工程调蓄及梯级水库群的累积影响，对流域生态系统保护与修复尤为重要。因此，如何围绕水库群调度背景下流域水流、水量时空分配需求及其与外部的关系、结合水文气象过程及生态目标进行水资源的优化配置、结合生态要素的水文过程需求进行河湖生态条件的修复、采用大数据体系进行河流水安全和生态安全评估预警，已经成为迫切需要解决的关键问题。

随着长江上游干支流水库的不断建成运用，三峡及其上游梯级枢纽的叠加影响使得三峡水库的边界条件和运用环境持续变化，并将更大程度地改变库区及长江中游的水文情势和水动力条件，进而对上述区域生态系统产生更为复杂的影响，可能危及区域生态安全。本书选择三峡水库、长江中游江段、洞庭湖和鄱阳湖为典型研究区域，以重大水利工程运用导致的水文、水动力、泥沙等环境条件时空变化为线索，围绕区域水环境保护、重要水生物种生存繁衍、关键栖息地维持和湖泊湿地生态修复等区域生态安全保障的前瞻性问题，重点研究长江上游水库群联合运行条件下长江中下游生态系统在个体、种群、群落、生境和生态完整性等各个层面的响应机理和影响机制，评价其受影响程度和方式，解析并量化维持其生态系统功能和安全的水文节律和水动力环境条件需求，提出面向三峡库区干支流富营养化抑制、重要水生生物物种保护和流域下游江湖生态安全保障等目标的长江水库群调度需求与调控模式，为实现长江水生态修复的水资源系统优化配置提供技术支撑。

本书共分6章。第1章系统介绍了长江流域水生态系统结构与功能，分析了河流梯级开发对水生态系统的影响，归纳总结了生态调度对河湖生态修复的效用和实施生态调度的关键问题，从维系生态安全角度研究提出了防控三峡库区干支流水华、满足长江中游典型鱼类完成生活史及保障洞庭湖和鄱阳湖两湖湿地生态安全的调度需求。第 2 章研究了不同流速与藻类生物量的响应关系，对典型支流水华发生水动力参数进行了模拟验证，开展了水库联合调度对流速影响研究，分析了三峡坝前水位调度方案对水华防治效果，提出了防控三峡水库水华的上游水库群联合调度需求与方案。第 3 章研究了长江中游重要水生生物关键生活史时期对不同水文条件刺激下的生理生态响应特征，分析水库群联合调度方案下的水流及水温过程的变化与鱼类关键生活史之间的数值映射关系，提出面向长江中游关键物种生理生态需求阈值主要调度指标和方案。第 4 章构建了通江湖泊湿地生态系统健康的评价指标体系并确定健康阈值，对长江中游江湖一体化进行了动态模拟研究，研究提出了保障两湖湿地生态安全的水库群优化调控模型和水量调控建议方案。第 5 章针对复杂水流的水温调控，构建了水动力模型，通过遥感反演葛洲坝下游河段水温，研究提出了中华鲟产卵场适宜栖息面积，分析研究了下泄流量对中华鲟适宜栖息地影响，为生态调度方案研究提供了基础。第 6 章开展了多种径流情景下上游水库群生态调度数值模拟，分析了针对不同时期不同区域的生态用水需求，研究了不同生态调度目标间竞争与协同关系的触发条件和响应程度，提出了长江上游水库蓄水期和消落期多目标生态调度建议方案，构建了面向江河湖库生态安全长江上游水库群调控模式。

本书是在"十三五"国家重点研发计划项目"长江上游梯级水库群多目标联合调度技术"（2016YFC042204）、国家自然科学基金（NSFC：51379135、51409175、51809185）等资助下完成的。全书由熊文负责统稿，陶江平、陈小娟、毛劲乔、康玲、辛小康、王超、杨正健、万荣荣、徐薇、易燃等参加编写。曹俊、金瑶、杨志、朱其广、黄羽、常锋毅、杨霞、赵肥西、龙华、吴比、田明明、戴雪、张培培、胡腾飞、姜尚文、杨子兴、曾小媚、廖卫红、王新、宋培兵、孙嘉辉参与了部分研究工作。水利部长江水利委员会、长江勘测规划设计研究院及三峡枢纽建设运行管理中心等单位专家提供了大量技术指导和资料支持，在此一并致谢。

由于作者水平有限，有些问题需进一步深入探讨和研究，书中难免有缺陷和不妥之处，敬请读者批评指正。

作者

2020 年 12 月

目录

第 1 章

概　　述

长江流域水生态系统结构与功能

　　长江发源于青藏高原唐古拉山主峰格拉丹冬雪山西南侧，干流全长 6300 余 km。长江自西而东流经青海、四川、西藏、云南、重庆、湖北、湖南、江西、安徽、江苏、上海等 11 个省（自治区、直辖市），注入东海。长江支流展延至贵州、甘肃、陕西、河南、浙江、广西、广东、福建等 8 个省（自治区）。长江流域面积约 180 万 km²，约占我国国土面积的 18.8%。长江水系庞大，支流湖泊众多，流域面积 8 万 km² 以上的支流有雅砻江、岷江、嘉陵江、乌江、沅江、湘江、汉江、赣江等 8 条支流，流域面积以嘉陵江为最大，流量以岷江最大，长度以汉江最长。长江拥有洞庭湖、鄱阳湖、巢湖、太湖等 4 大淡水湖泊，以鄱阳湖面积最大。长江在宜宾至宜昌间又称川江；从枝城到城陵矶段又称荆江；江苏镇江以下又名扬子江。长江自江源至宜昌通称上游，长约 4500km，集水面积约 100 万 km²；宜昌至湖口通称中游，长约 950km，集水面积约 68 万 km²；湖口至入海口为下游，长约 930km，集水面积约 12 万 km²。长江流域多年平均水资源总量 9960 亿 m³，占全国水资源总量的 35.1%，其中地表水资源量 9857.4 亿 m³，占长江水资源总量的 99%。长江流域为独特而完整的自然生态系统，水生生境类型多样，水生生物资源丰富，其中河湖、水库、湿地面积约占全国的 20%，淡水鱼类占全国总数的 33%。长江流域是我国重要的生物基因宝库、珍稀水生生物库、水产品主产区和我国重要的战略水源地，在保障国家生态和水资源安全方面发挥着重要作用。

　　长江流域地跨南温带、北亚热带、中亚热带和高原气候区等 4 个气候带，地貌类型复杂，山水林田湖浑然一体，分布有众多的国家级生态环境敏感区，是我国重要的生态安全屏障区。目前已建立有国家级自然保护区 93 个、面积 2399.3 万 hm²，占全国个数的 30.7%、面积的 26.3%；国家级水产种质资源保护区 253 个，占全国的 51.0%；国家级森林公园 255 个，占全国的 28.9%；国家级地质公园 54 个，占全国的 29.3%；同时拥有世界文化和自然遗产 15 处、国家级风景名胜区 75 处（万成炎和陈小娟，2018）。长期的自然演替过程中，长江不同的水生生物类群与其生存的环境之间形成了相对稳定、复杂又动态变化的生态系统结构，在维系长江流域生物多样性、保障生态功能、提供生态服务价值、维持经济社会发展等方面产生了重要作用。

　　长江流域分布着各种类型的自然生态系统，是水生生物的重要栖息地。其中，上游浅滩和深潭交错、缓急交替的复杂水流孕育了长江上游珍稀特有鱼类国家级自然保护区复杂的生物多样性；中下游河网纵横，湖泊星罗棋布，是经济鱼类育肥、珍稀鸟类觅食、江豚和中华鲟生长生活的重要场所。长江源头由沱沱河（西源）、当曲（南源）和楚玛尔河（北源）汇入通天河，为高原河源水系、沼泽、湖群湿地生境和通天河下游峡谷激流生境，源区河流高寒缺氧，抗干扰和自我恢复能力差，是生态脆弱地带，也是长丝裂腹鱼、裸腹叶须鱼、中华鮡、黄石爬鮡等高原特有鱼类的分布区。长江上游为河道滩潭交替、水流缓急相间的峡谷河流生境，是长江众多珍稀特有鱼类的栖息地，历史上分布有白鲟、达氏鲟、中华鲟、胭脂鱼、长薄鳅、圆口铜鱼、岩原鲤等长江上游珍稀特有鱼类的产卵场；长江中下游是东亚季风气候下形成的洪泛平原区，为水系纵横交织、湖泊星罗棋布的河网洲滩、浅水湖群，形成了独特的江湖复合生态系统，是珍稀特有和重要经济鱼类的栖息地、繁育场所和洄游通道；河口为半咸水生境，有河口三角洲湿地，是鲥、刀鲚和暗纹东方鲀等咸淡水鱼类及虾蟹繁殖场所、江海洄游鱼类的洄游通道（万成炎和陈小娟，2019）。

长江水系分布有淡水鲸类、鱼类、爬行类、两栖类、水禽等多种生物类群，列为国家一、二级保护动物的有白鱀豚、中华鲟、白鲟、达氏鲟、扬子鳄、江豚、大鲵等，在我国水生濒危生物及水生生物多样性保护中占有重要地位（曹文宣，2011）。有鱼类约 400 余种，其中纯淡水鱼类 350 种左右，特有鱼类多达 156 种，约占我国淡水鱼类种类数的 1/3（曹文宣，2019）。长江上游鱼类 286 种，其中局限分布于上游的特有鱼类 124 种，占 43.4%；长江水系有 9 个特有属，其中 8 个属分布于长江上游，仅似刺鳊鮈属 1 个属分布于中下游。列为国家重点野生保护动物的鱼类有 7 种，列入《中国物种红色名录》近危等级以上的鱼类有 69 种（曹文宣，2019）。分布的两栖动物共记录 145 种，接近全国总数的 45%，包括长江流域特有种 49 种，特有种的比例接近 34%。列入国家重点野生保护动物的两栖动物有 5 种，列入《中国物种红色名录》的受威胁物种有 69 种（于晓东等，2005）。

长江流域天然水生生境面积大幅萎缩、空间格局破碎，水生生物的栖息生境发生明显变化，水生生物多样性下降，珍稀特有物种减少，鱼类资源小型化种类增多，生物群落结构发生变化，加上过度捕捞等人为活动的影响，水生态系统的结构变得不合理或不完善，食物网受损，作为饵料生物基础的藻类不能通过摄食得到有效控制，引起水环境健康问题，具体体现在局部江段与湖泊水体富营养化和水华频发。流域 56 个主要湖泊中，Ⅳ类～劣Ⅴ类水质水体约占 85%，包括鄱阳湖、巢湖、洞庭湖、滇池等。长江支流、三峡水库支流等支流库湾水华频发，已严重威胁区域的饮用水安全和水环境健康（徐德毅，2018）。

1.2 河流梯级开发对水生态系统的影响

截至 2018 年，长江流域已建成大型水库（总库容在 1 亿 m³ 以上）329 座，总调节库容超过 1800 亿 m³，防洪库容约 770 亿 m³，其中长江上游已建、在建的水库有金沙江中游的梨园、阿海、金安桥、龙开口、鲁地拉、观音岩，雅砻江的两河口、锦屏一级、二滩等水库，金沙江下游的乌东德、白鹤滩、溪洛渡、向家坝等水库，岷江的双江口、瀑布沟、紫坪铺等水库，嘉陵江的碧口、宝珠寺、亭子口、草街等水库，乌江的构皮滩、思林、沙沱、彭水等水库，以及长江三峡水库等 25 座控制性水库（见图 1.1），总库容 1512 亿

m³，防洪库容 489 亿 m³（胡向阳 等，2020）。

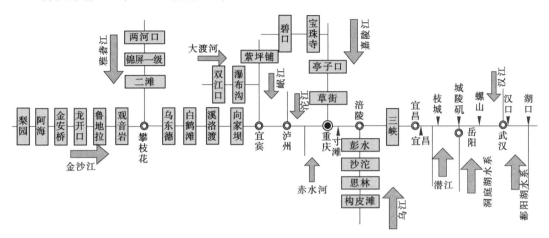

图 1.1　长江上游 25 座水库群示意图（胡向阳 等，2020）

受长江流域梯级开发与运行等人类活动影响，长江干流及大部分支流已经失去了上、中、下游的直接水文联系，河道被机械地阻隔起来；受防洪和蓄水等方面的影响，长江流域的水文形势已经偏离了自然的涨落规律，长江中下游的河道中已经形成了清水下泄的格局，河水中大量缺乏原本自然携带的泥沙；由于长江水文节律和流域内水量的改变，长江流域天然水生生境面积大幅萎缩、空间格局破碎；上游天然林、草地和沼泽等自然生态系统面积不断减少，中下游湖泊、湿地大幅萎缩，通江湖泊数量锐减（陈宇顺，2019）。

在水环境方面，水文情势与水体的生物化学过程紧密相关。水库蓄水导致库区水深增加、库区水文情势与水动力条件改变，库区支流局部水域适宜藻类生长，易发生水华。此外，水库蓄水及引调水工程建设运行也会导致坝下流量减少、水体流速降低，加上河流周边污染的累积影响，一些河流局部水域如汉江中下游河段易发生水华，而流量的减少也容易导致咸潮范围扩大、频次增加，进而使得沿岸居民生产生活受到影响（Dejalon et al.，1994；陈进，2018；汤显强，2020）。

在生物多样性方面，水库建设运行会引起生境破碎化、激流生境萎缩、坝上下水文过程改变、水温过程延滞与生物适宜栖息地减少等变化。这些生境变化对赖以生存的水生生物特别是洄游性鱼类、流水性鱼类的自然繁殖等重要生命活动具有较大影响。目前，梯级开发对长江流域一些珍稀特有鱼类、重要经济鱼类的影响已经凸显，流域水生生物多样性保护面临较大威胁（刘飞 等，2020）。例如，白鲟被宣布灭绝，长江鲟的野生种群已基本绝迹，中华鲟自然繁殖活动自 2013 以来出现不连续趋势，近年来金沙江圆口铜鱼产卵规模显著下降，三峡蓄水后长江中游四大家鱼产卵规模下降，建坝后长江鱼类种类大幅下降等（Wei et al.，2009；Ban et al.，2011；Tao et al.，2017；吴金明 等，2017；蔡庆华，2020；Zhang et al.，2020）。

在湿地方面，湖泊湿地自然丰枯变化的水文节律与湿地植被演替、鸟类迁徙等生态过程紧密相关。目前，长江上游水库群建设运行对中下游通江湖泊湿地水文过程产生了一定影响，进而影响湿地生态过程（羊向东 等，2020）。三峡水库汛末期蓄水导致洞庭湖和鄱阳湖湿地 10—11 月水位下降，在此期间湖口水位同比下降 0.4～1.6m，鄱阳湖湖区水位相应下降 0.3～1.2m（许继军和陈进，2013）；荆江三口分入洞庭湖多年平均总径流量减少 37.18%，城陵矶多年平均水位降低 1.33m（付湘 等，2019）。水位下降及枯水期延长，将使湿地洲滩提前显露，水生植物蓄存量减少，湿地植被结构发生改变，越冬水鸟潜在栖息面积减少。

1.3　生态调度对河湖生态修复的效用

大型水利工程的建设及梯级水库群的运用改变了河流的布局属性和生境特征，加剧了河流的阻断效应，使得天然径流更为坦化，河流自然生态系统进一步被破坏，如何在梯级水库群联合调度中实现河流生态的保护，极为重要与迫切。传统的水库调度促进了水资源的统一管理和高效利用，但是也扰动了流域的生态系统、天然水文情势，从而出现了河道径流量减少、水环境质量恶化、生物多样性锐减、湿地萎缩等一系列的河流生态环境问题（陈志刚 等，2020）。为了降低传统水库调度对河流生态系统造成的不利影响，需要进行水库生态调度。生态调度比传统调度更多地考虑河流生态系统的需求，兼顾水资源开发利用中的社会、经济和生态环境效益，其核心思想是通过调整水库的调度方式增加流态、生境和水生态系统的多样性（邓铭江 等，2020）。相比于传统水库调度，梯级水库群生态调度是一种降低大坝的建设和运行对河流生态系统负面影响的措施，该措施费用相对较低，可以改善传统的水库调度方式，通过合理运行大坝设施，部分恢复自然水文情势，修复大坝上下游河流的生态系统结构和功能。

20 世纪 90 年代以来，我国的水利水电建设逐渐进入了生态制约阶段。如何通过生态调度来协助解决众多大坝建设运行中的生态环境问题，是我国当前水利水电工程建设和运行管理所面临的一个重大挑战。长江流域的治理开发与保护修复不协调、重开发轻保护问题突出，高质量可持续发展面临极大挑战。《长江经济带生态环境保护规划》在流域科学调度方面明确提出：优化水资源配置，优先保障生活用水，切实保障基本生态用水需求，合理配置生产用水；优先保障枯水期供水和生态水量；对已建的长江上游梯级水库，要科学地进行联合调度，在保障防洪安全和供水安全的前提下尽量发挥水库的生态效益等要求。2018 年 3 月，生态环境部、农业农村部、水利部联合印发了《重点流域水生生物多样性保护方案》，长江流域水生生物多样性保护重点为：金沙江及长江上游重点保护金沙江水系特有鱼类资源，附属高原湖泊鱼类等狭域物种及其栖息地，白鲟、达氏鲟、胭脂鱼等重点保护鱼类和长薄鳅等 67 种特有鱼类及其栖息地。三峡库区水系重点保护喜流水鱼类及圆口铜鱼、圆筒吻鮈等长江上游特有鱼类，以及四大家鱼、铜鱼等重要经济鱼类种质资源及其栖息地。长江中下游水系重点保护长江江豚、中华鲟栖息地和洄游通道，四大家鱼、黄颡鱼、铜鱼、鳊、鳜等重要经济鱼类种质资源及其栖息地。

长江流域干支流梯级水库群形成后，将在长江流域防洪、发电、航运、水资源配置、水生态与水环境保护等方面发挥巨大的作用。然而，梯级水库的建设对生态环境的影响十分深远和复杂，梯级水库运行又会带来新的生态环境问题，但生态调度可缓解原本存在的一些生态环境问题。生态调度是水库群联合调度的应有之义，是水库群安全、健康、绿色、高效运行的重要保障，是拓展水利枢纽工程综合效益的客观要求，是实现长江大保护的重要手段，是落实生态文明建设，实现人水和谐的必要举措。在当前推动长江经济带发展，把修复长江生态环境摆在压倒性位置，共抓大保护、不搞大开发的时代背景下，为全面贯彻落实长江大保护战略精神，保障河湖生态需水，改善梯级开发运行对重要水生生物和水生态环境的影响，开展长江水库群生态调度研究及应用研究非常必要、紧迫，并且意义重大、影响深远。

长江流域生态调度积累了一些经验，取得了一定成效。从 2011 年开始连续 9 年实施 13 次三峡水库生态调度试验，对长江中游产漂流性卵鱼类自然繁殖起到了一定程度的促进作用；2017 年开始开展了溪洛渡分层取水生态调度试验，为减轻水库滞温效应的首次生态调度实验，同时还开展了溪洛渡、向家坝、三峡水库联合生态调度；汉江流域水库群则多次实施应急调度，有效减缓了汉江中下游的水华；2018 年开展的汉江中下游梯级联合生态调度试验（汪登强 等，2019；匡亮 等，2019；徐薇 等，2020），通过同步增加丹江口水库下泄流量和保持下游梯级枢纽敞泄的调控方式，首次从流域梯级尺度实施了保持鱼类洄游通道恢复及实现鱼类自然繁殖水文条件优化的生态调度。这些实践结果表明，长江流域水库群生态调度试验对生态环境保护和修复具有良好成效。但是调度对象有待进一步扩展，调度需求有待进一步研究，调度方案有待进一步优化，调度效果有待系统评估。

1.4　长江流域实施生态调度的关键问题

生态过程与水文、水温过程紧密相关，对于梯级开发运行产生的水文过程变化、水温延滞导致的一些生态问题，可以利用改变工程调度运行方式得以减缓（Richter and Thmoas，2007；郭文献 等，2011）。目前，水库生态调度已成为减缓大坝建设运行对河流生态系统不利影响的主要非工程措施。

2018 年，长江流域已有 40 座控制性水库纳入长江防汛抗旱总指挥部联合调度范围，其总调节库容 854 亿 m³、防洪库容 574 亿 m³。这些控制性水库的联合调度管理为实施生态调度、更好地发挥水库生态功能提供了可能。近年来，已经连续开展了三峡水库针对四大家鱼自然繁殖、三峡水库群联合生态调度、汉江水库群联合生态调度等多项生态调度试验，取得了初步成效，积累了宝贵经验。但是，长江流域控制性水库群的生态调度研究与实践仍处于起步阶段，与指导生态调度、修复长江生态环境的实际需求仍然存在较大差距，主要表现为生态调度对象不明、调度覆盖面有限等方面。

（1）生态调度调度对象不明。从生物多样性保护角度，鱼类重要生命活动与水文过程、水温过程等因素紧密相关，但由于生态监测数据和研究积累等方面的制约，目前仅对三峡坝下江段四大家鱼和中华鲟自然繁殖的水温、水文过程需求有了一定程度的了解，对于受其他控制性水库运行影响的重要鱼类自然繁殖的需求，特别是金沙江、长江上游及汉江、乌江等典型支流分布的珍稀、特有及重要经济鱼类缺乏研究与系统总结。从水环境改善角度，水华发生影响因素复杂，主要因素包括水动力、营养盐等条件，如何通过调度有效地进行水华的预防和应急控制尚不清晰；从重要湿地保护角度，湿地水文过程和生态过程紧密相关，水库运行导致通江湖泊湿地水文过程出现了什么变化及其带来了哪些突出生态效应? 如何通过水库群联合调度来缓解? 这些问题尚不明确。

(2) 生态调度覆盖面有限。由于每个水库调度运行特点及其所处区域生态环境状况不同,其对于生态环境造成的影响及其影响程度各不相同,因而每个水库的生态调度需求包括调度目标对象及其所需的调度参数也不相同,针对不同水库而制订的生态调度方案需要进一步明确。在目前纳入联合调度范围的 40 座控制性水库中,已开展生态调度试验的水库仅有三峡、丹江口、溪洛渡和向家坝等少数控制性水库,生态调度实施的覆盖面有限。

(3) 生态调度目标单一、部分需求不明。尽管当前在长江流域实施的生态调度试验对流域生态修复和保护取得了良好成效。但是生态调度水库的数目过少、生态调度目标单一、生态调度的时间短和频次低、水库群生态调度需求机理不明确等影响了水利工程综合效益的发挥;除针对长江中游四大家鱼自然繁殖外,对于其他重要物种、重要生态功能区、湿地保护和水环境修复等方面的调度指标、可行性研究均处于起步阶段,对全流域尺度的水库群生态调度关键技术及水库群生态调度对水生态环境的影响等方面研究也亟待进一步加强。

1.5 面向生态安全的长江上游水库群调度需求

1.5.1 防控三峡库区干支流水华的调度需求

水库水体富营养化及水华防控问题,一直是影响水利水电可持续发展的关键生态环境问题,备受国内外学者的广泛关注;而通过水库调度来防控水华也被认为是改善水库水质的最直接、最有效的方法之一,也是目前研究的热点问题。关于大坝建设对水库水质的影响及其调控方法,国外诸多机构均开展了大量的工作,研究范围几乎覆盖了全世界绝大多数水库,其中以美国、加拿大、澳大利亚、德国、印度、新西兰等国家的研究相对集中。

国内有关湖库浮游植物生长及水华的报道始于 20 世纪 80 年代对武汉东湖蓝藻水华的研究,但自 2003 年三峡水库出现了藻类水华以后,大型水库水体富营养化及水华问题开始受到极大关注。目前,多数学者从我国大型水库实际出发,研究发现水动力条件是部分水库水华暴发的主要诱因,且水库水位的升降可通过改变水库水环境状态进而影响水华暴发的区域及强度,因此通过生态调度来防控库区及支流水华已逐渐被达成共识。以三峡水库为例,部分学者先后提出了以"临界流速""水体滞留时间""日调节调度"和"潮汐式调度"等生态调度方法,目前已证实"日调节调度"和"潮汐式调度"能够在一定程度上防控三峡水库支流库湾水华,具有可行性 (王丽婧 等, 2020)。

但是,目前有关生态调度防控库区及支流水华的研究尚处于定性论述及实验探索阶段,并没有完全上升到理论层面,离实际运用还有一定的距离。要将水库生态调度真正应用于防控水华实践,还必须解决好水库调度作用于水华的途径和机理问题、水华的准确预测预报问题、水库生态调度与其他常规调度的协调机制问题及生态调度的定量化问题。本书通过对上述问题的研究,可为通过水库调度防控库区及支流水华等水环境问题提供理论支撑;同时对保证长江流域水资源安全、最大程度发挥三峡水库综合效益有着重要的现实意义和广泛的应用前景。

1.5.2　促进长江中游典型鱼类自然繁殖的调度需求

随着工程建设对重要物种影响逐渐被重视，关于工程建设运行对洄游鱼类、珍稀濒危特有物种的影响及保护策略研究成为目前物种保护研究的重点内容之一。在物种保护措施方面，除实施就地保护、人工增殖放流外，生态调度已成为减缓工程建设运行对鱼类等水生生物不利影响的主要措施，也是国际学术界关注的热点问题之一。

长江中游干流与附属湖泊、湿地构成了复杂的江湖复合生态系统，并孕育了特有的水生生物多样性格局，在维持长江生态系统平衡，满足生产生活生态方面具有极其重要的作用。中华鲟作为国家一级保护动物，四大家鱼（青鱼、草鱼、鲢和鳙）作为我国传统的养殖对象，分别是长江珍稀及经济鱼类的典型代表。它们生活史模式的形成，与长江的河流演变是协调完成的。长江上游的梯级开发，水资源调配导致的水流及水温过程的变化，已经影响了这些鱼类的生活史阶段关键事件（如性腺发育、繁殖等）的实现，进而引起种群规模缩小，危及物种生存。

早在 1991 年完成的《长江三峡水利枢纽工程环境影响报告书》中，即提出了采取人造洪峰的调度措施予以减缓。2011 年开始，连续实施了旨在提升长江中游四大家鱼繁殖规模的生态调度试验，取得了一定的效果。然而，由于对四大家鱼周年发育的生理过程与自然水流即水温周期变化适应关系及其机制的了解尚不透彻，有关其生态调度参数设置"精细"需求尚需深入研究。中华鲟目前的处境在《长江三峡水利枢纽工程环境影响报告书》也有预见，提出在三峡水库蓄水期间，10 月减少下泄流量 40% 以上，会对中华鲟产生较为严重的不利影响。后来的研究表明，中华鲟的自然繁殖对流速、流量、底质、水温过程均有一定的需求。

总之，在保证防洪、发电和航运调度的基础上，充分发挥三峡水库在生态和环境保护中的积极影响，实施环境影响报告书提出的减缓措施，以满足生态与环境的需求为目标进行三峡水库调度运行方案优化。就目前的研究成果而言，针对三峡蓄水前后的中华鲟和四大家鱼的自然繁殖状况、繁殖条件及繁殖的生态水文需求还需进行大量的监测和研究。针对坝下典型水生生物栖息和繁殖对调度需求、实现方式等方面进行的研究不多，尤其是如何使用有效的调度策略来改善水文条件，以满足长江中游典型鱼类完成生活史，实现水生态系统健康等方面。

1.5.3　保障两湖湿地生态安全的调度需求

湿地生态系统健康评价技术在国际广受重视，如美国环保署构建了湿地生态系统健康评价指标体系，并针对北美大湖湿地进行了综合评价研究。长江中游通江湖泊湿地生态安全在长江经济带建设中处于关键位置，加强流域湿地生态建设，恢复湿地和江湖生态功能势在必行。已有研究涉及通江湖泊湿地植被格局组成、演替规律的分析研究，以及水利工程影响下通江湖泊季节性水位波动及洲滩湿地淹没出露格局变化研究。

长江中游两湖区域是长江流域的核心地区，洞庭湖和鄱阳湖与长江相连、交互影响，构成复杂江湖关系。以水利开发为主的人类活动对长江中游江湖交汇水系起着主导作用，两湖区域近年来出现了水资源时空分布不均加剧、湖泊水位持续偏低、水生态系统结构和功能退化等问题。如何在最大程度上减轻水利工程的影响,进行有利于改善江湖关系、保障长江防洪、发电、供水、航运及生态等综合性水安全需求的大规模水库群科学统一调控,是当前的难题。

首先,对江湖交汇水系特征、江湖关系内涵、驱动机制的认识仍不够全面与系统,缺乏量化指标体系的界定与描述。其次,长江及两湖区域形成了特有的水利工程群分布格局,江湖关系变化过程中的水利工程影响机理尚不完全清楚;再则,如何通过三峡和两湖水库群的联调联控,既兼顾水利工程防洪、发电、供水、航运等经济社会效益,又能保障两湖生态需水要求,充分发挥江湖生态效益,实现江湖两利,尚缺乏有效的理论、方法与成套技术。

选择三峡水库、长江中游江段、洞庭湖和鄱阳湖为研究区域,以长江上游梯级水库群及三峡调度运用导致的水文、水动力、泥沙等环境条件时空变化为线索,围绕区域水质保护、重要物种生存繁衍、关键栖息地维持和湖泊湿地生态修复等保障区域生态安全的前瞻性问题,重点研究梯级水库群调度对水库、长江干流及通江湖泊的水环境、重要生物种群和江湖关系等各个层面的响应机理和影响机制,评价其受影响程度和方式,解析并量化维持其生态系统结构、功能和安全的水文节律和水动力环境条件需求,提出面向区域富营养化抑制、重要水生生物种群保护和下游江湖生态安全保障等目标的长江水库群调度需求与调控模式,为实现长江生态环境恢复的水资源系统优化配置提供技术支撑。

第 2 章

防控水库水华的长江上游水库群
联合调度技术

2.1　三峡水库水华概述

　　水华（water bloom）是富营养化的典型特征之一，通常是指水体达到富营养化（eutrophication）或严重富营养化状态，在一定的温度、光照等条件下，某些浮游藻类发生爆发性的繁殖，引起明显的水色变化，并在水面上层聚集形成肉眼可见的微藻聚积物的现象（Shapiro，1973）。形成淡水水华的有蓝藻、绿藻、硅藻、甲藻和隐藻等种属（郑建军等，2006）。有报道表明浮游植物密度达到 1.5×10^7 个/L 即可形成水华，在形成水华时，水体中叶绿素 a 的浓度一般在 $10 \mu g/L$ 以上（李颖 等，2014；孔繁翔和高光，2005）。

　　三峡水库自 2003 年 6 月蓄水以来，其入库水量、水库的吞吐量、流域地表径流强度、水体紊动扩散能力、库湾和支流污染物的滞留时间等，均较蓄水前明显不同，水库支流回水区的水环境条件发生了变化，成为易出现富营养化的敏感水域（周广杰 等，2006）。以往的水环境监测结果表明：由于支流沿岸污染物的输入，三峡水库支流库湾 N、P 等营养物浓度较高，部分支流库湾已具备发生水华的营养盐条件（蔡庆华和胡征宇，2006）。三峡库区支流春季和秋季的富营养化监测结果表明，库区支流春季富营养化水平整体上高于秋季，2011年至 2014 年春季富营养化水平支流平均比例为 46.2%，秋季平均比例为 28.1%。从空间分布上分析，库区上游支流的营养水平整体高于下游，苎溪河、汝溪河、东溪河、池溪河、珍溪河和御临河等 6 条上游支流出现富营养化的频次较高，营养水平总体上以富营养为主，而其他 10 条支流营养水平总体上以中营养为主。从年际变化上分析，处于富营养水平的支流频次有增加趋势（蔡庆华和孙志禹，2012；杨正健 等，2017；邱光胜 等，2011）。

　　春、秋两季是三峡库区支流水华的高发季节，截至 2015 年，日常所监测的 29 条重要支流，有 26 条发生了春季水华（张静 等，2019）。而水华暴发又会引起新的水环境问题（王扬才和陆开宏，2004；秦伯强 等，2007）：一是威胁生态系统安全，藻类暴发性繁殖，死亡后分解会大量消耗水体中的氧气，引起需氧生物窒息死亡；二是部分藻类产生藻毒素，对饮用水水质产生影响，威胁人畜安全；三是增加自来水厂处理成本；四是水色感观差。为此，研究者对三峡库区支流水华防治问题开展了大量研究（刘德富 等，2016；周广杰 等，2006）。已有的研究成果认为水华的发生与 4 项因子有关，即营养盐（包括碳、氮、磷、硅等）（Vollenweider，1968）、光照（Kunz and Diehl，2003）、温度（Eppley，1972）、水力学条件（包括流量、流速及其分布、含沙量等）（杨霞 等，2012），这 4 项因子同时满足某种条件时，藻类出现疯长，形成水华，且 4 项因子不同组合条件下形成不同优势藻种的水华（曾辉 等，2007；王海云 等，2007）。其中，合适的营养盐浓度是发生水华的主导因素已成为业界的普遍认识，控制三峡库区支流流域污染被认为是控制水华的根本途径（周广杰和胡征宇，2007）。但由于三峡库区社会经济发展与环境承载力之间的矛盾，导致控制三峡库区支流流域污染是一个长期而复杂的过程。因此，相关研究者从改善支流回水区范围内水流条件的角度，探讨利用水库优化调度抑制支流库湾水华的研究成果相继出现（辛小康 等，2011）。利用三峡等水库开展生态调度，抑制库区支流水华，对于发挥水利工程的综合效益具有十分重要的意义。受当时的认识和研究条件限制，目前已有研究成果提出的调度设想或调度方案，是否具有可能性和可行性，仍然需要进一步验证。

为此，科学分析三峡库区水华发生区域与水流条件、营养盐条件、温度及生物因子等条件的相关关系，建立三峡库区二维水动力数学模型，模拟上游水库群联合调度条件下三峡水库坝前水位运行方式与典型支流水动力条件的响应关系十分必要且相当紧迫。

2.2 水库蓄水后典型支流水华状况分析

2.2.1 香溪河概况

香溪河地处湖北西部的巫山山脉与荆山山脉之间，位于东经 $110°15′\sim111°05′$、北纬 $30°57′\sim31°36′$ 之间。香溪河发源于神农架，有东西二源：东源在神农架林区骡马店，为东河（古夫河），由东向西折向东南流，再汇入其他溪流，最终流入高阳镇响滩，在兴山县境内长为 41km；西源在大神农架山南，为西河（南阳河），由西向东南流，在兴山县境内长为 37km；东西两河在兴山县高阳镇昭君村前的响滩处汇合，始称香溪河。香溪河向南流 14km

图 2.1 香溪河流域水系示意图

在峡口镇接纳高岚河、游家河，进入秭归县境内，在秭归县内长 12km，最后经秭归县至西陵峡口注入长江。香溪河干流长为 110.1km，流域包括整个兴山县及秭归县和神农架区的一部分，总面积为 3095km²，河口距三峡大坝 32km。香溪河是三峡水库湖北库区的最大支流，流域下垫面条件、水环境变化特征在三峡库区具有典型性和代表性。受三峡水库蓄水的影响，在香溪河与长江交汇的河口至昭君大桥容易形成回水淹没库湾。2003 年，三峡水库初期蓄水运用，蓄水至 135m，香溪河河口至峡口镇平邑口处形成库湾，总计长约 24km。2006 年 10 月，三峡水库蓄水至 156m 水位时，香溪河回水区范围达 32.3km；蓄水至 175m 水位时，回水到达古夫镇附近，回水区范围达 40km。

流域多年平均年降水量为 1015.7mm，

汛期4—9月降水量占全年降水量的78.4%。多年平均流量为65.5m³/s，最大流量为2270m³/s（1935年7月6日），最小流量为7.17m³/s（1963年）。香溪河属于山溪性河流，河水暴涨暴落，洪峰一般历时2～3天。香溪河流域水系示意图见图2.1。

2.2.2 香溪河水华发生情况

香溪河从2003年6月第一次暴发水华，随后每年都暴发水华，2004—2014年香溪河每年都暴发春季水华，夏季水华主要发生在2008年之前，秋季水华仅2011年暴发过一次。其暴发范围主要在离河口0～20km处（见图2.2）及回水区域（见表2.1）。水华暴发的优势种春季以硅藻（小环藻）、甲藻为主（多甲藻），夏季以蓝藻（微囊藻）、绿藻（丝藻）和隐藻为主，秋季以绿藻为主。

（a）2007年甲藻水华   （b）2014年硅藻水华   （c）水华高发区域

图2.2 2004—2014年香溪河水华典型优势种及高发区域

表2.1　　　　　　　　　　　2003—2015年香溪河水华暴发一览表

时　　间	水华范围 距河口距离/km	水华区水色	叶绿素a /(μg/L)	藻类密度 /(×10⁷个/L)	藻类 优势种群
2003年6月	0.0～17.0	深酱油色	51	1.3	隐藻
2004年3月	2.0～20.0	酱油色	48	1.5	硅藻
2004年6月	0.0～18.0	微带黄绿色	87	17	硅藻
2005年3月上中旬	6.0～12.0	酱油色	35.6	3.1	硅藻、甲藻
2005年3月下旬	3.0～18.0	酱油色或铁锈红色	19.9	2.3	硅藻、甲藻
2005年4月	3.0～20.0	酱油色	49.5	3.1	硅藻
2005年5月	6.0～20.0	黄绿色	21.6	1	甲藻、绿藻
2005年7月	0.0～20.0	蓝绿色	52.9	15	蓝藻
2005年8月	6.0～12.0	浅绿色	40.7	2.7	绿藻
2006年3月	7.0～19.0	浅褐色	42.8	0.46	甲藻
2007年3月	0.0～23.0	酱油色	64.4	0.58	甲藻
2008年3月（水位152～154m）	10.0～27.0	酱油色	212	1.5	多甲藻
2008年6月（水位145m）	4.1～26.8	蓝绿色	101	40	微囊藻
2009年3月	8.5～29.5	浅褐色	61.7	5.58	小环藻

续表

时 间	水华范围 距河口距离/km	水华区水色	叶绿素 a /($\mu g/L$)	藻类密度 /($\times 10^7$ 个/L)	藻类 优势种群
2010 年 3—4 月	31.0~32.0	酱油色	193	1.8	多甲藻
2011 年 9—10 月	—	绿色	—	1.1	绿藻（丝藻）
2012 年 4 月	全回水河段	浅绿色或酱油色	56.8	1.44	小环藻
2013 年 3 月	15.0~32.0	褐色	64.1	15.1	小环藻
2014 年 3 月	1.0~30.0	褐色	48.1	4.023	小环藻

2004—2014 年，春季水华期间的藻类密度在 2009 年和 2013 年分别形成两个小高峰，数值分别是 5.58×10^7 个/L 和 15.1×10^7 个/L。而叶绿素 a 含量则在 2008 年及 2010 年形成两个小高峰，其值分别是 $212\mu g/L$、$193\mu g/L$（见图 2.3）。

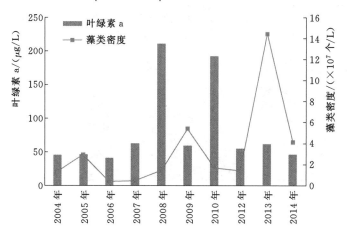

图 2.3 2004—2014 年香溪河春季水华的叶绿素 a 含量和藻类密度

夏季水华只在 2008 年之前暴发过，2003—2008 年，香溪河水华期间的藻类密度和生物量都呈增加趋势，并且水华发生河长也逐年增加（见图 2.4）。

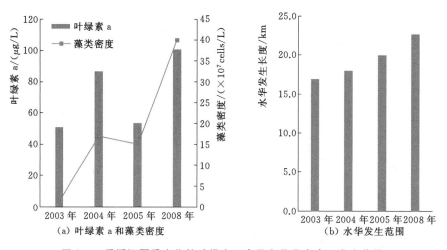

图 2.4 香溪河夏季水华的叶绿素 a 含量和藻类密度及发生范围

2.2.3 香溪河水华原位定点加密监测

在水库消落期和汛期开展典型支流原位监测，重点关注了反蓄阶段水位抬升过程中香溪河的现场监测。

2.2.3.1 监测方法

1. 监测时间及区域

原位定点加密监测时间段为2017年4—7月，加密监测过程中观测到有水华发生，每轮次水位变动期间监测4次，监测6轮，共计监测24次。样品在原位采集，现场测定理化指标，并采集藻类样品，分别用鲁哥固定液和甲醛固定藻类定量和定性样品带回实验室。

考虑水位及实际环境状况，在研究区域内设置了监测断面7个（见表2.2和图2.5），这些断面中，XX01、XX02、XX03、XX04均设置一条垂线，分0.5m、1.0m、2.0m、3.0m、5.0m等5个层次进行分层采样；XX05设置一条垂线，分0.5m、1.0m和2.0m等3个层次进行采样；非固定的水华典

图2.5 香溪河水华加密监测采样点位置示意图

型区断面，设置一条采样垂线，分0.5m、1.0m、2.0m、3.0m、5.0m等5个层次进行采样；对于CJ断面设置一条垂线，仅采集表层1个点。

表2.2 香溪河各监测断面地理位置及特征

监测断面	地理位置及特征
XX01	响滩，香溪河常年来水处
XX02	平邑口与高阳之间，常年回水末端
XX03	回水末端以下1km
XX04	盐关与峡口之间，回水末端中部
XX05	香溪河口以上1km
XXW	非固定的水华典型区断面（每次除已定监测点以外，易发生或已发生水华区段）
CJ	长江干流对照断面（郭家坝镇前）

2. 监测指标

（1）水文参数：水深、流速。

（2）现场理化指标：水温、pH、电导率、透明度、浊度、溶解氧、氧化还原电位、光照强度。

（3）水质参数：总氮、总磷、可溶性硅、硝酸盐氮、氨氮、可溶性磷。

（4）藻类参数：叶绿素 a、藻类种类、藻密度。

2.2.3.2　监测结果及分析

1. 加密监测期间水位变化

加密监测期间水位变化如图 2.6 所示：4 月 20 日至 6 月 16 日水位经历两次陡降，水位从监测初期的 161.57m 下降至 145.85m；6 月 16—29 日水位一直在 145m 处小幅变动；7 月 1 日至 7 月 9 日因洪水调度，水位抬升至 156.91m；此后至监测末期 7 月 20 日，水位开始下降至 151.75m。

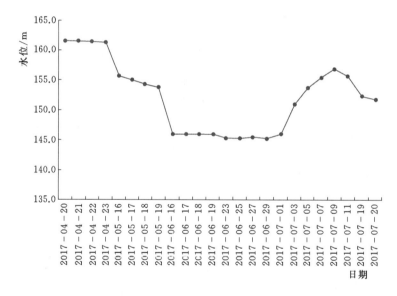

图 2.6　加密监测期间水位变化

2. 加密监测期间流速变化

加密监测期间各监测断面流速变化见图 2.7。支流平均流速波动范围为 0.018～0.309m/s。XX05 断面靠近香溪河河口，与长江干流水体交换频繁，受到的扰动较大，XX01 断面处于香溪河库湾上游，上游来水的汇入致使该点的流速高于回水区，XX02～XX03 断面流速相对较小。

3. 加密监测期间叶绿素 a 变化

加密监测期间香溪河各监测断面叶绿素 a 变化如图 2.8 所示。

XX01 断面：水下 1.0m 的叶绿素 a 含量高于其他水层，5.0m 最低，4 月加密监测过程中叶绿素 a 含量呈上升变化，4 月 XX01 断面生物量出现峰值与水体绿藻水华相关。至

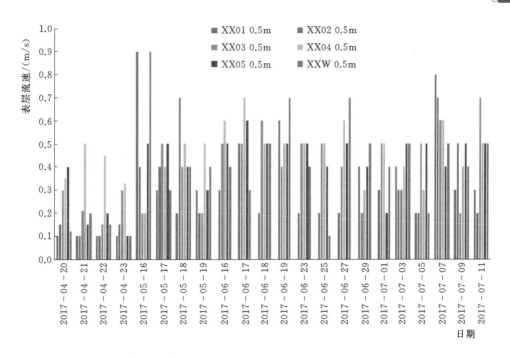

图 2.7 加密监测期间各监测断面流速变化图

5月下降，之后小幅度上升。7月7日出现异常峰值，整个水柱中生物量均较高，显著高于其余时间段。

XX02断面：4—6月各分层叶绿素a含量变化基本一致，随时间呈波动变化，2.0m和3.0m生物量相对较高，峰值出现在5月19日和6月19日。6—7月呈波动变化，7月洪水调度期间，出现明显峰值，除底层外整个水柱中生物量高。

XX03断面：叶绿素a含量呈波动变化，表层含量高于底层，峰值出现在水华期间。

XX04断面：叶绿素a含量总体呈下降变化。

XX05断面：加密监测初期表层含量显著高于其余时段，21日起大幅下降，变化趋于平缓。XXW断面叶绿素a含量呈先下降后大幅上升的变化，6月各分层生物量变化差异较大，水体处于不稳定状态。7月2.0m出现异常峰值，其余处于较低水平。

XXW断面：叶绿素a含量受各种环境因素影响波动幅度大。4—6月2.0m含量值高，之后0.5m和1.0m浓度含量值高。

4. 加密监测期间藻细胞密度变化

(1) 2017年4月20—23日：4月20—21日XXW断面在泗湘溪，位于平邑口的下游方向，22—23日往上扩散到平邑口。

4月加密监测期间，水华水域主要为回水中端至上游来水区，水华优势种为倪氏拟多甲藻（甲藻门）和塔胞藻（绿藻门）。其中4月20日观测到甲藻水华集中区域为XX03断面（回水末端以下1km），4月22日观测到甲藻水华由XX03断面往下扩散到XX04断面（回水中端），而绿藻水华较严重区域集中在上游XX01断面，由21日持续至23日。水华水域表层水体中藻类细胞密度数量级为10^7个/L。

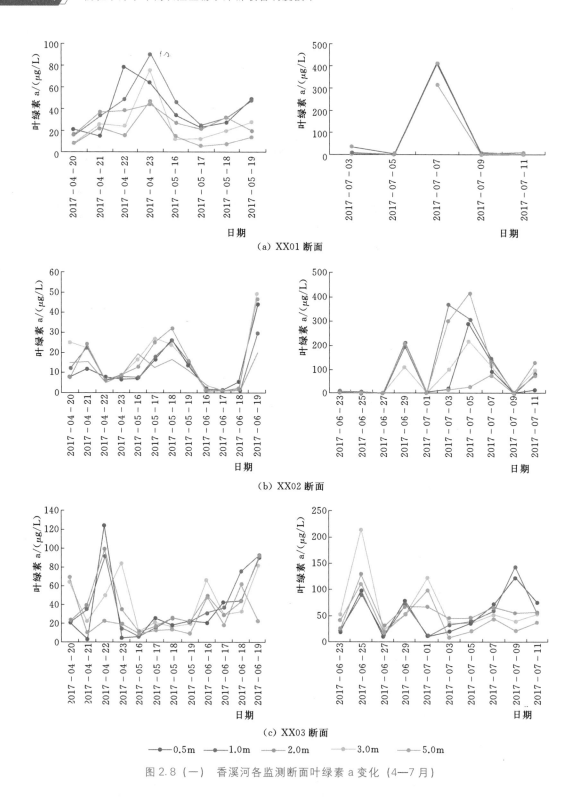

（a）XX01 断面

（b）XX02 断面

（c）XX03 断面

—●— 0.5m　—●— 1.0m　—●— 2.0m　—●— 3.0m　—●— 5.0m

图 2.8（一）　香溪河各监测断面叶绿素 a 变化（4—7 月）

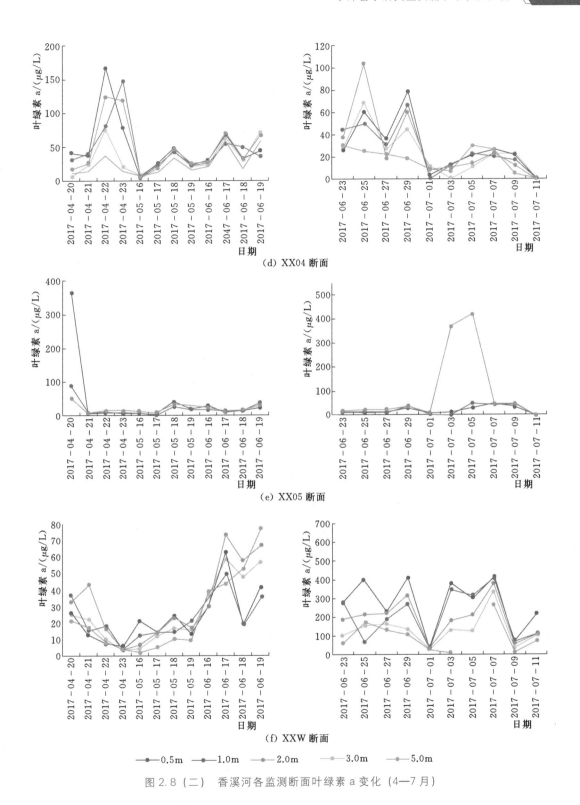

图 2.8（二）　香溪河各监测断面叶绿素 a 变化（4—7 月）

（2）5月16—19日：16日XXW断面在昭君镇（在高阳镇的上游）；17日在高阳桥下；18日在平邑口；至19日在峡口。

5月加密监测期间，优势种主要为小环藻（硅藻门）和斜结隐藻（隐藻门），水华严重区域主要为17日的XX03断面和XX04断面的隐藻、硅藻水华，水体中藻类细胞密度数量级为10^7个/L。其他时间段水华特征不明显。

（3）6月16—19日：6月16日，XXW断面在峡口和泗湘溪之间，6月17日XXW断面在峡口；6月18日XXW断面在试验站；6月19日断面在峡口和试验站之间。水华优势种为空球藻（绿藻门），水华集中区域在XXW断面、XX03断面和XX04断面范围内，其中6月17—18日较为严重。水华水域表层水体中藻类细胞密度数量级为10^7个/L。

（4）6月23—29日：6月23日：XXW断面在平邑口；6月25—27日：XXW断面在泗湘溪；6月29日：XXW断面在平邑口。水华优势种为飞燕角甲藻，主要集中在25—29日XXW断面（在泗湘溪平邑口），水华水域表层水体中藻类细胞密度数量级为10^7个/L。

（5）7月1—20日：7月1日，XXW断面在大宁坡（下游官庄坪和盐关之间）；7月3日，XXW断面在大礼溪（为XX01断面和XX02断面之间的加密断面）；7月5日，XXW断面在加密XX01断面下游50m；7月7日，XXW断面在加密XX01断面下游150m；7月9日，XXW断面在试验站；7月11日，XXW断面加密在XX02断面下游50m。7月1—7日水华主要集中在XX01断面和XXW断面（于XX01断面与XX02断面之间），水华优势种为飞燕角甲藻；XX03断面水华优势种为团藻。水华水域表层水体中藻类细胞密度数量级为10^7个/L。7月19—20日观测结果表明，水华优势种主要为微囊藻，藻类细胞密度数量级为10^7个/L，水华主要集中在上游水域。

（6）对照断面优势种主要为小环藻，其次为隐藻属，藻类细胞密度数量级为$10^5 \sim 10^6$个/L，水色正常，无水华发生。

（7）各点藻类总细胞密度变化见图2.9。

XX01断面：4月加密监测期间，表层藻类总细胞密度显著高于中层和底层，底层5.0m藻类密度低。5月整体较低，数量级为10^6个/L。

XX02断面：表层和中层2.0m藻类总细胞密度差异不大，总体分布均匀，底层5.0m藻类密度低。

XX03断面：表层藻类总细胞密度出现峰值（6月18日），其次4月20日和5月18日也较高，2.0m和5.0m差异不显著，部分时间段底层高于中层。

XX04断面：相比其他点总体较高，峰值集中在表层，除6月17日底层5.0m藻类总细胞密度也较高外，其他时间段为最低。

XX05断面：4—5月加密监测期间藻类总细胞密度表层高于中层，而至6月表现为中层2.0m藻类总细胞密度高于表层。

XXW断面：4—5月藻类总细胞密度总体略低，6月表层出现峰值（数量级为10^7个/L），2m和5.0m差异不大。

5. 水华与水位、流速等水动力条件的相关性检验

选用冗余分析（RDA）对加密监测过程中环境因子与藻类数据进行相关性分析。加

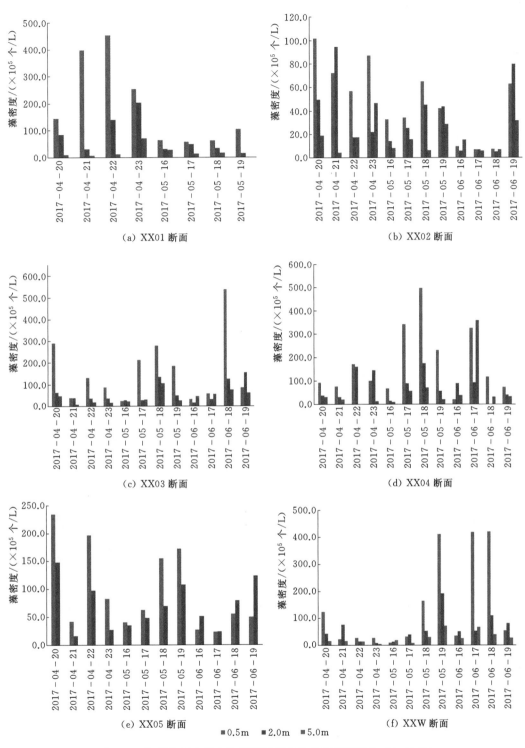

图 2.9　香溪河回水区各监测断面藻类总细胞密度变化（4—7 月）

密调查期间藻类与环境因子的 RDA 分析见图 2.10 和图 2.11。分上游水华易发区（位于 XX01 断面～XX03 断面）和回水中端至下游（位于 XX04 断面～XX05 断面）。

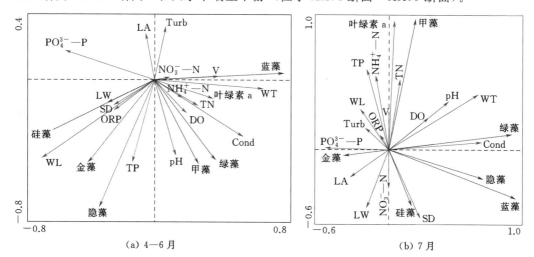

图 2.10　加密调查期间 XX01～XXW 断面藻类与环境因子的 RDA 排序图

WT—水温；Cond—电导率；Turb—浊度；TP—总磷；TN—总氮；COD—化学需氧量；SD—透明度；

ORP—氧化还原电位；DO—溶解氧，LA—水下光强；V—流速；LW—光照；PO_4^{3-}—P—磷酸盐；

NH_4^+—N—氨态氮；NO_3^-—N—硝态氮；WL—水位

（红色箭头为环境变量；蓝色箭头为浮游藻类，下同）

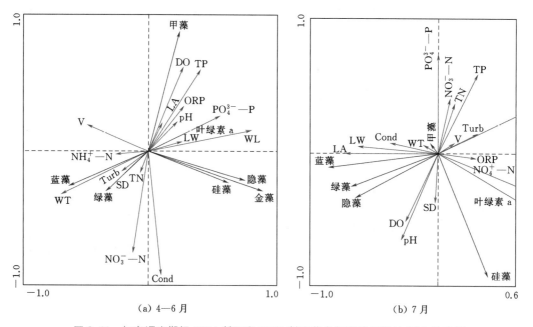

图 2.11　加密调查期间 XX04 断面和 XX05 断面藻类与环境因子的 RDA 排序图

（1）水华易发区域：如图 2.10（a）所示，4—6 月加密调查期间 pH、DO、TN、NH_4^+—N、Cond 是影响甲藻门和绿藻门藻类丰度的主要因素。WL、SD、LW、ORP、

TP 是影响硅藻门和隐藻门藻类丰度的主要因素。

如图 2.10 (b) 所示，7 月 TN、pH、DO 是影响甲藻门藻类丰度的主要因素，Cond、WT、pH、DO 是影响绿藻门藻类丰度的主要因素，而与水位呈负相关。SD 是影响硅藻门、蓝藻门和隐藻门藻类丰度的主要因素。

（2）回水中端及下游：

如图 2.11 (a) 所示，4—6 月加密调查期间 pH、DO、TP、LA、ORP 是影响甲藻门藻类丰度的主要因素。WT、SD、NH_4^+—N、TN 是影响绿藻门和蓝藻门藻类丰度的主要因素。

如图 2.11 (b) 所示，7 月 WT、NO_3^-—N、PO_4^{3-}—P 是影响甲藻门藻类丰度的主要因素，LA、pH、DO 是影响绿藻门和蓝藻门藻类丰度的主要因素。

冗余分析表明，TN、NH_4^+—N 等营养盐是影响水华期间甲藻门藻类丰度的主要因素，藻类群落结构的变化及演替受各种环境因素的影响，中下游因水体掺混强烈，水体不稳定，单一藻类不能竞争为优势种，水华风险低。从现场加密监测的结果统计而言，水华的影响因素复杂，较难识别出水华严重程度与水位、流速之间明确的响应关系，得出的结论是藻密度与水位成反比，与流速的相关性不强。

2.2.4 不同流速和藻类生物量之间的响应关系

为进一步分析藻类对水动力条件的响应关系，分析单因子变化对藻类生长的影响，故开展以下室内控制实验。

2.2.4.1 材料与方法

（1）实验设计：实验设置 8 个环形水池，单个环形池为 4.00m × 1.52m × 2.10m（长×宽×高），在水池的一侧放置气泵，利用不同功率的气泵实现水池中不同的流速，经流速仪（Global Water FP211，美国）测定，水平和垂直方向保持流速均匀。实验装置见图 2.12，设置不同流速处理组分别为 0m/s、0.05m/s、0.08m/s 和 0.15m/s，每组 2 个平行。

（a）水池流速处理前效果图　　　　　（b）水池流速处理中效果图

图 2.12　实验装置图

（2）水样采集、处理与指标测定、数据分析：每天对各试验池进行水样采集和理化测定及浮游植物定性和定量。对各数据进行处理分析。

2.2.4.2　实验结果及分析

处理前原水中的浮游植物主要为蓝藻门的微囊藻属，经不同流速处理后，浮游植物群落结构和优势种均出现了不同程度的改变，结果见表 2.3。

表 2.3　4 种流速处理下藻类优势种组成变化

处理前优势种	处理后优势种	流速/(m/s)
微囊藻属 *Microcystis* spp.	尖头藻属 *Raphidiopsis* spp.	0
	假鱼腥藻属 *Pseudanabaena* spp. 微囊藻属 *Microcystis* spp. 泽丝藻属 *Limnothrix* spp. 针杆藻属 *Synedra* spp.	0.05
	泽丝藻属 *Limnothrix* spp. 针杆藻属 *Synedra* spp.	0.08
	针杆藻属 *Synedra* spp.	0.15

各流速组的叶绿素 a 含量（以生物量表示）发生了显著变化（见图 2.13），0.05m/s 和 0.08m/s 两组叶绿素 a 含量都随着时间的延长逐渐上升，0.15m/s 组和 0m/s 组的叶绿素 a 含量在实验期间虽有波动但与初始值无显著差异。0.05m/s 流速组叶绿素 a 含量为四组最高，其次为 0.08m/s，0.15m/s 与 0m/s 组之间的叶绿素 a 含量无显著性差异（$p < 0.01$）。结果说明，低程度的水体流动有利于藻类的生长，根据表 2.3 可得到流动水体中的丝状蓝藻（假鱼腥藻属、泽丝藻属）和硅藻（针杆藻属）的生长状况优于静止条件下，是造成流动水体中叶绿素 a 浓度升高的原因。若水体扰动超过了多数藻生长的最适条件，会抑制藻类的生长并降低叶绿素 a 浓度。

结果表明：①流速会改变水体动力学环境，导致蓝藻（尖头藻属、假鱼腥藻属、泽丝藻属）所占的比例逐渐降低，但有利于硅藻的生长，使硅藻逐渐在藻类组成中占据优势地位，从而影响了藻类群落的演替。②微囊藻属和假鱼腥藻属在 0.05m/s 组中成为优势种之一，静止的水体和高于 0.05m/s 流速都会抑制微囊藻属和假鱼腥藻属的生长。相比于微囊藻属，泽丝藻属对水体流动具有更高的适应性，在 0.08m/s 流速生物量最大，泽丝藻属在 0.15m/s 流速组生物量显著下降。适度的水体流动有利于藻类生长，超过各自最适强度的流速会抑制三种藻的生长。③相比于其他硅藻，针杆藻属在 0.15m/s 流速下，具有更高的生物量，说明流速促进了针杆藻属的生长和繁殖。

在人工控制条件下，随着流速增强，藻类叶绿素 a 含量和生物量下降，可见利用藻类的生长临界流速能够抑制藻类水华的发生。不同优势藻的临界流速具有物种特异性，实验模拟结果表明，0.08m/s 为微囊藻属和假鱼腥藻属生长的临界扰动，0.15m/s 为泽丝藻属和针杆藻属生长的临界扰动。

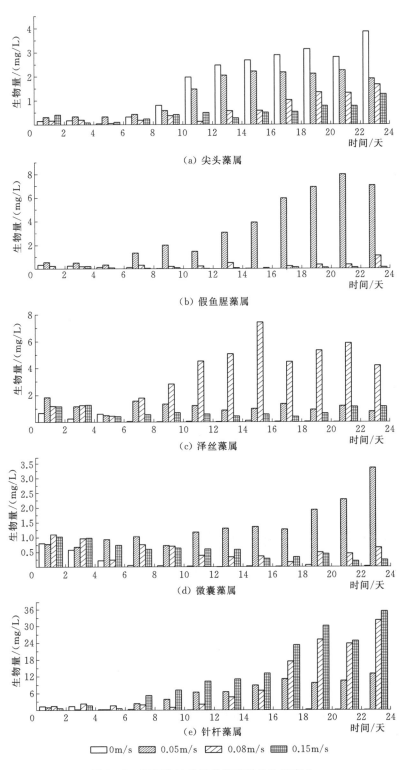

（a）尖头藻属

（b）假鱼腥藻属

（c）泽丝藻属

（d）微囊藻属

（e）针杆藻属

□ 0m/s　▨ 0.05m/s　▧ 0.08m/s　▦ 0.15m/s

图 2.13　不同流速组下优势藻种生物量变化

2.3 典型支流水华发生水动力参数模拟验证

2.3.1 模拟范围

三峡水库 175m 试验性蓄水以后，香溪河回水区末端达到高阳镇附近，平面二维数学模型模拟范围为高阳大桥以下香溪河干流，模拟范围见图 2.14。

2.3.2 模型原理

2.3.2.1 模型控制方程

平面二维水动力控制方程为笛卡尔坐标系下的纳维-斯托克斯方程组，该方程组由水流连续性方程、沿水流方向（x 方向）的动量方程和垂直水流方向（y 方向）的动量方程组成：

$$
\begin{cases}
\dfrac{\partial h}{\partial t} + \dfrac{\partial h\,\overline{u}}{\partial x} + \dfrac{\partial h\,\overline{v}}{\partial y} = hS \\[2mm]
\dfrac{\partial h\,\overline{u}}{\partial t} + \dfrac{\partial h\,\overline{u}^2}{\partial x} + \dfrac{\partial h\,\overline{v}\,\overline{u}}{\partial y} = f\overline{v}h - gh\dfrac{\partial \eta}{\partial x} - \dfrac{h}{\rho_0}\dfrac{\partial p_a}{\partial x} - \dfrac{gh}{\rho_0}\int_z^\eta \dfrac{\partial \rho}{\partial x}\mathrm{d}z \\[2mm]
\qquad\qquad + \dfrac{\partial_{sx}}{\rho_0} - \dfrac{\tau_{bx}}{\rho_0} - \dfrac{1}{\rho_0}\left(\dfrac{\partial s_{xx}}{\partial x} + \dfrac{\partial s_{xy}}{\partial y}\right) + \dfrac{\partial}{\partial x}(hT_{xx}) \\[2mm]
\qquad\qquad + \dfrac{\partial}{\partial y}(hT_{xy}) + hu_s S \\[2mm]
\dfrac{\partial h\,\overline{v}}{\partial t} + \dfrac{\partial h\,\overline{u}\,\overline{v}}{\partial x} + \dfrac{\partial h\,\overline{v}^2}{\partial y} = -f\overline{u}h - gh\dfrac{\partial \eta}{\partial y} - \dfrac{h}{\rho_0}\dfrac{\partial p_a}{\partial y} - \dfrac{gh}{\rho_0}\int_z^\eta \dfrac{\partial \rho}{\partial y}\mathrm{d}z \\[2mm]
\qquad\qquad + \dfrac{\tau_{sy}}{\rho_0} - \dfrac{\tau_{by}}{\rho_0} - \dfrac{1}{\rho_0}\left(\dfrac{\partial s_{yx}}{\partial x} + \dfrac{\partial s_{yy}}{\partial y}\right) + \dfrac{\partial}{\partial x}(hT_{xy}) \\[2mm]
\qquad\qquad + \dfrac{\partial}{\partial y}(hT_{yy}) + hv_s S
\end{cases}
\tag{2.1}
$$

图 2.14 香溪河模拟范围

式中：η 为水面高程；h 为总水深；g 为重力加速度；ρ 为水的密度；ρ_0 为（淡）水的参考密度；f 为科氏力系数，$f = 2\Omega\sin\phi$（Ω 为旋转角速率，ϕ 为地理纬度）；p_a 为大气压强；s_{xx}、s_{xy}、s_{yx} 和 s_{yy} 为辐射应力张量；S 和（u_s，v_s）分别为点源的排放量和速度；（τ_{sx}，τ_{sy}）和（τ_{bx}，τ_{by}）为水面风应力张量和河床面应力张量；$\overline{u}$ 和 $\overline{v}$ 为流速在深度上的平均值。

$\overline{u}$ 和 $\overline{v}$ 定义为

$$
\begin{cases}
h\overline{u} = \displaystyle\int_{-d}^{\eta} u\,\mathrm{d}z \\[2mm]
h\overline{v} = \displaystyle\int_{-d}^{\eta} v\,\mathrm{d}z
\end{cases}
\tag{2.2}
$$

河床面应力 $\vec{\tau}_b = (\tau_{bx}, \tau_{by})$ 可用阻力平方定律（摩擦阻力与流速平方成正比）确定：

$$\frac{\vec{\tau}_b}{\rho_0} = c_f \vec{u}_b |\vec{u}_b| \tag{2.3}$$

式中：c_f 为阻力系数或河床摩擦力；$\vec{u}_b = (u_b, v_b)$ 为河床面上的水深平均流速。

河床面的摩阻流速为 $U_{\tau b} = \sqrt{c_f |\vec{u}_b|^2}$。河床摩擦力可用谢才系数 C 或曼宁系数 M 来估算：

$$\begin{cases} c_f = \dfrac{g}{C^2} \\ c_f = \dfrac{g}{(Mh^{1/6})^2} \end{cases} \tag{2.4}$$

谢才系数的单位是 $\mathrm{m}^{1/2}/\mathrm{s}$，曼宁系数的单位是 $\mathrm{m}^{1/3}/\mathrm{s}$。曼宁系数和河床粗糙系度（糙率）$k_s$ 关系如下：

$$M = \frac{25.4}{k_s^{\frac{1}{6}}} \tag{2.5}$$

曼宁系数值一般介于 $20 \sim 40 \mathrm{m}^{1/3}/\mathrm{s}$。

(τ_{sx}, τ_{sy}) 为水面风应力张量，风应力 $\vec{\tau}_s = (\tau_{sx}, \tau_{sy})$ 可通过经验公式来获得

$$\vec{\tau}_s = \rho_a c_d |\vec{u}_w| \overline{u}_w \tag{2.6}$$

式中：ρ_a 为空气密度；c_d 为空气阻力系数；$\vec{u}_w = (u_w, v_w)$ 为水面以上 10m 的风速。

风应力产生的摩擦速率可表示为

$$U_{\tau S} = \sqrt{\frac{\rho_a c_d |\overline{u}_w|^2}{\rho_0}} \tag{2.7}$$

T_{xx}、T_{xy} 和 T_{yy} 为侧向应力，包括黏性摩擦、湍流摩擦和差异对流，它们可基于水深平均流速梯度用涡黏性系数公式来估计：

$$\begin{cases} T_{xx} = 2A \dfrac{\partial \overline{u}}{\partial x} \\ T_{xy} = A \left(\dfrac{\partial \overline{u}}{\partial y} + \dfrac{\partial \overline{v}}{\partial x} \right) \\ T_{yy} = 2A \dfrac{\partial \overline{v}}{\partial y} \end{cases} \tag{2.8}$$

式中：A 为水平涡黏性系数。

根据 Kolmogrov 和 Prandtle 理论，紊动涡黏系数 ν_τ 正比于紊流动能 k 的开方及特征涡黏尺度 l。如果取耗散尺度为 l（耗散率 $\varepsilon = \kappa^{3/2}/l$），则可以得到以 κ 和 ε 表示的涡黏性系数表达式：

$$\nu_\tau = c_\mu \frac{\kappa^2}{\varepsilon} \tag{2.9}$$

式中：c_μ 为经验常数。

对数率涡黏系数计算公式为

$$\nu_\tau = U_\tau h \left[c_1 \frac{z+d}{h} + c_2 \left(\frac{z+d}{h} \right)^2 \right] \tag{2.10}$$

式中：$U_\tau = \max(U_{\tau s}, U_{\tau b})$；$c_1$ 和 c_2 为常数，当 $c_1 = 0.41$ 和 $c_2 = -0.41$ 时，表达式为一标准抛物线。

Smagorinsky 在 1996 年提出了亚网格尺度上有效涡黏系数与特征长度相关的公式：

$$A = c_s^2 l^2 \sqrt{2 S_{ij} S_{ij}} \tag{2.11}$$

c_s 称为 Smagorinsky 常数，l 代表特征长度，而变形率定义为

$$S_{ij} = \frac{1}{2}\left(\frac{\partial u_i}{\partial x_j} + \frac{\partial u_j}{\partial x_i}\right) \quad (i,j = 1,2) \tag{2.12}$$

2.3.2.2　离散格式及求解方法

采用有限体积法对水动力方程进行空间离散。在水动力方程的时间积分使用的是显式差分法，为了维持模型的稳定，模拟时间间隔的选定必须使 Courant - Friedrich - Levy（CFL）值小于 1。理论上如果 CFL 小于 1，模型便可稳定性运行。然而 CFL 的计算只是一个推测性的。因此模型依然会违反 CFL 准则而发生不稳定的现象。为了解决这个问题，一般将 CFL 临界值从 1 降为 0.8。

对于笛卡尔坐标下的浅水方程式，CFL 定义为

$$CFL = (\sqrt{gh} + |u|)\frac{\Delta t}{\Delta x} + (\sqrt{gh} + |v|)\frac{\Delta t}{\Delta y} \tag{2.13}$$

式中：Δx 和 Δy 为 x 和 y 方向的特征长度，Δx 和 Δy 近似于三角形网格的最小边长，水深和流速值则是发生在三角形的中心；Δt 为时间间距。

2.3.3　水动力参数模拟验证

本书采用的是 Delft 3D 软件中的二维 Flow 模块，采用 2016 年 9 月 12 日香溪河长沙坝、车站坪断面现场监测流速数据对香溪河平面二维模型进行参数验证，验证时模型计算值与实测值的对比见图 2.15，当模型糙率为 0.024 时，模型计算值与实测值吻合程度较高。

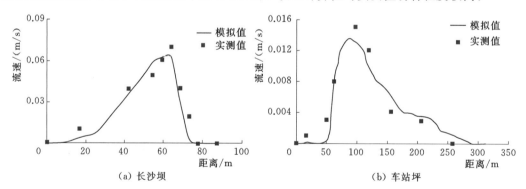

图 2.15　长沙坝、车站坪断面流速验证结果

2.3.4　干支流水库调度模拟工况计算

主要考虑三峡水库水位不变、水位抬升、水位下降，以及香溪河上游古洞口水库加大下泄流量等不同工况条件下，香溪河回水区上段（代表点：利方岩）、中段（代表点：长沙坝）和河口区（代表点：车站坪）流速的变化情况。不同工况情景的设置通过改变水动

力模型上、下游边界条件来实现。

三峡水库的调度方式有水位抬升、水位下降两种，调度参数主要有起调水位、水位变幅、调度持续时间。其中水位抬升、下降等不同调度方式可在一个计算工况内实现。香溪河古洞口水库的调度方式主要是增加下泄流量。综合考虑不同的调度参数，分析三峡水库多年平均入库水量情况，参考三峡水库运行调度规则，共设计了 24 个计算工况，见表 2.4。其中，工况 1～工况 21 反映三峡水库单库调度的情形，工况 22～工况 24 反映三峡水库与古洞口水库联合调度的情形。

表 2.4　　　　　　　　　三峡库区干支流水库调度模拟计算工况表

计算工况	代表月份	起调水位 /m	水位抬升		水位下降		支游流量 /(m³/s)
			水位变幅 /(m/d)	持续天数	水位变幅 /(m/d)	持续天数	
1	3	165	+0.5	3	−0.5	3	80
2	4	160	+0.5	3	−0.5	3	80
3	5	155	+0.5	3	−0.5	3	80
4	5	155	+1.0	3	−1.0	3	80
5	5	155	+2.0	3	−2.0	3	80
6	6	150	+0.5	3	−0.5	3	80
7	6	150	+0.5	4	−0.5	4	80
8	6	150	+0.5	5	−0.5	5	80
9	6	150	+1.0	3	−1.0	3	80
10	6	150	+1.0	4	−1.0	4	80
11	6	150	+1.0	5	−1.0	5	80
12	6	150	+2.0	3	−2.0	3	80
13	8	146.5	+0.5	3	−0.5	3	80
14	8	146.5	+0.5	4	−0.5	4	80
15	8	146.5	+0.5	5	−0.5	5	80
16	8	146.5	+1.0	3	−1.0	3	80
17	8	146.5	+1.0	4	−1.0	4	80
18	8	146.5	+1.0	5	−1.0	5	80
19	8	146.5	+2.0	3	−2.0	3	80
20	8	146.5	+2.0	4	−2.0	4	80
21	8	146.5	+2.0	5	−2.0	5	80
22	8	146.5	+0.5	3	−0.5	3	100
23	8	146.5	+0.5	3	−0.5	3	200
24	8	146.5	+0.5	3	−0.5	3	300

2.4　水库群联合调度对流速的影响

2.4.1　三峡水库运行调度对库湾流速的影响

2.4.1.1　水库水位升降对流速的影响

三峡水库运行调度期间库湾垂线平均流速值很小，香溪河库湾垂线平均流速值低于

0.1m/s，不同起调水位下，利方岩流速为 0.012～0.029m/s，长沙坝流速为 0.012～0.021m/s，车站坪流速为 0.003～0.005m/s。三峡水库水位变化会引起支流库湾流速发生变化，以起调水位 160m 和 165m 工况组为例，三峡水库不同调度期，利方岩、长沙坝、车站坪三个点位的流速变化见图 2.16。可以看出，调度初期三峡水库水位不变，流速保持恒定；三峡水库水位抬升期，流速发生变化，流速比调度初期的有所减小；三峡水库水位下降期，流速比调度前期的有所增加；调度后期，三峡水库水位回归至调度前期水位不变时，流速也逐渐趋于稳定。

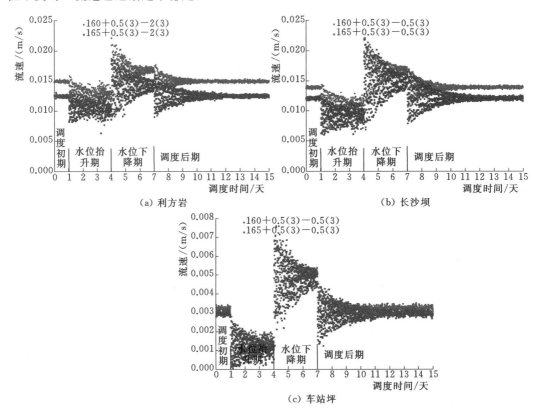

图 2.16　三峡水库不同调度期流速变化图

[说明：160＋0.5(3)－2(3)意为起调水位为 160m，水位以 0.5m/天抬升 3 天，然后以 2m/d 下降 3d，其他同义，下同]

2.4.1.2　水库水位升降变幅对流速的影响

统计模型不同工况计算结果发现，三峡水库调度期间，水库水位变幅越大，支流香溪河回水区流速的扰动越大。水位抬升期表现为流速减小幅度随调度水位变幅的增加而增加，水位下降期表现为流速增加幅度随调度水位变幅的增加而增加，如图 2.17 所示。

2.4.1.3　水库水位升降持续天数对流速的影响

调度时间的长短对香溪河流速值扰动的区别不明显。在同一起调水位下，以 150m 起调水位为例，调度 3～5 天水位抬升期平均流速略有差别，水位下降期平均流速基本相同，见图 2.18。

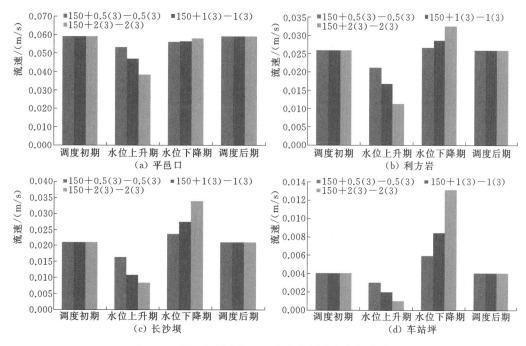

图 2.17　同一起调水位不同水位变幅流速变化统计图

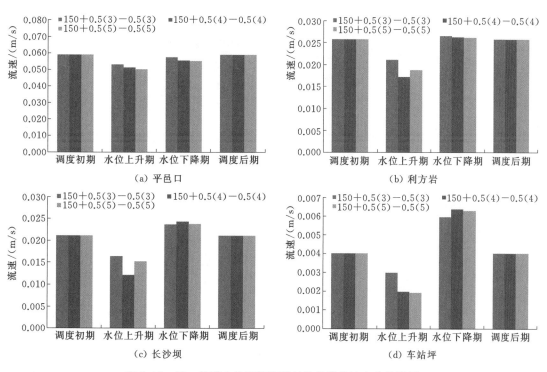

图 2.18　同一起调水位不同调度持续天数流速变化统计图

2.4.1.4　水库起调水位对流速的影响

水库起调水位越高，回水区各河段垂线平均流速越小。水库起调水位越高，水库体积越大，支流库湾自然流速就越小。同时由于上游支流流量变化、河口水位波动分别占水库水体体积、水深的比重较小，因此引起的流速变化就越小。起调水位由 146.5m 增加至 165m 时，在水位上升期间，回水区上段利方岩流速由低水位 (146.5m) 0.027m/s 减小至高水位 (165m) 0.01m/s；回水区中下部长沙坝由 0.016m/s 减小至 0.008m/s；河口区车站坪由 0.003m/s 减小至 0.001m/s。在水位下降期间，回水区中上部利方岩流速由低水位 (146.5m) 0.03m/s 减小至高水位 (165m) 0.014m/s；回水区中下部长沙坝由 0.027m/s 减小至 0.014m/s；河口区车站坪由 0.007m/s 减小至 0.005m/s（见图 2.19）。

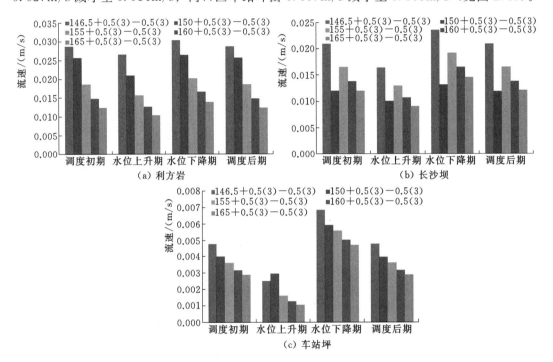

图 2.19　不同起调水位同一调度持续天数流速变化统计图

2.4.2　支流水库单独调度对库湾流速的影响

以三峡水库起调水位 146.5m 工况组为例，香溪河上游流量为 100m³/s 时，利方岩初始流速为 0.029m/s；香溪河兴山流量为 200m³/s 时，利方岩初始流速为 0.057m/s，香溪河流量为 300m³/s 时，利方岩初始流速为 0.085m/s。可以看出，通过古洞口水库的调度，香溪河上游不同入库流量，对香溪河回水区垂线平均流速的影响较明显。香溪河上游入库流量为 100m³/s、200m³/s 和 300m³/s 时，三峡水库水位恒定为 146.5m 起调水位，利方岩初始流速为 0.029m/s、0.057m/s 和 0.085m/s，长沙坝初始流速为 0.012m/s、0.024m/s 和 0.035m/s，车站坪初始流速为 0.005m/s、0.010m/s 和 0.014m/s。支流库湾各区段垂线平均流速基本与上游入库流量成正比例关系，不同来水流量条件下利方岩流速随调度时间的变化见图 2.20。

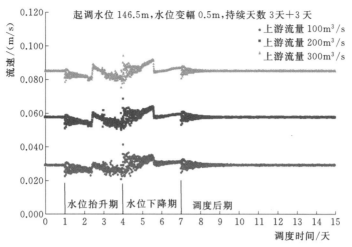

图 2.20　香溪河上游不同来水流量条件下利方岩流速随调度时间的变化图

2.4.3　干支流水库联合调度对库湾流速的影响

三峡水库与香溪河和洞口水库联合调度初期、水位上升期、水位下降期、调度后期垂线平均流速的统计结果见图 2.21，可以看出 4 个时期的流速变幅基本相同，且与支流入

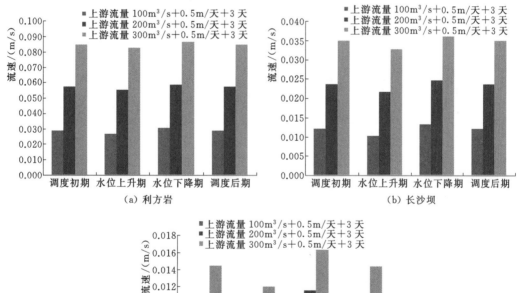

图 2.21　香溪河上游不同来水流量下各工况流速变化统计图

库流量明显相关。因此，支流入库流量对支流库湾流速的影响效果比三峡水库坝前水位变动引起的效果更明显，特别是支流回水区上游段。以香溪河利方岩为例，上游流量由$100\text{m}^3/\text{s}$增加至$300\text{m}^3/\text{s}$时，流速由0.029m/s增加至0.084m/s，但0.5m/天先抬升3天后下降3天引起的流速变化只有$-0.003\sim0.001\text{m/s}$。

2.5 坝前水位调度方案对水华防控效果分析

2.5.1 垂线平均流速与水华防治效果分析

三峡水库单独调度时香溪河各工况下的垂线平均流速情况，见表2.5～表2.7。回水区中上区域（利方岩）在三峡水库低水位运行（146.5m），库水位变幅2m时，水位下降期间流速为0.031m/s，是所有工况中流速最大值；长沙坝为0.034m/s，车站坪为0.014m/s。均不满足微囊藻和假鱼腥藻0.08m/s、泽丝藻和针杆藻0.15m/s的临界流速条件，因此从垂线平均流速的角度而言，采用三峡水库调度对控制香溪河水华流速的影响效果不明显。

表2.5　　香溪河不同工况回水区中部区域（利方岩）垂线平均流速均值统计表　　单位：m/s

调度工况	调度初期	水位上升期	水位下降期	调度后期
利方岩 146.5＋0.5(3)－0.5(3)	0.029	0.027	0.030	0.029
利方岩 146.5＋0.5(4)－0.5(4)	0.029	0.023	0.030	0.029
利方岩 146.5＋0.5(5)－0.5(5)	0.029	0.023	0.030	0.029
利方岩 146.5＋1(3)－1(3)	0.029	0.023	0.031	0.029
利方岩 146.5＋1(4)－1(4)	0.029	0.020	0.030	0.029
利方岩 146.5＋1(5)－1(5)	0.029	0.018	0.029	0.029
利方岩 146.5＋2(3)－2(3)	0.029	0.018	0.033	0.029
利方岩 146.5＋2(5)－2(5)	0.029	0.022	0.030	0.029
利方岩 150＋0.5(3)－0.5(3)	0.026	0.021	0.026	0.026
利方岩 150＋0.5(4)－0.5(4)	0.026	0.017	0.026	0.026
利方岩 150＋0.5(5)－0.5(5)	0.026	0.019	0.026	0.026
利方岩 150＋1(3)－1(3)	0.026	0.017	0.028	0.026
利方岩 150＋1(4)－1(4)	0.026	0.016	0.028	0.026
利方岩 150＋1(5)－1(5)	0.026	0.014	0.027	0.026
利方岩 150＋2(3)－2(3)	0.026	0.011	0.032	0.026
利方岩 155＋0.5(3)－0.5(3)	0.019	0.016	0.020	0.019
利方岩 155＋1(3)－0.5(3)	0.019	0.012	0.022	0.019
利方岩 155＋2(3)－2(3)	0.019	0.009	0.026	0.019
利方岩 160＋0.5(3)－2(3)	0.015	0.013	0.017	0.015
利方岩 165＋0.5(3)－2(3)	0.012	0.010	0.014	0.012

表 2.6　　　香溪河不同工况回水区中下区域（长沙坝）垂线平均流速均值统计表　　单位：m/s

调度工况	调度初期	水位上升期	水位下降期	调度后期
长沙坝 146.5＋0.5(3)－0.5(3)	0.012	0.010	0.013	0.012
长沙坝 146.5＋0.5(4)－0.5(4)	0.012	0.008	0.014	0.012
长沙坝 146.5＋0.5(5)－0.5(5)	0.012	0.010	0.013	0.012
长沙坝 146.5＋1(3)－1(3)	0.012	0.008	0.015	0.012
长沙坝 146.5＋1(4)－1(4)	0.012	0.008	0.015	0.012
长沙坝 146.5＋1(5)－1(5)	0.012	0.008	0.014	0.012
长沙坝 146.5＋2(3)－2(3)	0.012	0.006	0.018	0.012
长沙坝 146.5＋2(4)－2(4)	0.012	0.010	0.017	0.012
长沙坝 146.5＋2(5)－2(5)	0.012	0.010	0.016	0.012
长沙坝 150＋0.5(3)－0.5(3)	0.021	0.016	0.024	0.021
长沙坝 150＋0.5(4)－0.5(4)	0.021	0.012	0.024	0.021
长沙坝 150＋0.5(5)－0.5(5)	0.021	0.015	0.024	0.021
长沙坝 150＋1(3)－1(3)	0.021	0.011	0.027	0.021
长沙坝 150＋1(4)－1(4)	0.021	0.011	0.027	0.021
长沙坝 150＋1(5)－1(5)	0.021	0.011	0.026	0.021
长沙坝 150＋2(3)－2(3)	0.021	0.008	0.034	0.021
长沙坝 155＋0.5(3)－0.5(3)	0.017	0.013	0.019	0.017
长沙坝 155＋1(3)－1(3)	0.017	0.008	0.023	0.017
长沙坝 155＋2(3)－2(3)	0.017	0.008	0.029	0.017
长沙坝 160＋0.5(3)－0.5(3)	0.014	0.011	0.017	0.014
长沙坝 165＋0.5(3)－0.5(3)	0.012	0.009	0.015	0.012

表 2.7　　　香溪河不同工况河口区（车站坪）垂线平均流速均值统计表　　单位：m/s

调度工况	调度初期	水位上升期	水位下降期	调度后期
车站坪 146.5＋0.5(3)－0.5(3)	0.005	0.003	0.007	0.005
车站坪 146.5＋0.5(4)－0.5(4)	0.005	0.001	0.007	0.005
车站坪 146.5＋0.5(5)－0.5(5)	0.005	0.003	0.007	0.005
车站坪 146.5＋1(3)－1(3)	0.005	0.002	0.01	0.005
车站坪 146.5＋1(4)－1(4)	0.005	0.002	0.009	0.005
车站坪 146.5＋1(5)－1(5)	0.005	0.003	0.009	0.005
车站坪 146.5＋2(3)－2(3)	0.005	0.006	0.014	0.005
车站坪 146.5＋2(4)－2(4)	0.005	0.007	0.014	0.005
车站坪 146.5＋2(5)－2(5)	0.005	0.011	0.014	0.005
车站坪 150＋0.5(3)－0.5(3)	0.004	0.002	0.006	0.004

续表

调 度 工 况	调度初期	水位上升期	水位下降期	调度后期
车站坪 150+0.5(4)−0.5(4)	0.004	0.001	0.006	0.004
车站坪 150+0.5(5)−0.5(5)	0.004	0.002	0.006	0.004
车站坪 150+1(3)−1(3)	0.004	0.001	0.009	0.004
车站坪 150+1(4)−1(4)	0.004	0.002	0.008	0.004
车站坪 150+1(5)−1(5)	0.004	0.003	0.008	0.004
车站坪 150+2(3)−2(3)	0.004	0.006	0.013	0.004
车站坪 155+0.5(3)−0.5(3)	0.004	0.002	0.006	0.004
车站坪 155+1(3)−1(3)	0.004	0.001	0.008	0.004
车站坪 155+2(3)−2(3)	0.004	0.006	0.012	0.004
车站坪 160+0.5(3)−0.5(3)	0.003	0.001	0.005	0.003
车站坪 165+0.5(3)−0.5(3)	0.003	0.001	0.005	0.003

2.5.2 支流水库加大入库流量与水华防治效果分析

统计三峡水库维持恒定水位、水位上升、水位下降不同时期，同时增加香溪河上游入库流量，各工况的垂线平均流速情况见表 2.8。三峡水库低水位 146.5m 起调，同时香溪河上游入库流量为 300m³/s 时，回水区中上区域（利方岩）垂线平均流速为 0.085m/s，回水区中部区域长沙坝为 0.038m/s，车站坪为 0.024m/s。中上部区域受上边界流量的影响较大，满足微囊藻和假鱼腥藻 0.08m/s 流速限值，而所有工况都很难满足泽丝藻和针杆藻 0.15m/s 的临界流速条件，因此从垂线平均流速的角度而言，支流上游加大入库流量对回水区的流速改变作用明显，可尝试在低水位期间通过干支流水库联合运行开展抑制香溪河水华的试验性调度。

表 2.8　　　　　　香溪河不同入库流量情况下垂线平均流速均值统计表　　　　单位：m/s

统计断面	调度工况	支流入库流量 /(m³/s)	垂线平均流速均值/(m/s)			
			调度初期	水位上升期	水位下降期	调度后期
利方岩	146.5+0.5(5)−0.5(5)	100	0.029	0.025	0.030	0.029
		200	0.057	0.053	0.057	0.057
		300	0.085	0.079	0.082	0.085
	146.5+1(5)−1(5)	100	0.029	0.021	0.029	0.029
		200	0.057	0.047	0.054	0.057
		300	0.085	0.072	0.083	0.085
	146.5+2(5)−2(5)	100	0.029	0.019	0.030	0.029
		200	0.057	0.038	0.052	0.057
		300	0.085	0.060	0.084	0.085

统计断面	调度工况	支流入库流量/(m³/s)	垂线平均流速均值/(m/s)			
			调度初期	水位上升期	水位下降期	调度后期
长沙坝	146.5+0.5(5)−0.5(5)	100	0.012	0.010	0.013	0.012
		200	0.024	0.021	0.025	0.024
		300	0.035	0.032	0.036	0.035
	146.5+1(5)−1(5)	100	0.012	0.008	0.014	0.012
		200	0.024	0.021	0.025	0.024
		300	0.035	0.029	0.036	0.035
	146.5+2(5)−2(5)	100	0.012	0.008	0.016	0.012
		200	0.024	0.015	0.027	0.024
		300	0.035	0.024	0.037	0.035
车站坪	146.5+0.5(5)−0.5(5)	100	0.005	0.002	0.007	0.005
		200	0.010	0.007	0.012	0.010
		300	0.014	0.012	0.017	0.014
	146.5+1(5)−1(5)	100	0.005	0.002	0.009	0.005
		200	0.010	0.005	0.014	0.010
		300	0.014	0.009	0.018	0.014
	146.5+2(5)−2(5)	100	0.005	0.007	0.014	0.005
		200	0.010	0.005	0.010	0.010
		300	0.014	0.006	0.023	0.014

2.5.3　支流水库加大入库流量调度的可能性分析

香溪河上游建有古洞口Ⅰ级水库和古洞口Ⅱ级水库，其中古洞口Ⅰ级水库属于大（2）型水库，总库容1.476亿 m³。古洞口Ⅱ级水库是Ⅰ级水库的调节水库，总库容515万 m³。根据本章提出的三峡水库干支流联合调度方案，支流加大下泄流量至300m³/s，持续3天、4天和5天分别所需要的水量为0.778亿 m³，1.037亿 m³和1.296亿 m³，均不超过古洞口Ⅰ、Ⅱ级水库总库容。

另外，从水库下游防洪的角度而言，300m³/s流量低于香溪河设防标准，因此水华发生期间，加大古洞口梯级水库下泄流量具有可能性。

2.5.4　水动力条件改变对水华影响小结

（1）三峡库区各支流库湾流速较小，香溪河流速为 $10^{-3} \sim 10^{-2}$ m/s，具有明显的河道型水库特征，回水区上段垂线平均流速大于中下游及河口区。模拟三峡水库水位抬升或下降调度时，各支流库湾垂线平均流速值变化也很小，从垂线平均流速角度来看，香溪河回水区上段（利方岩）流速为0.012～0.029m/s，回水区中段（长沙坝）流速为0.012～0.021m/s，河口区（车站坪）流速为0.003～0.005m/s，仍低于0.08～0.15m/s的临界扰动流速。通过三峡水库调度改变支流库湾流速条件来控制水华的效果不显著。

（2）三峡水库不同调度参数对香溪河库湾流速的影响作用不同。水位抬升，库湾垂线平均流速减小，水位下降，流速增加。起调水位对支流库湾流速的影响最大，水位变幅的影响次之，调度（水位抬升或下降）持续时间的影响效果不明显。

（3）三峡水库水位变动引起的支流库湾流速变化幅度与增加支流流量引起的支流库湾流速变化幅度相比微不足道，因此利用支流水库加大下泄流量调控支流库湾流速效果可能更好，代价也更小。

（4）由于水华影响因素复杂，建议下一步结合光照、温度、营养盐分布特征开展进一步深入研究。结合三峡水库实际运行过程，加强三峡水库消落期、汛期水位变化期间的水华及相关环境因子的现场监测，为开展水华生态调度积累更多的佐证资料。

2.6 防控三峡水库水华的水库群联合调度建议方案

（1）为了详细研究水华发生期间支流各环境因子与水华发生情况的相关性，于2017年4—7月在香溪河开展了高频次、多参数原位定点观测，结果表明，原位监测期间香溪河水华发生水域主要集中在回水区中上游段，水华暴发具有适宜的环境条件和充足的营养盐，水华类型及演替为：甲藻—隐藻和硅藻—绿藻—甲藻—甲藻和绿藻。4—6月三峡水库水位下降期间，pH、DO、TN、NH_4^+—N、Cond是影响甲藻门和绿藻门藻类密度的主要因素。WL、SD、LW、ORP、TP是影响硅藻门和隐藻门藻类密度的主要因素。7月三峡水库反蓄水位抬升期间，TN、pH、DO是影响甲藻门藻类密度的主要因素，Cond、WT、pH、DO是影响绿藻门藻类丰度的主要因素。藻类密度与水位等水动力条件存在负相关关系。

（2）通过降低营养盐浓度、控制光照强度等手段抑制水华的难度较大，通过工程调度调控三峡支流库湾水动力条件尚存在可能性。为进一步揭示不同藻类水华的临界扰动流速，建立三峡水库调度与调控水华之间的联系，还开展了水华与流速之间响应关系的室内试验分析工作。人工控制条件下不同流速对藻类群落的影响结果发现：低流速有利于藻类的生长并保持较高的叶绿素a浓度和藻类多样性。随着流速的增强，藻类的生长受到抑制，叶绿素a含量和藻密度下降，说明通过增强水动力条件控制藻类水华具有可能性，这与现有的大量研究文献结论吻合。但不同优势藻种的临界流速具有差异性，实验模拟结果表明，0.08m/s为微囊藻属和假鱼腥藻属生长的临界扰动流速，0.15m/s为泽丝藻属和针杆藻属生长的临界扰动流速。

（3）基于研究得出的临界扰动流速，采用平面二维数学模型模拟预测了三峡水库单库不同调度方式下支流库湾流速的变化情况。三峡库区各支流库湾流速较小，香溪河平均流速为$10^{-3} \sim 10^{-2}$m/s，具有明显的河道型水库特征，回水区上段垂线平均流速大于中下游及河口区。模拟三峡水库水位抬升或下降调度时，各支流库湾垂线平均流速变化也很小。从垂线平均流速角度来看，香溪河回水区上段（利方岩）流速为0.012~0.029m/s，回水区中段（长沙坝）流速为0.012~0.021m/s，河口区（车站坪）流速为0.003~0.005m/s，仍低于临界扰动流速0.08m/s。

（4）探讨了三峡水库单库调度过程中，不同调度参数对支流库湾流速的响应关系。结果表明：水库水位抬升或下降的变幅越大，对支流库湾流速的扰动越大，且水位抬升期表现为流速减小幅度随调度水位变幅的增加而增加，水位下降期表现为流速增加幅度随调度水位变幅的增加而增加；水库水位抬升或下降持续天数的长短对支流库湾流速扰动的区别不明显。在同一起调水位下调度 3 天、4 天和 5 天，水位抬升期平均流速值略有差别，水位下降期平均流速值基本相同；相同的支流入库流量条件下，水库起调水位越高，回水区各河段垂线平均流速值越小，对开展水华生态调度越不利。三峡水库同一水位变幅和持续天数相同时，支流库湾流速在低水位时流速大，高水位时流速小，库水位抬升时流速降低，库水位降低时流速增加。

（5）探讨了干支流水库联合调度方案下支流库湾的流速变化情况：三峡水库低水位（146.5m）运行期间同时增加支流水库下泄水量，对支流库湾的流速影响较明显。汛前消落期三峡水库处于高水位运行，高水位运行期间支流库湾流速本底较小，通过干支流水库调度增加流速的效果不明显。汛期三峡水库水位降低至汛限水位时，香溪河古洞口Ⅰ级和Ⅱ级水库增加下泄流量，使香溪河流量达到 300m^3/s，维持 3 天左右，可使平邑口—利方岩河段达到抑制微囊藻属和假鱼腥藻属生长临界扰动流速 0.08m/s。

三峡水库水位变动引起的支流库湾流速变化幅度与增加支流流量引起的支流库湾流速变化幅度相比微不足道，因此利用支流水库加大下泄流量调控水华的效果可能更为有效，代价也更小。香溪河古洞口Ⅰ级和Ⅱ级水库总库容 1.991 亿 m^3，可满足 300m^3/s 下泄水量调度 5～6 天。因此，在香溪河开展干支流联合生态调度，具有可能性。

第 3 章

促进长江中游典型鱼类自然繁殖的
调度重要参数

3.1 长江中游典型鱼类研究概述

长江中游干流及其附属湖泊、湿地构成了复杂的复合江河生态系统,并孕育了特有的水生生物多样性,在维持长江中游生态系统平衡,满足生产生活需水方面具有极其重要的作用。长江干流宜昌至监利江段是长江上、中游过渡区域,兼有长江上游峡谷型河道和中游洪泛平原河道的特征,水生生物多样性十分丰富。同时该水域是受葛洲坝和三峡工程蓄水运行和调度影响最为明显的江段之一。该水域有鱼类 107 种,既是中华鲟、白鲟、胭脂鱼等珍稀鱼类的栖息地和繁殖场,曾经也是草、青、鲢、鳙、鳊、鳡、鲭等江湖洄游性鱼类的重要产卵场(易伯鲁 等,1988)。1996 年以来,鱼类及珍稀水生动物监测重点站监测报告结果显示,该江段各年间采集到鱼类 30~40 种,主要为鲤形目鲤科,以铜鱼、圆口铜鱼为优势种,占总数量的 50% 以上。

中华鲟作为国家一级保护动物,四大家鱼为我国传统的养殖对象,分别是长江珍稀及经济鱼类的典型代表。中华鲟和四大家鱼产卵场在此江段均有分布。此外,中华鲟为产黏沉性卵的长距离溯河洄游种类,四大家鱼为产漂流性卵的江湖洄游种类,它们的生活史模式的形成,与长江的河流演变是协调完成的。同时,它们的繁殖需求与生殖策略也在一定程度上反映出长江鱼类中两大繁殖类群(即产黏沉性卵和产漂流性卵鱼类)的共性需求。

3.1.1 四大家鱼——江湖洄游鱼类

3.1.1.1 四大家鱼生活史背景

四大家鱼为典型的产漂流性卵的江湖洄游(半洄游)鱼类,是适应长江中下游江湖复合生态系统的典型物种(常剑波和曹文宣,1999)。长江四大家鱼主要在长江干(支)流及附属的通江湖泊中,繁殖季节的家鱼便结群逆水洄游到长江干流的各产卵场进行繁殖,繁殖后的亲鱼又陆续洄游到湖泊中育肥。每年 5—8 月,当水温升到 18℃ 以上且长江发生洪水时,四大家鱼便集中在长江各产卵场进行繁殖。

在葛洲坝截流以前,据 20 世纪 60 年代的调查,在长江干流重庆下至江西彭泽江段分布有四大家鱼产卵场 36 处(易伯鲁 等,1988)。葛洲坝截流后,由于坝前水面升高,局部流速减缓,规模最大的原宜昌产卵场(三斗坪至十里红)部分萎缩甚至消失(长江四大家鱼产卵场调查队,1982),尽管如此,长江中游宜昌至城陵矶(长约 300km)江段仍然为四大家鱼繁殖规模最大的产卵场江段，其间分布的 11 个产卵场的繁殖规模占全长江总量的 42.7％（余志堂，1988）。20 世纪 80 年代长江四大家鱼产卵场的分布位置如图 3.1 所示。

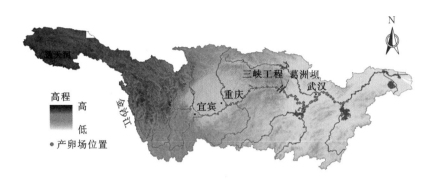

图 3.1　20 世纪 80 年代长江四大家鱼产卵场的分布位置
（该图基于长江四大家鱼产卵场调查队（1982）提供的长江干流四大家鱼产卵场
分布江段及位置等数据重新绘制）

三峡工程蓄水以后，四大家鱼在长江上游重庆至宜昌段的产卵场逐渐消失，部分向上游宜宾至江津段的干（支）流迁移。在长江中游宜昌至城陵矶江段，产卵场数量（约 10 余个）和分布位置与三峡蓄水前相比，没有明显的变化（柏海霞 等，2014；徐薇 等，2014），具体见图 3.2。

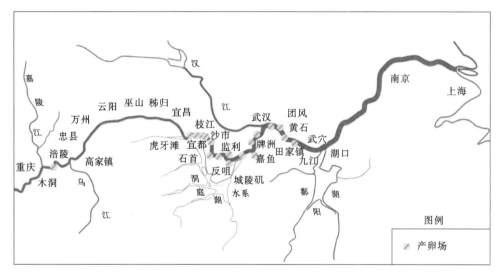

图 3.2　（三峡蓄水后）长江四大家鱼产卵场的分布位置示意图
（引谢平，2018）

对于四大家鱼的资源量，20 世纪 70—80 年代，在江湖阻隔（长江干流与沿江湖泊之间的筑坝修闸）、围湖造田、酷渔滥捕等多重因素影响下，四大家鱼的种群不断衰退。同时，在三峡工程蓄水导致的上游水域部分产卵场消失及下泄水的水文过程变化对长江中游四大家鱼繁殖的影响，进一步加剧了四大家鱼种群的衰退。

以早期资源监测结果为例，20 世纪 60—70 年代，长江中游四大家鱼天然卵苗的年径流量在 200 亿（粒）尾以上（易伯鲁 等，1988）；80 年代以后，1981 年长江中游四大家鱼的卵苗径流量约为 67 亿（粒）尾；90 年代以后，1997—1999 年长江中游四大家鱼的年卵苗径流量为 21.54 亿～35.7667 亿（粒）尾（邱顺林 等，2002）；2003—2006 年，长江中游四大家鱼的年卵苗径流量约为 10.8 亿（粒）尾（段辛斌 等，2008）。

此外，鱼苗成色（种类组成）呈现交替变化趋势，20 世纪 80 年代的鱼苗成色较 60 年代有明显差异，长江中游宜昌至城陵矶江段表现为青鱼苗比例有所上升，鲢苗明显减少（余志堂 等，1988）；在三峡水库蓄水前后，长江中游四大家鱼成色再次发生显著变化，表现为鲢比例相对上升，而历史上占绝对优势的草鱼比例显著下降（段辛斌 等，2008）。

3.1.1.2 四大家鱼研究进展与问题

自 20 世纪 60 年代开始，长江四大家鱼的研究主要集中在产卵场调查、早期资源量及繁殖条件等方面（易伯鲁 等，1988；Zhang et al.，2000）。针对四大家鱼的繁殖条件，水温和水位/流量（洪峰）是刺激四大家鱼自然繁殖的关键因素。每年的 5—8 月，当水温上升至 18℃以上，并在水位持续上涨一定时间后，四大家鱼发生自然繁殖，且繁殖规模与水位持续上涨时间显著相关。

该结论已被长期的监测研究反复验证（余志堂 等，1988；易伯鲁 等，1988；邱顺林 等，2002；段辛斌 等，2008；张晓敏 等，2009；徐薇 等，2014）。此外，针对水文条件变幅的需求，如 Zhang 等（2000）通过系统重构方法对繁殖期城陵矶、松滋河口、广济产卵场的水温、水位变化范围与四大家鱼繁殖行为的关系进行综合研究，获得了四大家鱼繁殖对水温、水位（持续时间、日上涨率等）变化的需求范围与幅度。在此类研究成果的基础上，相关学者或团队通过对三峡工程蓄水可能导致的水文条件变化及四大家鱼繁殖的需求进行综合分析，论证了工程蓄水对四大家鱼繁殖的影响，并提出了针对性的保护对策（如实施"人造洪峰"的生态调度等）。

针对四大家鱼的保护对策，主要体现在工程建设运行对鱼类影响的减缓措施方面。例如，针对 20 世纪 70—80 年代长江附属湖泊建闸、围垦等行为对江湖复合生态系统的影响，四大家鱼等江湖洄游鱼类种群严重衰退的现状，提出了"灌江纳苗"的方案（陈宜瑜和常剑波，1995；常剑波和曹文宣，1999），旨在减轻江湖阻隔等对上述鱼类洄游、栖息与育肥的影响。三峡工程修建后，针对三峡工程运行导致长江中游四大家鱼繁殖期水温"滞冷"及流量洪峰"破碎化"对繁殖的影响，提出了促进四大家鱼繁殖的生态调度，旨在通过"人造洪峰"提高四大家鱼的繁殖规模。2011 年启动了促进四大家鱼自然繁殖的生态调度，取得了一定的促进效果（徐薇 等，2014）。

虽然目前开展的生态调度可以促进四大家鱼的自然繁殖，但是由于对四大家鱼发育的生理过程与自然水流即水温周期变化适应关系及其机制的了解尚不透彻，缺乏敏感目标对象（如四大家鱼）对调度实施过程的直接响应关系等原因，有关其生态调度参数设置需进一步优化。为了更加科学和准确地实施生态调度过程及评价生态调度实施效果，需基于调度成果对水库调度方案进行进一步优化，同时验证调度过程中产卵场繁殖亲鱼的时空动态及对调度水文条件的响应。

3.1.2 中华鲟——溯河洄游鱼类

3.1.2.1 中华鲟生活史背景

中华鲟（*Acipenser sinensis*）为我国特有的古老珍稀鱼类，1988 年被列为国家一级保护动物，2011 年被世界自然保护联盟被列为 IUCN 极危物种。中华鲟是一种典型的溯河洄游性鱼类，主要分布在中国黄渤海和东海大陆架，其繁殖群体见于中国的长江和珠江水系。对于长江中华鲟繁殖群体，每年 6 月、7 月中华鲟成鱼从河口溯河而上，到达产卵场下游河道的深潭或坑洼中越冬，与此同时性腺渐次发育，待翌年秋季再上溯至产卵场产卵。产后成鱼迅速离开产卵场，顺流而下至下游或浅海区肥育、栖息。葛洲坝截流以前，每年 7—8 月由河口溯河而上，直抵金沙江下游和长江上游江段，寻找适合的产卵场产卵。

葛洲坝截流以前，中华鲟的产卵场分布于牛栏江以下的金沙江下游江段和重庆以上的长江上游江段。其中主要的产卵场集中于金沙江下游到长江上游的屏山—合江江段。中华鲟的产卵场分布于金沙江下游的老君滩以下和长江上游的合江县以上。

对于中华鲟历史产卵场分布情况，根据四川省长江水产资源调查组（1988）通过现场调查确定、渔民报道和调查走访发现，中华鲟产卵场的分布范围广、数量多（共有 20 余处）。其中已经查明并确定的产卵场有，金沙江下游宜宾至屏山县之间的三块石、偏岩子和金堆子产卵场；长江上游泸县的铁炉滩产卵场；合江县望龙碛产卵场等。此外，经走访调查及据渔民报道，另获得比较可靠的其他产卵场有 10 余处，相关产卵场的具体位置与分布情况见图 3.3。

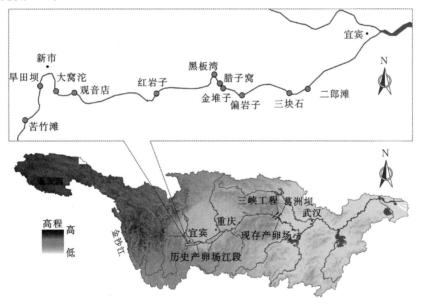

图 3.3 中华鲟在长江流域的产卵场分布

注：根据张辉（2009）的资料整理，宜宾—新市江段为历史主要产卵场江段，分布在该江段的产卵场共有 11 处，其中已查明确定的产卵场有 3 个，分别为金堆子、偏岩子和三块石产卵场，经走访渔民调查获得的产卵场 8 个（见图中标注）。此外，在宜宾—重庆江段，已明确分布的产卵场有 2 个，分别为铁炉滩和望龙碛产卵场，经走访调查或访问渔民获得的产卵场有 5 个（图中未标注）。

葛洲坝截流以后，由于生殖洄游通道受阻，中华鲟被迫在葛洲坝以下江段寻找适宜的位置开展繁殖活动。根据余志堂等（1983）的调查，葛洲坝下游的中华鲟仍能自然繁殖，并形成了新的葛洲坝坝下产卵场。

葛洲坝截流以后，葛洲坝下游的中华鲟仍能自然繁殖，并形成了新的葛洲坝坝下产卵场（见图3.4）。长期的监测表明，葛洲坝—庙咀江段为稳定的产卵场，每年都可以监测到中华鲟的自然繁殖；磨基山—五龙江段为不稳定产卵场，偶有年份都可以监测到中华鲟的自然繁殖；虎牙滩为偶发性产卵场，某些年份可以监测到中华鲟的自然繁殖。

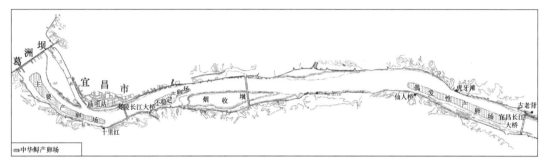

图3.4 葛洲坝截流后中华鲟产卵场分布位置示意图

其中，1986年10月23日和1987年11月14日曾在距离大坝约25km的虎牙滩江段发现小规模的中华鲟产卵活动外，葛洲坝下江段中华鲟产卵场的位置主要集中在坝下—胭脂坝约10km的江段内，而在坝下约4km长江段内，每年均发现有中华鲟的产卵活动。在1987年以后，庙咀以下江段以及虎牙滩江段未发现中华鲟的自然繁殖活动。

在20世纪90年代后期以后，中华鲟产卵密集区在大坝泄洪闸区、宜昌船厂至庙咀上游的物资码头之间的江心区和江左岸的深槽区，约3km。自1997年以来监测结果表明，中华鲟产卵场位置有逐步压缩于坝下的趋势。1997—2007年，中华鲟的第一次繁殖的产卵场主要多发生在长航船厂至三峡药厂之间的江段，在坝下至隔流堤江段偶有中华鲟发生繁殖，主要是在第二次产卵期。在2008年以后，中华鲟的产卵场变更为坝下—隔流堤江段。

3.1.2.2 中华鲟研究进展与问题

关于中华鲟的研究主要体现在生态习性调查研究和人工繁殖技术突破两方面，系统的调查研究从论证葛洲坝水利工程的救鱼措施开始。20世纪80—90年代，围绕葛洲坝工程建设，开展了救鱼问题的大量研究，发现了葛洲坝下中华鲟能够自然繁殖（胡德高 等，1983；余志堂 等，1983），并于1983年取得了人工繁殖的成功，1984年开始进行增殖放流。

进入20世纪90年代之后，开始尝试利用各种标记等多种手段进行人工繁殖放流效果评价（常剑波，1999；Zhu et al.，2002），引入了主动及被动超声波探测及跟踪技术研究中华鲟自然繁殖生态和产卵条件（Kynard et al.，1995；常剑波，1999；杨宇，2007；Tao et al.，2009；Wang et al.，2013a）。此间还突破了中华鲟幼鱼培育成活率低的技术难题，开始进行批量人工后备亲本驯养工作（肖慧 等，1999）。2000年以来，主要围绕葛洲坝和三峡工程对中华鲟物种生存的长期生态学效应开展研究，其中国家自然科学基金重大项目（NFSC30490230）在中华鲟繁殖的生态需求、中华鲟人工繁殖放流效果和繁殖群体的资源评估方面取得了较多的进展（Zhu et al.，2002；Zhao and Chang，2006）。通过模拟自然水温变化过程，建立了基于周年水温过程诱导中华鲟性腺发育的技术体系，于2009年首次取得了纯淡水环境下中华鲟全人工繁殖技术的成功。

此外，在国家自然科学基金重大项目（NFSC30490230）等项目的支持和推动下，实现了针对中华鲟的多学科交叉配合、联合攻关的研究。将水文学方法、水力学方法、栖息地法及综合法等方法广泛应用于中华鲟繁殖、栖息地的研究，建立了鱼类对环境要素需求的鱼类栖息地模型和生态流量模型，并提出了中华鲟繁殖期的流速、流量、底质、水温等指标的需求（杨宇，2007；蔡玉鹏 等，2010；班璇，2010；Yi et al.，2010；Ban et al.，2011；Chang et al.，2017）。

相关研究结果显示，中华鲟繁殖和水文及水力学条件，例如流量、流速、含沙量、水文过程等具有较高的相关性，且存在一定的阈值范围。例如：繁殖期间的水温多为18.0～20.5℃。中华鲟在产卵前的一段时间内，都可能存在一定的流量刺激，历史上50%的繁殖发生的下泄流量为10000～15000m³/s时；中华鲟的自然产卵活动基本发生在获得一定时间的流量刺激之后的"退水"阶段。在退水过程中，下泄江水有一定的含沙量，一般在0.31kg/m³左右。此外，长江水温过程、年积温等被认为是影响中华鲟繁殖的关键因素，其中水温的低温过程作为促进性腺向前发育的关键限制因子，已在中华鲟的全人工繁殖中得到验证。

上述相关成果尽管在一定程度上可为中华鲟生态需求提供支撑，然而，何种因素为控制中华鲟自然繁殖的关键因素，各因素对中华鲟自然繁殖是否存在、或/和存在怎样的协同作用，由于相关研究的针对性不足，目前尚不明确。对于三峡蓄水过程中，针对中华鲟栖息和繁殖对调度条件的需求、实现方式等方面的研究不多。总之，目前尚未有完善的研究成果可直接作为促进中华鲟自然繁殖生态调度的技术支撑。

3.2 四大家鱼自然繁殖对生态调度的响应特征

3.2.1 促进四大家鱼自然繁殖的调度背景

三峡工程建设以来，为响应环境影响报告书中关于人造洪峰以刺激四大家鱼繁殖的建议，于2011年组织开展了"针对四大家鱼自然繁殖需求的三峡工程生态调度方案前期研究"项目。研究成果指出，按初步设计报告提出的调度运行方案，平水年和枯水年经三峡工程调度后下游平均涨水时间较天然情况有较大减少，有必要开展生态调度。研究成果建议，在平水年和枯水年，特别是枯水年份，在四大家鱼繁殖期间的5月底至6月初，结合汛前腾空库容的需要，根据上游来水情况，利用调度形成1～2次持续时间较长（10天以上）的涨水过程。

在大量研究基础上，水利部中国科学院水工程生态研究所（以下简称"水工程生态研究所"）于2011年1月编制完成《三峡工程汛前生态调度试验研究项目建议书》。同年4月，项目获得长江水利委员会批准后，进一步编制了项目实施方案，并提出了促进四大家鱼自然繁殖的三峡工程生态调度方案建议、生态调度效果评估监测方案。

3.2.1.1 促进四大家鱼自然繁殖的调度指标

长江干流四大家鱼自然繁殖时间为每年的 4—6 月，在此期间，江水温度一般高于产卵所需的 18℃，而水位上涨、流量增大、流速加快是刺激家鱼产卵必需的外界水文条件，产卵规模与涨水幅度、持续涨水时间成正比，水文特征是四大家鱼产卵的必要条件。5 月中旬至 6 月下旬宜昌水温达到 18℃ 以上时，适时开展生态调度试验，三峡水库通过加大下泄流量，使葛洲坝下游河道产生明显的涨水过程，将宜昌站流量 11000m³/s 作为起始调度流量，在 6 天内增加 8000m³/s，最终达到 19000m³/s，调度时保持水位持续上涨，水位平均日涨率不低于 0.4m（Xu et al.，2015）。在生态调度实施过程中，开展同步监测，并根据效果监测评估结果对生态调度方案不断优化完善。

生态调度过程中同步开展其实施效果的监测。生态调度监测方案考虑了历史调查到的四大家鱼产卵场分布情况，在长江中游不同江段设置监测断面（监测内容包括水文监测、鱼类早期资源监测、产卵场及产卵群体监测），以准确评估生态调度的实施效果。

3.2.1.2 促进四大家鱼繁殖的生态调度进展

根据实际调度情况统计（见表 3.1），2011—2019 年一共实施了 13 次生态调度，其中 2012 年、2015 年、2017 年、2018 年为 2 次，其他年份为 1 次。生态调度集中在 5 月下旬至 6 月下旬实施，三峡出库起始流量范围为 6200~14600m³/s，出库流量日均增幅范围为 1050~3130m³/s。坝下宜昌江段持续涨水时间范围为 3~9 天，水位日均涨幅范围为 0.43~1.30m、流量日均增幅范围为 1080~3180m³/s、调度起始水温范围为 17.5~23.5℃，调度时宜昌江段水温除了 2013 年年未达到 18℃ 之外（但沙市、监利江段已达到），其余年份的水温都适于四大家鱼自然繁殖。

此外，在长江上游水库群（溪洛渡、向家坝）建成并投入运行后，自 2017 年开始连续实施了溪洛渡-向家坝-三峡水库的联合生态调度试验，通过同步加大梯级水库的出库流量来塑造适宜于鱼类繁殖的涨水过程，进一步满足向家坝坝下及长江中下游鱼类自然繁殖的需求。

表 3.1 生态调度实施信息汇总

年份	调度日期	流量日增幅 /(m³/s)	水位日涨幅 /m	涨水持续时间 /天	起始水温 /℃	备 注
2011	6 月 16 日至 6 月 19 日	1575	0.88	4	22.8	监测有限
2012	5 月 25 日至 5 月 31 日	2425	1.02	4	21.5	
	6 月 20 日至 6 月 27 日	1600	0.64	4	23.0	
2013	5 月 7 日至 5 月 14 日	1260	0.51	9	17.5	水温不满足
2014	6 月 4 日至 6 月 7 日	1230	0.46	3	21.1	
2015	6 月 7 日至 6 月 10 日	3180	1.30	3	22.0	
	6 月 25 日至 6 月 28 日	2890	0.86	3	23.3	
2016	6 月 9 日至 6 月 11 日	1775	0.55	3	22.5	
2017	5 月 20 日至 5 月 25 日	1080	0.42	5	20.3	
	6 月 4 日至 6 月 9 日	1370	0.52	6	21.8	
2018	5 月 19 日至 5 月 25 日	1820	0.58	5	21.0	
	6 月 17 日至 6 月 20 日	1440	0.56	3	23.5	
2019	5 月 26 日至 5 月 31 日	760	0.25	5	20.3	

　　从四大家鱼繁殖响应时间来看，在生态调度后的 1~3 天，宜都—沙市江段的四大家鱼就陆续开始产卵。一个例外的情况出现在 2013 年，三峡水库调度持续加大泄流 6 天后沙市断面才出现卵汛，四大家鱼繁殖的响应时间较长，推测可能由于此次调度开始时间较早（5 月上旬），沙市断面刚刚达到 18℃，而宜都断面尚未达到 18℃，江水的流量和水温不足以刺激四大家鱼大规模繁殖。监利断面能够监测到大规模四大家鱼苗汛，但对生态调度的繁殖响应不明显，表明沙市—监利江段分布的四大家鱼产卵场规模很小。

3.2.2　早期资源对调度水文过程的响应

3.2.2.1　四大家鱼早期资源监测

　　以鱼类早期资源为监测对象，通过定性和定量采集鱼卵、鱼苗，鉴定其种类和发育期，估算四大家鱼产卵时间、产卵地点和产卵规模，通过监测成果对生态调度效果进行直接评估。在长江中游设置宜都、沙市、监利 3 个鱼类早期资源监测江段，监测断面涵盖了长江中下游四大家鱼的产卵场江段（见图 3.5）。监测时间为 5 月中旬至 7 月中旬，为四大家鱼的繁殖季节。监测频次为逐日早、中、晚 3 次，每次采集持续约 30min。

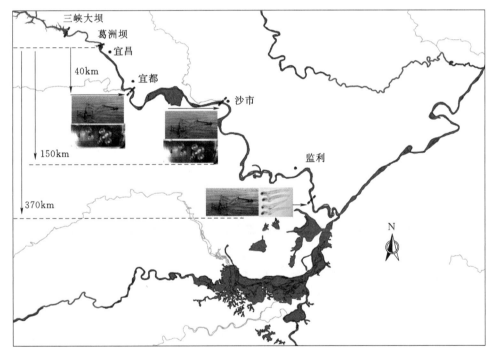

图 3.5　四大家鱼早期资源监测范围示意图

　　调查期间，租用调查船用圆锥网（网口面积 0.19m²）和弶网（网口面积 0.53m²）采集做定量分析。断面由南到北设置 3 个采集点，在长江表层及中底层进行卵苗采集，每次采集 10min 左右，在江两岸设置弶网 24h 昼夜监测。同时测量记录水位、径流量（全国水雨情信息网）、流速（LS45A 型流速仪）、水温、pH（SG2 pH 计）、溶氧（YSI550A 溶氧仪）等参数。监测方法依据《河流漂流性鱼卵、仔鱼采样技术规范》（SC/T 9407—

2012)、《内陆水域渔业自然资源调查手册》等标准规范。

最后，采用形态学和分子生物学方法对鱼卵和仔鱼进行分类鉴定，其中形态学主要是通过观察及测量卵径、卵色泽、发育期、素色分布、体型等特征，样品的处理及鉴定方法见文献（易伯鲁 等，1988；曹文宣 等，2007）。分子生物学方法主要是通过扩增样品线粒体 DNA 细胞色素 b 基因并测序，然后与数据库序列进行比对鉴定（汪登强 等，2013）。此外，在开展早期资源监测的同时，同步开展鱼类繁殖生境要素调查，内容主要包括：鱼类早期资源监测断面的气温、水温、透明度、流速；产卵场附近水文断面的水温、流速、水位、流量、含沙量。监测方法为鱼类早期资源监测断面的生境要素数据采用小型仪器自测，产卵场附近断面的生境要素数据通过宜昌、枝城水文站收集整理。

3.2.2.2　早期资源繁殖规模估算

结合上述全范围内的研究成果，从早期资源自然繁殖状况（繁殖规模）对水文、水温过程相应方面分别开展分析。鱼类繁殖规模的估算以各产卵场为计算单元，并按不同鱼类分别进行统计。根据从采集点采到的某产卵场的鱼卵数量（m）、采集点的网口流速（V）和采集点断面的流量（Q），求得采集断面在采集时间内所流过的某产卵场鱼卵数（M），计算公式为

$$M = \frac{0.3927mQ}{V} \tag{3.1}$$

在自然情况下，鱼卵在江河断面上各点的数量不是均匀的，因此，需求出断面系数 C，对式（3.2）加以修正，则

$$M = \frac{0.3927mQC}{V} \tag{3.2}$$

式中：C 为江河断面左、中、右三处的表层和底层各采集点的鱼卵（苗）密度平均值与固定采集点的鱼卵（苗）密度比。

产卵场的大致位置可依据采集到的鱼卵发育期和采集断面平均速度进行推算，公式为

$$S = VT \tag{3.3}$$

式中：S 为鱼卵的漂流距离；V 为江水平均流速；T 为当时水温条件下的胚胎发育经历的时间。

3.2.2.3　生态调度期间鱼类早期资源变化

2012—2018 年，每年 5—7 月在长江中游沙市断面逐日开展了鱼类早期资源的监测工作，监测合计开展 428 天。基于上述监测成果进行生态调度期间鱼类早期资源变化的分析。对于鱼卵的监测成果，2012 年 8764 粒，分属 28 种；2013 年 31539 粒，分属 25 种；2014 年 20419 粒，分属 28 种；2015 年 14067 粒；分属 24 种，2016 年 9710 粒，分属 43 种；2017 年 7355 粒，分属 28 种；2018 年 10005 粒，分属 32 种。对于仔稚鱼监测成果：2012 年 146786 尾，分属 28 种；2013 年 15695 尾，分属 31 种；2014 年 28334 尾，分属 36 种；2015 年 10578 尾，分属 19 种；2016 年 168198 尾，分属 31 种；2017 年 17574 尾，分属 34 种；2018 年 203035 尾，分属 34 种。

经统计，2012—2018 年共采集到鱼卵 101859 万粒、分属 51 种；仔稚鱼 590200 尾、分属 58 种。采集获得的鱼卵、仔稚鱼合计 68 种，隶属于 5 目 13 科，见表 3.2。

表 3.2 长江中游鱼类早期资源种类组成

分　类	种　类	鱼卵	鱼苗
鲤形目 CYPRINIFORMES			
鲤科 Cyprinidae			
鲃亚科 Barbinae	中华倒刺鲃 *Spinibarbus sinensis*	2	2
	云南光唇鱼 *Acrossocheilus yunnanensis*	1	1
鲤亚科 Cyprininae	鲤 *Cyprinus carpio*	2	2
	唇餶 *Hemibarbus labeo*	1	0
	鲦 *Hemiculter leucisculus*	3	2
	中华鳑鲏 *Rhodeus sinensis*	0	3
	马口鱼 *Opsariichthys bidens*	0	1
	南方鳅鲍 *Gobiobotia meridionalis*	1	0
	中华细鲫 *Aphyocypris chinensis*	1	0
	尖头鱥 *Rhynchocypris oxycephalus*	1	0
	鲫 *Carassius auratus*	1	1
鮈亚科 Gobioninae	棒花鱼 *Abbottina rivularis*	1	2
	麦穗鱼 *Pseudorasbora parva*	0	1
	华鳈 *Sarcocheilichthys sinensis*	1	0
	尖头鱥 *Rhynchocypris oxycephalus*	1	0
	银鮈 *Squalidus argentatus*	3	3
	圆筒吻鮈 *Rhinogobio cylindricus*	1	1
	铜鱼 *Coreius heterodon*	3	3
	吻鮈 *Rhinogobio typus*	3	2
	蛇鮈 *Saurogobio dabryi*	3	2
野鲮亚科 Labeoninae	华鲮 *Bangana rendahli*	0	1
鳅鲍亚科 Gobiobotinae	宜昌鳅鲍 *Gobiobotia filifer*	3	2
雅罗鱼亚科 Leuciscinae	草鱼 *Ctenopharyngodon idellus*	3	3
	鳡 *Ochetobius elongatus*	1	1
	鳤 *Elopichthys bambusa*	3	3
	青鱼 *Mylopharyngodon piceus*	3	1
	赤眼鳟 *Spualiobarbus Curriculus*	3	2
鲌亚科 Culterinae	贝氏鲦 *Hemiculter bleekeri*	1	1
	翘嘴鲌 *Culter alburnus*	3	3
	鳊 *Parabramis pekinensis*	3	2
	达氏鲌 *Erythrocalter dabryi*	1	1
	蒙古鲌 *Chanodichthys mongolicus*	3	2
	南方拟鲦 *Pseudohemiculter dispar*	0	1
	拟尖头鲌 *Culter oxycephaloides*	1	1
	团头鲂 *Megalobrama amblycephala*	0	1

续表

分　类	种　类	鱼卵	鱼苗
鲌亚科 Culterinae	厚颌鲂 Megalobrama pellegrini	0	1
	鲂 Megalobrama mantschuricus	0	1
	蒙古鲌 Chanodichthys mongolicus	3	2
	寡鳞飘鱼 Pseudolaubuca engraulis	2	2
	银飘鱼 Pseudolaubuca sinensis	3	2
鲴亚科 Xenocyprinae	黄尾鲴 Xenocypris davidi	3	2
	似鳊 Pseudobrama simoni	3	2
	细鳞鲴 Xenocypris microlepis	3	3
	银鲴 Xenocypris argentea	3	2
鲢亚科 Hypophthalmichthyinae	鲢 Hypophthalmichthys molitrix	3	1
	鳙 Aristichthys nobilis	3	1
鳑鲏亚科 Rhodeinae	中华鳑鲏 Rhodeus sinensis	0	3
平鳍鳅科 Homalopteridae	犁头鳅 Lepturichthys fimbriata	3	2
鳅科 Cobitidae			
沙鳅亚科 Botiinae	长薄鳅 Leptobotia elongata	1	0
	紫薄鳅 Leptobotia taeniaps	1	0
	中华沙鳅 Botia superciliaris	1	0
	花斑副沙鳅 Parabotia fasciata	2	2
	宽体沙鳅 Sinibotia reevesae	1	1
	双斑副沙鳅 Parabotia bimaculata	2	2
	壮体沙鳅 Botia robusta	1	1
花鳅亚科 Cobitinae	泥鳅 Misgurnus anguillicaudatus	1	0
	中华花鳅 Cobitis sinensis Sauvage	1	0
鲑形目 SALMONIFORMES			
银鱼科 Salangidae	太湖新银鱼 Neosalanx taihuensis	0	2
鲇形目 SILURIFORMES			
鲿科 Bagridae	长吻鮠 Leiocassis longirostris	0	1
	黄颡鱼 Pelteobagrus fulvidraco	1	2
钝头鮠科 Amblycipitidae	拟缘鱼央 Liobagrus marginatoides	0	1
颌针鱼目 BELONIFORMES			
鲇科 Siluridae	鲇 Silurus asotus	1	2
鱵科 Hemiramphidae	间下鱵 Hyporhamphus intermedius	0	2
鲈形目 PERCIFORMES			
怪颌鳉科 Adrianichthyidae	青鳉 Oryzias latipes	1	2
鮨科 Serranidae	鳜 Siniperca chuatsi	3	3
	大眼鳜 Siniperca kneri	0	1
鰕虎鱼科 Gobiidae	子陵栉鰕虎鱼 Ctenogobius giurinus	2	3

分　类	种　类	鱼卵	鱼苗
鰕虎鱼科 Gobiidae	波氏吻鰕虎鱼 *Rhinogobius cliffordpopei*	0	1
	褐吻鰕虎鱼 *Rhinogobius Brunneus*	0	1
塘鳢科 Eleotridae	沙塘鳢 *Odontobutis obscurus*	0	1
刺鳅科 Mastacembelidae	棘鳅 *Mastacembelus aculeatus*	0	1

注　0 表示未见，1 表示少见，2 表示比较常见，3 表示优势种。

2012—2018 年沙市江段鱼卵以漂流性卵为主，种类包括：翘嘴鲌、中华倒刺鲃、紫薄鳅、蒙古鲌、贝氏䱛、鳊、草鱼、壮体沙鳅、鳡、寡鳞飘鱼、鳤、花斑副沙鳅、华鳈、犁头鳅、鲢、拟尖头鲌、青鱼、蛇鮈、似鳊、双斑副沙鳅、铜鱼、吻鮈、宜昌鳅鮀、银鮈、银鲴、鳙鱼、圆筒吻鮈、长薄鳅和中华沙鳅等 29 种。

此外，弱黏性卵种类包括翘嘴鲌、中华倒刺鲃、紫薄鳅和蒙古鲌 4 种；漂浮性卵种类有鳡。采集的鱼苗中，未获得唇鲭、华鳈、尖头鳄、南方鳅鮀、泥鳅、长薄鳅、中华花鳅、中华沙鳅、中华细鲫和紫薄鳅等 10 种，但新采集到了波氏吻鰕虎鱼、大眼鳜、鲂、褐吻鰕虎鱼、厚颌鲂、华鲮、棘鳅、间下鱵、马口鱼、麦穗鱼、南方拟䱛、拟缘鱼央、沙塘鳢、太湖新银鱼、团头鲂、长吻鮠和中华鳑鲏等 17 种。

不同年份采集的鱼卵中，出现的优势种类（相对丰度超过 5%）数量为 2～5 种，种类组成包括：银鮈、细鳞鲴、蒙古鲌、翘嘴鲌、鳊、蛇鮈、䱛（贝氏䱛）、似鳊、花斑副沙鳅、铜鱼、银鲴、银飘鱼等；不同年份采集的鱼苗中，出现的优势种类（相对丰度超过 5%）数量为 2～7 种，种类组成包括：贝氏䱛、鳊、蒙古鲌、细鳞鲴、赤眼鳟、翘嘴鲌、银鮈、飘鱼、寡鳞飘鱼、银鲴、似鳊、䱛、银鲴等。

3.2.2.4　四大家鱼早期资源对调度水文过程的响应

结合卵苗捕捞数据及江段的流速情况进行四大家鱼产卵场的推算，调度期间，四大家鱼的产卵场全部位于长江葛洲坝以下至沙市之间长约 150km 的江段，共分布有产卵场 8 个，分别位于葛洲坝下、胭脂坝、虎牙滩、宜都、枝城、松滋河口、涴市和江口等水域。产卵场分布位置与 1986 年以来的调查结果基本一致。这表明近二十多年来，长江中游该江段四大家鱼的产卵场分布基本没有变化。分别结合宜都、监利江段的早期资源结果对四大家鱼早期资源径流量与调度水文过程的分析，其中沙市断面数据来源于水工程生态研究所内部监测资料，宜都及监利江段数据来源于文献（刘明典 等，2018；周雪 等，2019；孟秋 等，2020）。

1. 沙市断面早期资源的相应过程

结合沙市断面 2012—2019 年 5—7 月的逐日监测结果可知，该期限内实施的 11 次生态调度均促进了四大家鱼的自然繁殖，四大家鱼在生态调度期间鱼卵的发生量为 0.024 亿～4.06 亿尾（粒），其中以 2012 年的鱼卵规模最大；2016 年鱼卵规模最小。

针对四大家鱼自然繁殖对水文过程的相应，2012 年的响应时间最短，本年度在生态调度实施后的 1～3 天就开始繁殖；2013 年的响应时间最长，为生态调度连续实施 6 天后才响应。其他年份的响应时间多在 3～5 天。沙市断面四大家鱼鱼卵密度对水文过程的响应见图 3.6。

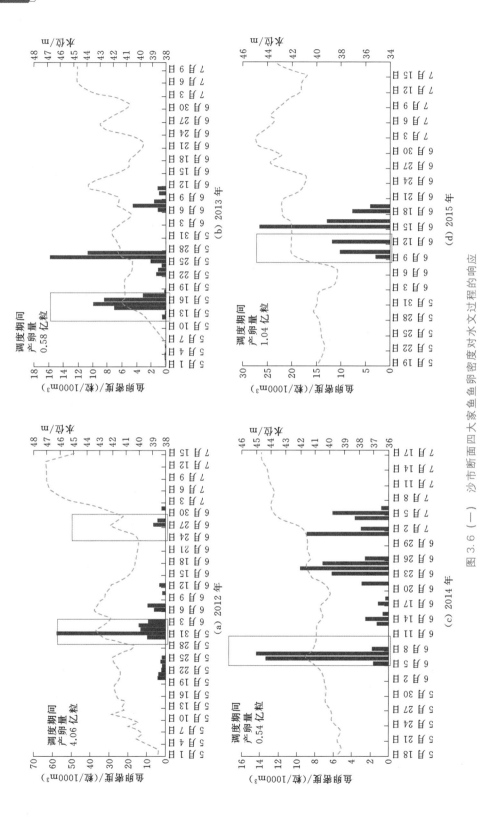

图 3.6 (一) 沙市断面四大家鱼鱼卵密度对水文过程的响应

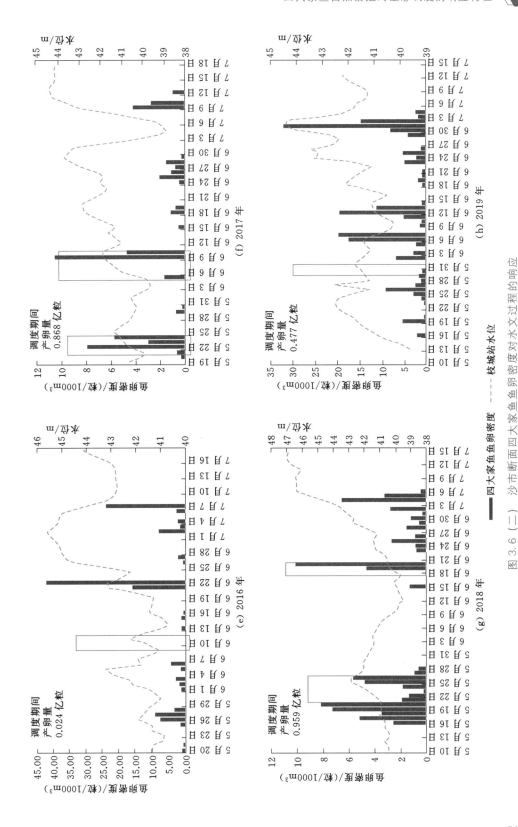

图 3.6 (二) 沙市断面四大家鱼鱼卵密度对水文过程的响应

沙市断面的监测结果表明，宜昌至沙市河段为四大家鱼的主要产卵场，同时生态调度对沙市断面四大家鱼自然繁殖有明显的刺激作用，在 2012—2019 年连续的生态调度均促进了该监测断面上游四大家鱼的自然繁殖。

2. 监利断面早期资源的相应过程

根据 2014—2019 年监利断面四大家鱼卵苗发生量与生态调度的响应分析。生态调度时间在 5 月至 6 月初时，基本监测不到四大家鱼繁殖发生或发生量极低，生态调度时间在 6 月底至 7 月初时，明显监测到四大家鱼鱼苗的发生。例如 2014 年、2017 年和 2019 年生态调度时间在 5 月或 6 月上旬，期间监利江段未监测到四大家鱼繁殖或繁殖量非常少；2015 年、2016 年、2018 年均在 6 月下旬开展生态调度，期间监测到较大比例的四大家鱼鱼苗，详见图 3.7。

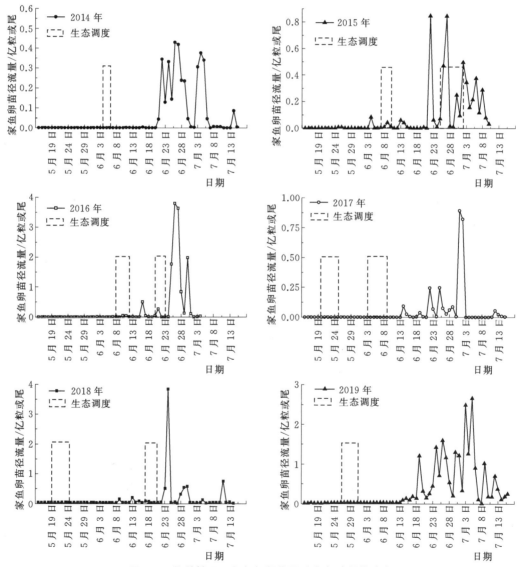

图 3.7 监利断面四大家鱼卵苗量对水文过程的响应

监利断面的监测结果表明，沙市至监利长约 180km 江段内，仅分布有零星产卵场，其繁殖规模（鱼卵径流量）相对于沙市、宜都断面而言，规模极低，以 2019 年为例，监利断面监测到四大家鱼鱼卵径流量为 0.131 亿粒，仅占沙市断面当年总量的 2%以内；也仅约宜都断面 0.15%。

在水文过程传播时间的响应方面，由于三峡水库与监利站距离较远，监利站受传播距离和洪水坦化的影响较大，所以三峡水库生态调度时，调度的水文过程需调度实施 1～2 天后才能到达该江段。在四大家鱼自然繁殖的响应方面，生态调度对监利段四大家鱼自然繁殖的刺激效果不明显，三峡水库下泄流量传到下游监利江段，可能受下泄流量、传播距离和洪水坦化的影响，未能达到该江段的家鱼产卵的水文条件。

3.2.3 繁殖群体对调度水文过程的响应

3.2.3.1 研究区域与调度水文过程

为了解繁殖亲鱼的聚集地点、数量和行为进行探测，估算繁殖群体丰度和空间分布，确定产卵场具体位置，掌握鱼类集群行为与洪峰过程的响应关系。由于 2012 年的生态调度实施频次较多（为 3 次），同时每个调度的水文过程均持续时间较长。因此，以 2012 年调查结果开展四大家鱼繁殖群体对调度水文过程响应的分析。以宜昌产卵场（红花套—胭脂坝坝尾江段）和荆江产卵场（江口—涴市江段）为研究区域。采用渔业声学调查方法进行宜都产卵场和荆江产卵场鱼类资源时空分布和资源量的调查。调查设备为 SIMRAD EY60 分裂波束式鱼探仪（探测频率为 120kHz，半功率角为 7°）。调查时间为 2012 年的 5—7 月，调查时间涵盖了调度实施期间的水文过程中的涨水前、涨水中和涨水后三个过程，具体研究区域见图 3.8。

对于两个调查的产卵场江段，宜昌产卵场（红花套以上江段，具体为红花套—胭脂坝坝尾江段）的探测水域面积约为 17.12km²，荆江产卵场的探测水域面积约为 34.50km²。探测时机选择三峡水库生态调度的"涨水前""涨水中"及"涨水后"等 3 个水文过程，覆盖的流量为 11425～17775m³/s。同时，结合当年的早期资源监测推算得知，3 个阶段的调查分别对应的时期为：鱼类繁殖前夕（涨水前）、繁殖期间（涨水中）和繁殖后（涨水后）。3 个水文过程中在 2 个产卵场江段共获得了 1909 个探测位点的鱼类分布信息，具体调查信息见表 3.3。

表 3.3　　　　　　　长江中游产卵场繁殖群体对水文过程相应调查信息

研究区域	调查时间	Q_{flow} /(m³/s)	L_{total} /km	A /km²	D_c	水深/m	备注
荆江产卵场	5 月 17—18 日	11787	66.2	34.50	11.27	12.52±5.72	涨水前
	5 月 28—29 日	16600	70.60	34.50	11.44	17.04±5.41	涨水中
	6 月 18—19 日	11838	68.42	34.50	11.61	11.29±4.65	涨水后
宜昌产卵场	5 月 20—21 日	11425	37.97	17.50	9.08	13.59±4.12	涨水前
	5 月 29—31 日	17775	46.57	17.50	11.13	21.00±5.05	涨水中
	6 月 20—21 日	12083	40.15	17.50	9.60	13.98±3.75	涨水后

注　Q_{flow} 为三峡水库下泄流量均值；L_{total} 为产卵场调查总航线长度；A 为产卵场调查总面积；D_c 为声学调查的覆盖范围，计算方法相关文献（Aglen，1983），D_c 大于 6.0 代表有效调查。

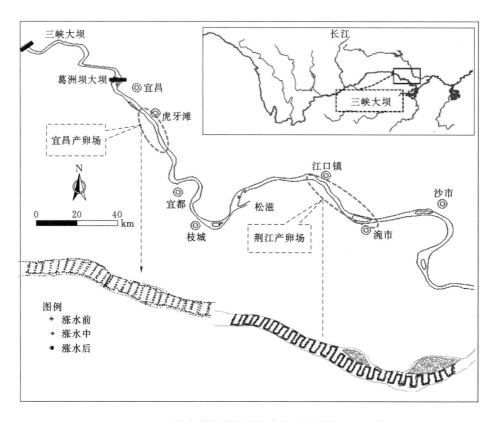

图 3.8 四大家鱼等产漂流性卵鱼类繁殖群体研究区域

3.2.3.2 鱼类繁殖群体资源量的估算方法

通过 Echoview7.1 分析软件进行声学数据分析处理。为克服近声场和远程盲区的影响，分析过程中通过建立 1.0m 的水面线和 0.5m 的底层线方式，限定回波映像有效分析数据的范围在换能器 1m 以下至水底 0.5m 以上之间（Balk and Lindem，2005）。

分析数据目标强度（target strength，TS）的阈值设置为－60dB。在鱼类目标信号提取之前，采用卡尔曼滤波方式对回波映像进行滤波处理，剔除噪音与杂波等干扰信号。随后对探测获得的连续数据进行距离或时间分割，其中上游走航断面按照每隔大约 180m 的探测长度分割成单个分析单元（EDSU）。随后采用 Echoview 的 STM（single target detection method）方法进行 EDSU 的鱼类目标信号的提取、单体鱼的计数（陶江平 等，2012）。最后，基于目标强度和探测水域范围内的单体鱼数量及探测水体体积进行鱼类密度的统计。分析过程采用的算法如下。

1. 目标强度与声学体长换算

首先，通过探测声束内单体鱼连续回波的反向散射系数进行单体鱼目标强度的计算，公式如下：

$$TS = 10\lg\left(\frac{1}{n}\sum_{i=1}^{n}\sigma_{\mathrm{bs}(i)}\right) \tag{3.4}$$

式中：σ_{bs} 为单回波的反向散射系数；n 为单体鱼的连续回波的数量。

其次，采用鱼类目标强度和体长换算经验公式（Love，1971）进行鱼类体长和 TS 值的换算，公式如下：

$$L = \frac{10^{TS+62.0+0.9\lg(F)}}{19.1} \tag{3.5}$$

式中：L 为鱼类声学体长，cm；F 为探测频率，本次探测采用的换能器频率为 120kHz，故而本次数据 $F=120$。

2. 鱼类密度统计

采用回声计数方法（Kieser and Mulligan，1984）进行单个 EDSU 鱼类密度估算，算法如下：

$$V = \frac{1}{3}\pi\tan(\theta'/2)\tan(\phi'/2)(R_2^3 - R_1^3) \tag{3.6}$$

$$\rho = \frac{N}{PV} \tag{3.7}$$

式中：N 为探测到的鱼类的数目；ρ 为单位体积水体或者单位面积水面鱼类数量，即鱼类体积密度或鱼类面积密度；V 为每一个 $ping$ 探测的水体体积；P 为分析数据的 ping 数量；θ' 和 ϕ' 分别为换能器的横向和纵向方向的有效检测角度，其为回波在声学截面方向上获得最大增益补偿（MGC）时的张角；R_2 为探测位置水深 0.5m 以上位置；R_1 为换能器 1m 以下的水深。

3. 鱼类时空分布的 GIS 建模

为获得走航探测不同区域的鱼类时空分布状况，使用 ArcGIS10.1 进行沙坪电站上游水域鱼类时空分布的 GIS 建模。将鱼探仪获得的数据（包括采样点 GPS 坐标，水深和鱼类密度）导入 ArcGIS 平台，采用空间统计分析（spatial statistics analyst）模块中的定向分析（directional distribution）和最近邻域分析（average nearest neighbor analysis）进行空间自相关的方向性和样点空间间隔距离（即步长 h）的确定（Walline，2007）。在地统计分析模块（geostatistical analyst）中进行理论方差（半方差函数）预测。在空间自相关的前提下，通过已采样点所代表的栅格的鱼类密度来进行未采样栅格鱼类密度的预测。

不同栅格之间的空间变异和自相关程度的预测使用半方差函数进行，表达函数如下：

$$Y(h) = \frac{1}{2|N(h)|}\sum_{N(h)}\left[\rho(s_i) - \rho(s_j)\right]^2 \tag{3.8}$$

式中：$Y(h)$ 为半方差函数；h 为步长；$N(h)$ 为间隔距离，为 h 时的样点对数；$\rho(s_i)$ 为 GPS 位点为 s_i 的鱼类密度观测值。

使用球形模型和指数模型进行方差的最优估计（Adams et al.，2008），两种渐进模型产生块金值 C_0、偏基台值 C、基台值 C_0+C 及变程 a 的估计。C_0 表示空间异质性的随机部分（不确定性变异），或微观尺度变异；基台值 C_0+C 为空间异质性的结构变异，其值越大表示空间的异质性越高；C 为半方差（Y）的空间组成。块金值和基台值之比 $C_0/(C_0+C)$ 表示空间自相关程度，当该比值为小于等于25%、25%～75%（含）及大于75%时，分别表示空间的高度、中度和弱（不）自相关（Parker-Stetter et al.，2009）。

在预测过程中确定平均误差 ME、均方根误差 $RMSE$ 和平均预测标准误差 ASE 等统计误差[18]。ME 为预测的偏度，$RMSE$ 和 ASE 为预测的准确度。当 ME 接近0，同时 ASE 和 $RMSE$ 无限接近时，表示预测为最小变异的有效估计（Georgakrakos and Kitsiou，2008）。

4. 鱼类绝对资源量的估计

将地统计预测获得的鱼类密度的空间分布矢量图以10m的栅格进行栅格化，分别将宜都和荆江产卵场在涨水前、涨水中和涨水后获得的数据分成 n 个栅格。同时进行对数化的鱼类密度的反向转换，还原成原始值。通过统计不同栅格所代表的鱼类密度与其对应的栅格面积之和，获得鱼类的总资源量（Tao et al.，2017）。

3.2.3.3 不同水文过程的鱼类规格变化

基于单体鱼的目标检测与跟踪技术，共获得了11544个鱼类回波信号（荆江产卵场4457个，宜昌产卵场7087个）。根据产卵场江段鱼类信号目标强度（TS）的频数分布进行目标种类规格的分析，在 $TS \approx -35dB$，鱼类群落可分为2个近似的正态分布（见图3.9）。以$-35dB$作为鱼类信号的分类阈值，其中 $TS \geqslant -35dB$ 的目标信号为体长大于60cm的鱼类（大型鱼类）；$-60dB<TS<-35dB$ 的目标信号为体长小于60cm的鱼类为小型鱼类。探测获得的鱼类信号以小型鱼类为主，其中荆江产卵场不同水文过程阶段小型鱼类（$-60dB<TS<-35dB$）的占有比例为86.80%～91.87%；宜昌产卵场不同水文过程阶段小型鱼类占有比例为81.37%～97.68%。此外，对于小型规格的鱼类（$-60dB<TS<-35dB$），不同水文过程中荆江产卵场和宜昌产卵内鱼类的体长分别为8.5～12.3cm 和9.6～18.8cm；对于大型规格的鱼类（$TS \geqslant -35dB$），不同水文过程中荆江产卵场和宜昌产卵内鱼类的体长分别为53.0～94.4cm 和96.9～108.0cm。

3.2.3.4 不同水文过程产卵场鱼类空间分布变化

结合渔业声学探测数据和GIS空间插值分析及差值误差的最优估计，获得了2个产卵场不同水文过程中鱼类密度及其所在位置水深的时空分布状况（见图3.10）。在荆江产卵场，涨水前和涨水后大型鱼类和小型鱼类均主要聚集在洲滩（火箭洲和马洋洲）附近位置（小型鱼类的鱼类密度大于2000尾/hm²，大型鱼类的鱼类密度为100尾/hm²）。其中小型鱼类聚集位置的水深为6.5～12.0m；大型鱼类聚集位置的水深为7.0～10.8m。这些鱼类聚集的范围占整个探测水域面积的3.2%～5.0%。然而，在涨水过程中，鱼类主要聚集在探测水域的上游主河道（江口镇）位置。鱼类聚集水域的面积约占整个探测水域面积的7.0%，聚集水域的水深约17.76m。在宜昌产卵场，涨水前过程中鱼类主要聚集在红花套水域8.0～12m水深位置，鱼类高密度聚集水域约占整个探测水域面积的2%；在涨水过程，鱼类高密度聚集水域面积达到20.8%，且分布位置水深为11.1～35.0m；涨水后，鱼类高密度分布水域仅约占整个探测水域面积的0.1%。

3.2.3.5 不同水文过程产卵场鱼类资源总量变化

基于不同水文过程中鱼类时空分布探测江段内鱼类资源量的统计，对于小型鱼类，荆

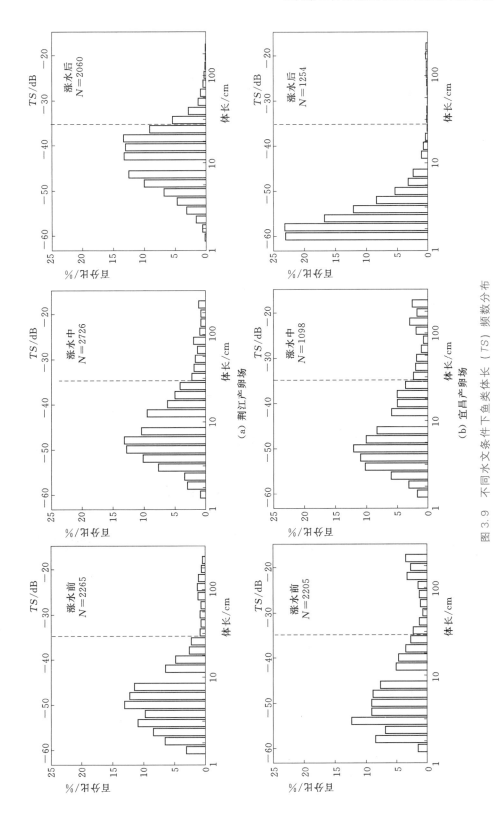

图 3.9　不同水文条件下鱼类体长（TS）频数分布

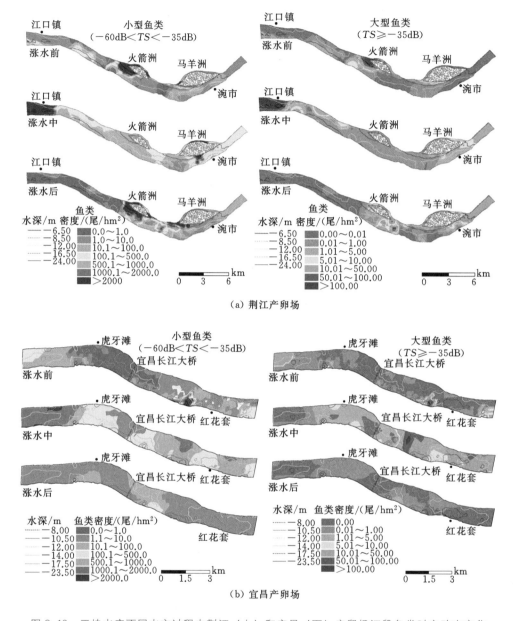

图3.10　三峡水库不同水文过程中荆江（上）和宜昌（下）产卵场江段鱼类时空动态变化

江产卵场和宜昌产卵场内，在涨水前、涨水中和涨水后分布的鱼类资源量分别为 3.52×10^6 尾、6.08×10^6 尾、3.48×10^6 尾和 3.01×10^5 尾、6.65×10^5 尾、1.36×10^5 尾。不同水文过程中，两个产卵场内大型鱼类资源量分别为 2.29×10^4 尾、6.37×10^4 尾、1.34×10^4 尾和 4.89×10^3 尾、1.70×10^3 尾、0.72×10^3 尾。两个产卵场内的探测结果均显示了涨水过程中产卵场内分布的鱼类数据均高于涨水前和涨水后两个阶段（见图3.11）。

总之，针对不同水文过程中的鱼类时空分布，"涨水前"和"涨水中"鱼类多聚集在

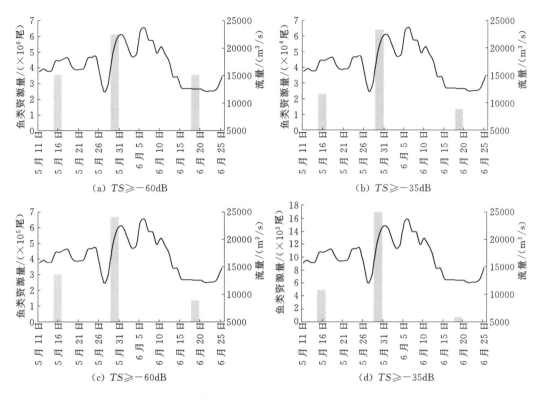

图 3.11 三峡水库不同水文过程中荆江（上）和宜昌（下）产卵场绝对资源量变化

滩头水域（如宜都产卵场的虎牙滩上游，荆江的火箭洲和马羊洲），而在涨水后鱼类分布相对变得离散；同一产卵场中，"涨水中"两大产卵场分布的鱼类密度均显著高于其他两个过程中的鱼类密度；不同水文过程中荆江产卵场的鱼类密度均显著高于宜都产卵场的鱼类密度（$p<0.05$）。该结果表明生态调度的涨水过程刺激了亲鱼聚集于产卵场进行繁殖，导致了涨水过程中鱼类的聚集与高密度分布。此外，结合早期资源调查结果发现产卵场亲鱼在涨水过程中向产卵场的聚集从而呈现出高密度的分布，并在涨水过程中发生了繁殖行为。该结果表明了生态调度的涨水过程刺激了亲鱼聚集于产卵场，从而实现了自然繁殖。

3.2.4 促进四大家鱼自然繁殖的生态调度效果

为全面了解生态调度实施以来长江中游葛洲坝至监利江段四大家鱼自然繁殖的变化特征，通过资料收集、文献调研等方式获得了宜都、沙市及监利江段四大家鱼自然繁殖规模变化数据，并按照生态调度的涨水过程和非生态调度时期的涨水过程分别统计。

宜昌—宜都江段在 2011—2014 年的鱼卵总径流量整体均偏低，为 0.58 亿～1.80 亿粒，其中生态调度实施过程中产生的鱼卵径流量为 0～0.47 亿粒。在 2015 年之后，该断面的四大家鱼繁殖规模发生显著性增长，总鱼卵径流量由 2015 年的 6.2 亿粒上升至 2019 年的 86 亿粒。在生态调度实施过程中产生的鱼卵径流量为 1.1 亿～25 亿粒。该断面内生态调度产生鱼卵径流量占整个监测期的 0.00%～91.94%。除 2013 年生态调度期间未监测到四大家鱼繁殖行为的发生以外（0.00%），其他年份内生态调度期间四大家鱼均发生了自然繁殖。此外，在 2015 年和 2018 年，生态调度期间产生的四大家鱼鱼卵径流量均要高于非生态调度时期，分别为 66.50% 和 91.94%。

宜都—沙市江段内四大家鱼繁殖的鱼卵径流量呈现波动的变化趋势，其中有 3 个繁殖高峰年份，分别为 2012 年、2015—2016 年及 2019 年，其他年份的繁殖规模相比较这 4 年而言，相比偏低。该断面内生态调度产生鱼卵径流量占整个监测期的 0.47%～66.58%，该监测断面内生态调度期间四大家鱼均发生了自然繁殖。其中，2012 年四大家鱼对生态调度的响应效果最好，生态调度期间产生的四大家鱼鱼卵径流量占整个监测期的 66.58%；2016 年四大家鱼对生态调度的响应效果最差，生态调度期间产生的四大家鱼鱼卵径流量占整个监测期的 0.47%。

沙市—监利江段，仅分布有零星产卵场，其繁殖规模（鱼卵径流量）相对于沙市、宜都断面而言，规模极低。同时，结合 3.2.3 小节的结果可知，鱼苗对调度水文过程的集中响应期多发生在 6 月 20 日之后，而鱼卵对调度水文过程的集中响应期在 6 月 20 日之前。该江段鱼苗径流量与调度水文过程的响应随着长江中游下泄流量的加大，促进了在河岸缓水区栖息的鱼苗幼苗随水流向下迁移，从而导致了该断面内鱼苗监测数量的激增。

通过上述 3 个监测断面 2011—2019 年的连续监测成果可知，宜都监测生态调度期间产生的四大家鱼鱼卵径流总量（56.73 亿粒）占整个监测期鱼卵总量（154.44 亿粒）的 36.73%；沙市断面生态调度期间产生的四大家鱼鱼卵径流总量（8.53 亿粒）占整个监测期鱼卵总量（27.83 亿粒）的 30.65%；监利断面鱼卵径流量极低，但是鱼苗对调度水文过程有响应，其可能原因为随着长江中游下泄流量的加大，促进了在河岸缓水区栖息的鱼苗幼苗随水流向下迁移，从而导致了该断面内鱼苗监测数量的激增。

为进一步评估生态调度的有效性，选取了 3 个能够表征四大家鱼繁殖性能的参数，分别为产卵持续时间、产卵场范围、产卵规模，通过比较生态调度洪峰与非生态调度洪峰两种调度模式下四大家鱼繁殖性能参数（平均值和范围）来综合评估生态调度的实施效果。以沙市断面 2012—2018 年的监测成果开展相关的系统分析。

2012—2018 年，沙市断面共有 28 个产卵规模在 1000 万粒以上的繁殖事件，其中包括 9 次生态调度洪峰过程和 19 次非生态调度洪峰过程。相关统计结果见表 3.4。

表 3.4　　　　　　　　两种调度洪峰模式下四大家鱼繁殖性能比较

洪峰模式	统计项	产卵持续时间/天	产卵场范围/km	产卵规模/（×10⁶ 个）
生态调度	平均值	4	85	82.6
	范围	3～5	56～115	35.4～308.4
非生态调度	平均值	3	68	56.6
	范围	2～6	17～105	11.5～214.4

通过比较繁殖性能参数发现，生态调度实施下四大家鱼繁殖状况普遍好于非生态调度，表现为繁殖持续时间更长、产卵场延伸范围更广、单次洪峰的产卵规模更大，相关成果证实了实施生态调度对四大家鱼自然繁殖的效果。

3.2.5 小结

本节在长江中游四大家鱼主要产卵场江段的监测及历史资料分析的基础上开展了四大家鱼自然繁殖对生态调度的响应分析，主要结论如下。

（1）长江中游葛洲坝—监利江段为受三峡工程直接影响的江段，也是四大家鱼的主要产卵场分布江段。其中葛洲坝—沙市江段（约 150km）为主要产卵场分布的江段，沙市—监利江段（约 180km）为四大家鱼的零星产卵场分布的江段。三峡工程生态调度实施影响最为显著的水域为葛洲坝—沙市江段（约 150km）为主要产卵场江段。

（2）生态调度的涨水过程刺激了亲鱼聚集于产卵场进行繁殖，导致了涨水过程中鱼类的聚集与高密度分布。此外，结合早期资源调查结果发现产卵场亲鱼在涨水过程中向产卵场的聚集从而呈现出高密度的分布，并在涨水过程中发生了繁殖行为。

（3）生态调度实施下四大家鱼繁殖状况普遍好于非生态调度，表现为繁殖持续时间更长、产卵场延伸范围更广、单次洪峰的产卵规模更大。

（4）对于生态调度实施的效果，长江中游四大家鱼的自然繁殖规模总体呈现逐年上升的趋势。葛洲坝—宜都江段繁殖规模最大，生态调度期间产生的四大家鱼鱼卵径流总量占整个监测期的 36.73%；宜都—沙市江段繁殖规模次之，生态调度期间产生的四大家鱼鱼卵径流总量占整个监测期的 30.65%；沙市—监利江段繁殖规模极低，该水域偶有四大家鱼自然繁殖行为的发生。

3.3 促进四大家鱼自然繁殖的生态调度优化

3.3.1 调度水文过程分解与系统构建

采用 Shu（2004）提出的系统重构分析方法（reconstructability analysis）进行调度水文过程的分解及系统的构建，解析鱼类自然繁殖和洪峰过程的映射关系。将调度水文过程中（如水位/流量过程或水温过程）的鱼类自然繁殖规模（卵径流量）作为一个子系统，从而构造出鱼类的水文需求总系统。基于因素和指标的分解，建立鱼类自然繁殖与水文过程参数之间的非线性关系。通过因素与指标的分析得到影响鱼类自然繁殖规模的关键水文参数，以及相应参数对鱼类自然繁殖影响的重要程度，从而确定鱼类自然繁殖对水文过程需求的阈值。

系统重构分析不是用变量间关系的数学公式描述的，而是用系统的某个时刻或某个时段各个变量数值的等级（又称水平）或等级界（水平界）及其间的插值来描述。在此引入的每一个变量均称为变量状态（也称"子状态"），分析定义的时刻或时段的全体变量称为聚集状态。聚集状态由引入的所有变量状态（子状态）组成。重构分析将通过性态函数给出聚集状态出现的频率、概率、可能性或者模糊隶属度（见图 3.12）。系统重构分析方法的应用需要开展重构假设构建、评估及因素重构分析权值的确定 3 个方面工作。

首先，由子系统构造的总系统作为一个重构假设，或通过其他方式对总系统构造的近似描述，用于评价由所掌握子系统信息重构获得结果与原系统的接近程度，从而实现重构

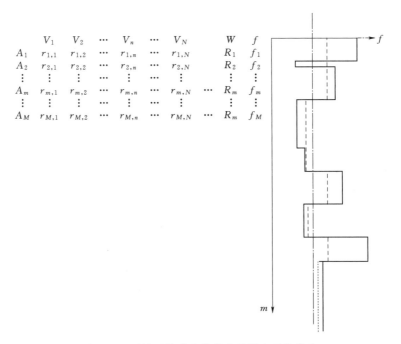

图 3.12　系统重构法聚集状态及性态函数分布

假设的评估。重构假设的性态函数分布与原总系统性态函数分布的实线距离作为该重构假设与总系统接近程度的度量，距离越小则接近程度越大。一般采用绝对值、欧几里得和信息熵 3 种距离来度量，具体如下：

$$D_1^{dh} = \sum_{m \in \Omega} \left| f^h(m) - f^d(m) \right| \tag{3.9}$$

$$D_2^{dh} = \sqrt{\sum_{m \in \Omega} \left[f^h(m) - f^d(m) \right]^2} \tag{3.10}$$

$$D_3^{dh} = \sum_{m \in \Omega} f^d(m) \lg f^d(m) - \sum_{m \in \Omega} f^h(m) \lg f^h(m) \tag{3.11}$$

其次，基于重构假设的评估结果进行因素重构分析权值的确定。为了求出某因素水平（或水平界）对某指标水平或水平界的权值，将图 3.12 的第 1 到第 N 行变量设为因素，第 $N+1$ 行变量设为指标 w，以 $D^d(n_f, l_f, l_w,)$ 表示第 n_f 因素第 l_f 水平（或水平界）与第 l_w 指标水平（或水平界）组成的因素分析重构假设。如果此重构假设性态函数分布与原性态函数分布的距离为 0，则该因素水平的重要性权值为 1，即为唯一起作用的因素水平。如果此重构假设性态函数分布为平直分布，则该因素水平的重要性权值为 0，即为最不重要的因素水平。

最后，为进行因素水平重要性的排序，需要进行因素重构分析获得的重构假设性态函数与原性态函数的距离与因素重要程度之间的关系转换。具体通过线性或非线性方法进行距离（D^{dh}）与重要程度的相对权值（V^{imp}）的变换，如下：

$$V^{imp}[n_f, l_f, l_w] = F^{I,D}\{D^{dh}[\cdots]\} \tag{3.12}$$

式中：V^{imp} 为重要程度的相对权值，该值可作为因素水平重要性的排序依据，也可直接作为因素重要程度量化的权值；D^{dh} 为重构假设与总系统接近程度距离，采用绝对值距离（D_1^{dh}）、欧几里得距离（D_2^{dh}）或信息熵距离（D_3^{dh}）获得，见式（3.9）至式（3.11）；$F^{l,D}$ 为一线性或非线性变换。

选取促进四大家鱼卵汛的洪峰过程的 9 个水文指标为状态变量，通过重构分析实现四大家鱼阈值需求的数学表达，相关指标选取的原则与生物学意义见文献（Zhang et al.，2000）。其中，V_1 为洪峰的初始水位；V_2 为水位的日上涨率；V_3 为断面初始流量；V_4 为流量的日增长率；V_5 为水位上涨持续时间；V_6 为前后两个洪峰过程的间隔时间；V_7 为前后两个洪峰过程的水位差异；V_8 为起始产卵日期；V_9 为产卵时序。将上述 9 个水文指标作为状态变量，单次洪峰过程的四大家鱼鱼卵径流量作为响应变量（见图 3.13），采用系统

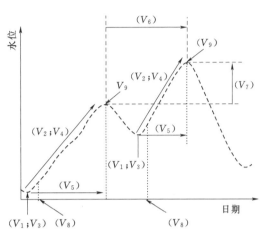

图 3.13　单个洪峰过程的参数分解

重构分析软件 GeneRec2002 对影响四大家鱼产卵规模大小的水文要素进行定量分析，采用信息熵距离（D_3^{dh}）来度量实际生态调度子系统与四大家鱼生态需求的总系统的接近程度。

3.3.2　调度水文过程参数确定

采用"要素—准则系统重构分析方法"将洪水过程分解成多个不同因素，选取苗汛洪峰过程的 9 个生态水文指标：断面初始流量、流量日增长率、洪峰初始水位、水位日上涨率、涨水持续时间、前后两个洪峰过程的间隔时间、前后两个洪峰过程的水位差异、产卵起始时间和苗汛时序，分析各指标对鱼类繁殖的影响。选取 $V_1 \sim V_9$ 共 9 个参数描述监测期间洪水过程，采用 $Q_1 \sim Q_3$ 共 3 个参数描述监测期间四大家鱼卵、苗径流量，各参数定义及说明见表 3.5。

表 3.5　　　　　　　　　　　　　参数定义及说明

参数	定　　义
V_1	洪峰初始水位：监测到四大家鱼卵的涨水过程起涨水位
V_2	水位日上涨率：初始水位与洪峰水位之间平均日水位涨幅
V_3	断面初始流量：监测到四大家鱼卵的涨水过程起涨流量
V_4	流量日增长率：初始流量与洪峰流量之间平均日流量涨幅
V_5	涨水持续时间：初始水位至洪峰水位的时间
V_6	前后两个洪峰过程的间隔时间
V_7	前后两个洪峰过程的水位差异
V_8	产卵起始日期：单次涨水过程中开始产卵时间

参数	定　　义
V_9	苗汛时序
Q_1	单次涨水过程中四大家鱼卵径流量，单位 10^6 粒
Q_2	单次涨水过程中四大家鱼苗径流量，单位 10^6 粒
Q_3	单次涨水过程中四大家鱼卵苗径流量，单位 10^6 粒
OP	1 为生态调度，2 为正常调度

3.3.3　生态调度水文过程的参数指标

本书引入 2012—2018 年以来生态调度实施的成果开展汇总分析，明确生态调度实施情况，在此基础上开展相关参数的分析。2012—2018 年以来，三峡水库共实施了 11 次生态调度试验，2012 年、2015 年、2017 年、2018 年均为 2 次，2013 年、2014 年、2016 年均为 1 次。其中，2017 年 5 月首次开展了溪洛渡、向家坝、三峡梯级水库联合生态调度试验，向家坝水库和三峡水库同步开始加大出库流量，以满足生态调度试验要求（表3.6）。

表 3.6　　　　　　　　　　三峡水库生态调度实施参数指标

年份	调度日期	流量日增幅/(m³/s)	水位日涨幅/m	涨水持续时间/天	水温/℃
2012	5 月 25—31 日	800～5300（2425）	0.19～1.80（1.02）	4	21.5
	6 月 20—27 日	600～2600（1600）	0.23～1.06（0.64）	4	23.0
2013	5 月 7—14 日	660～3200（1260）	0.38～1.05（0.51）	9	17.5
2014	6 月 4—7 日	940～1450（1230）	0.36～0.53（0.46）	3	21.1
2015	6 月 7—10 日	25～6910（3180）	0.11～2.77（1.30）	4	22.0
	6 月 25—28 日	5325～6275（5800）	1.58～2.07（1.83）	2	23.3
2016	6 月 9—11 日	750～2925（1775）	0.21～0.89（0.55）	3	22.5
2017	5 月 20—25 日	600～1700（1080）	0.22～0.71（0.43）	5	20.3
	6 月 4—9 日	400～3500（1365）	0.18～1.34（0.51）	6	21.8
2018	5 月 19—25 日	1125～2800（1825）	0.43～0.84（0.58）	5	21.0
	6 月 17—20 日	1675～1975（1440）	0.27～0.77（0.56）	3	23.5

注　括号中数值为平均值。

根据实际调度情况统计，生态调度时间集中在 5 月下旬至 6 月下旬，三峡出库起始流量为 6200～14600m³/s，出库流量日增幅为 1050～3130m³/s。生态调度期间宜昌江段持续涨水时间为 2～9 天，水位日均涨幅为 0.43～1.83m、流量日均增幅为 1080～5800m³/s，调度起始水温为 17.5～23.5℃，调度时宜昌江段水温除了 2013 年年未达到 18 ℃（但沙市江段已达到），其余年份的水温都介于四大家鱼自然繁殖适宜范围（20～24 ℃）。

此外，总结出所有监测断面中 V_3 和 V_5 在不同调度过程中存在明显差异，水文状态参数的主成分分析表明，V_3、V_4 为一类。因此参数 V_3、V_4 的影响可由 V_4 一个变量表达。根据分析结果，V_4、V_5 是导致 2011—2013 年所有监测断面中不同调度过程产卵量差异的最主要因素。因此生态调度中的总产卵量要大于正常调度中的产卵量，这也与实际监测的结果相一致。对比 2011—2013 年不同调度期间四大家鱼的径流量及各个水文状态参数可知，各次生态调度均能够满足流量的日增长率小于 2850m³/s 及洪峰水位上涨持续时间大于 2.47 天这两个最主要和最优先的影响因素。但前后两个洪峰过程的水位差异要求无法在实际操作中完成。

通过四大家鱼自然繁殖阶段的洪水要素综合分析，洪水上涨持续时间与卵苗径流量存在显著的相关关系。洪水次数和规模，以及间隔时间等对家鱼繁殖规模具有一定的影响。随后，通过系统重构法，在时间与水位的二维空间中用 $V_1 \sim V_9$ 共 9 个参数描述整个洪水过程，结合家鱼产卵量建立响应关系模型，利用分类回归树方法对各参数影响程度排序并得到量化的响应结果。

按照指标和因素的实际值共划分为 4 个等级，5 个等级界。根据前 16 个因素等级的重要程度排序结果（涵盖了所有 9 个水文参数），得出了影响家鱼卵径流量大小的因素及其适宜范围，见表 3.7。

表 3.7 洪峰参数影响家鱼繁殖的系统重构分析结果

因素（等级）	W5 排序	W1 相反排序	W1+W5	因素重要度排序	因素名称	等级值
V_5（LEVEL2）	2	1	3	1	持续涨水时间	3
V_9（LEVEL4）	11	6	17	2	产卵时序	4
V_3（LEVEL3）	1	20	21	3	初始流量	13800
V_7（LEVEL4）	6	15	21	4	前后洪峰水位差	2.24
V_1（LEVEL2）	15	7	22	5	初始水位	40.08
V_1（LEVEL3）	17	9	26	6	初始水位	40.7
V_5（LEVEL4）	10	24	34	7	持续涨水时间	7
V_3（LEVEL5）	19	16	35	8	初始流量	20400
V_7（LEVEL2）	32	3	35	9	前后洪峰水位差	0.58
V_2（LEVEL2）	33	2	35	10	水位日涨率	0.32
V_6（LEVEL2）	9	28	37	11	前后洪峰间隔时间	6
V_6（LEVEL5）	20	18	38	12	前后洪峰间隔时间	22
V_9（LEVEL3）	3	36	39	13	产卵时序	3
V_8（LEVEL1）	36	4	40	14		
V_6（LEVEL3）	8	33	41	15	前后洪峰间隔时间	8
V_4（LEVEL3）	12	31	45	16	流量日涨率	1520

在时间与水位的二维空间中用 $V_1 \sim V_9$ 这 9 个参数描述整个洪水过程。为了分析水文参数对四大家鱼繁殖影响程度的定量关系，采用分类回归树模型（CART）对生态调度洪水过程进行分析，选择 $V_1 \sim V_7$ 作为输入变量，四大家鱼卵径流总量（RQ）作为输出量，建立响应关系。模型通过生成决策树来反映不同水文条件对家鱼产卵的影响关系。将原始数据进行对数变换后进行计算，得到的决策树见图 3.14。

在生成的决策树中，处于越上层主干位置的属性重要性越大，越下层枝叶位置的属性重要性越小。从结果来看，洪水过程中影响四大家鱼繁殖的主要水文参数有 3 个：流量日

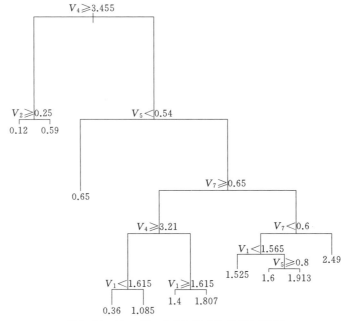

图 3.14　$V_1 \sim V_9$ 对 RQ 影响的决策树结果

增长率 V_4、洪峰水位上涨持续时间 V_5、前后两个洪峰过程的水位差异 V_7。这 3 个因素对四大家鱼产卵影响的优先排序为 $V_4 > V_5 > V_7$。将所有数据还原后，整理的结果见表 3.8。

表 3.8　　　　　　　　　　　　水文条件对四大家鱼的产卵量关系

序　列	水　文　条　件	四大家鱼卵径流总量/（×10⁶尾）
1	$V_4 \geqslant 2850$	$RQ = [0.32, 2.89]$
2	$V_4 < 2850$ 且 $V_5 < 2.47$	$RQ \leqslant 3.47$
3	需同时满足以下逻辑关系： A：$V_4 < 2850$ 且 $V_5 > 2.47$ B：$\lvert V_7 \rvert > 1.47$	$RQ = [1.29, 63.12]$
4	需同时满足以下逻辑关系： A：$V_4 < 2850$ 且 $V_5 > 2.47$ B：$\lvert V_7 \rvert < 1.47$ 且 $\lvert V_7 \rvert > 0.98$	$RQ = [32.50, 308.03]$

表 3.8 结果表明，当流量日增长率大于或等于 $2850\mathrm{m^3/s}$ 时，大批次家鱼产卵的概率明显降低，产卵量通常小于 2.89×10^6 粒。在满足流量日增长率小于 $2850\mathrm{m^3/s}$ 的前提下，家鱼的产卵量受洪峰水位上涨持续时间这一因素的影响效果增加。此时若洪峰水位上涨持续时间小于 2.47 天，则监测到的家鱼卵径流量则显著减少，其预测值小于或等于 3.47×10^6 粒。此时若洪峰水位上涨持续时间大于 2.47 天，则监测到的家鱼卵径流量又显著受前后两个洪峰过程的水位差异的影响，若前后两个洪峰过程的水位差异加大（$\lvert V_7 \rvert > 1.47$），其产卵规模为 129 万～6312 万粒，明显小于前后两个洪峰过程的水位差异较小的情况（$\lvert V_7 \rvert < 1.47$ 且 $\lvert V_7 \rvert > 0.98$）。

　　根据表 3.8 的统计结果，满足宜昌—沙市江段四大家鱼繁殖需求的适宜水文条件范围

如下。枝城水文站为：持续涨水 3~7 天、初始流量为 14225~20400m³/s、初始水位为
40.08~40.7m、水位日上涨率大于 0.32m、流量日上涨率大于 1520m³/s；换算到宜昌水
文站为：持续涨水 3~7 天、初始流量为 13800~20000m³/s、水位日涨率大于 0.43m、流
量日上涨率大于 1500m³/s。

3.3.4 生态调度方案的优化

通过三峡水库生态调度实施以来对四大家鱼自然繁殖、水文情势变化等综合研究分
析，进一步明确了目前长江宜昌—沙市江段四大家鱼自然繁殖的水文需求，从而为进一步
优化三峡水库生态调度方案提供参考。提出的优化建议如下：

（1）生态调度实施时间应安排在 5 月下旬到 6 月下旬实施，且水温达到 18℃ 以上为
必要条件，水温达到 19℃ 以上为较优条件。

（2）生态调度实施次数以多次为宜，结合上游来水和三峡调度运行实际情况，建议汛
前三峡消落期至 6 月 20 日，实施至少 1 次生态调度试验，主要促进宜昌—沙市江段四大
家鱼产卵发生；汛期 6 月中旬至 7 月上旬，择机开展生态调度试验 1~2 次，一方面促进
宜昌—沙市江段四大家鱼产卵，另一方面有利于监利江段四大家鱼苗汛发生。

（3）为保证三峡水库生态调度效果，调度过程需要满足宜昌江段的水文条件如下：持
续涨水过程为四大家鱼自然繁殖的必要条件。具体调度参数为：持续涨水 3~7 天、初始
流量为 13800~20000m³/s、水位日涨率大于 0.43m、前后洪峰间隔时间大于 6 天、流量
日上涨率大于 1500m³/s。

通过相关的研究可知，水温是四大家鱼自然繁殖的关键要素。只有水温达到 18℃ 以
上，四大家鱼的自然繁殖行为才能发生。水温在 19℃ 以上可以较好地促进四大家鱼的自
然繁殖。因此，从调度实施的可操作性及四大家鱼自然繁殖需求的关键要素出发，有针对
性地提出 2 种不同的水温过程的实验性调度对策，方案如下。

方案一：通过该调度方案的实施可以促进四大家鱼的自然繁殖，该方案为满足四大家
鱼自然繁殖的基本条件。

在 5 月下旬至 7 月上旬期间（四大家鱼繁殖季节内），在水温为 18~19℃ 开展生态调
度，调度初始流量大于 10000m³/s、持续涨水大于 3 天、流量日上涨率大于 1000m³/s。

方案二：该调度方案的实施可显著促进四大家鱼的自然繁殖。该方案为满足四大家鱼
自然繁殖的最优条件。

在 5 月下旬至 6 月中旬期间（该时期为四大家鱼集中繁殖的关键时期），水温在 19℃
以上开展生态调度，调度初始流量大于 13800m³/s、持续涨水不小于 7 天、流量日上涨率
大于 1520m³/s。

3.3.5 小结

由系统重构分析方法建立的繁殖规模与洪峰过程参数的非线性关系分析成果可知，调
度时机方面：生态调度实施时间应安排在 5 月下旬到 6 月下旬实施，且水温达到 18℃ 以
上为必要条件，水温达到 19℃ 以上为较优条件。调度时间间隔方面，连续生态调度的实
施需要有一定的时间间隔，两次调度的洪峰间隔时间需要大于 6 天。调度参数方面，以宜

昌水文站为调度依据，持续涨水 3～7 天、初始流量为 13800～20000m³/s、水位日涨率大于 0.43m、流量日上涨率大于 1500m³/s。

3.4 促进中华鲟自然繁殖的主要调度指标

3.4.1 中华鲟在葛洲坝产卵场的选择性

3.4.1.1 数据来源

1998—2018 年，在中华鲟繁殖季节，采用渔业声学调查方法进行中华鲟繁殖群体时空分布和数量的探测。主要探测区域为葛洲坝至古老背长约 30km 的江段，水面面积约为 30km²，重点探测区域为葛洲坝至艾家河口长约 16km 的江段，水面面积约为 16km²。监测时间为每年的 9—12 月；频次为 1 年 2 次，分别为中华鲟繁殖前和中华鲟繁殖后。

其中 1998—2005 年采用的设备为自行改造（自行设计的数据记录和 GPS 实时导航系统）的日本 FUSO - 405 单波束型鱼探仪（Qiao et al.，2006）；2005 年之后使用挪威 SIMRAD 公司生产的 Simrad EY60 型分裂波束式鱼探仪（陶江平 等，2009）。探测均是以船载设备的走航式探测方式进行，路线为"之"形路线或平行线路线。

从渔业声学调查获得的回波映像中进行中华鲟回波信号的判别。首先，基于湖鲟（*Acipenser fulvescens*）、美洲鲟（*A. oxyrhynchus*）、太平洋鲟（*A. oxyrinchus*）和匙吻鲟（*Polyodon spathula*）目标强度（*TS*）的经验声学测量模型结果，将 *TS* 值为 -30～-18dB 的信号定义为中华鲟回波疑似信号。

基于 Sonar 5 专业分析软件中对目标信号给出的 106 个参数中，提取 67 个信号特征描述参数，并在获得的 4 类信号（中华鲟信号、其他鱼类信号、底质信号及噪声信号）中选取各组分内非常确信的声信号作为"训练样本"。最后通过逐步判别分析确定了 24 个对判别有贡献的变量，采用主成分分析结合判别分析对中华鲟回声信号判别模式探索（陶江平 等，2009）。基于上述方法，获得的典型中华鲟回波信号见图 3.15。

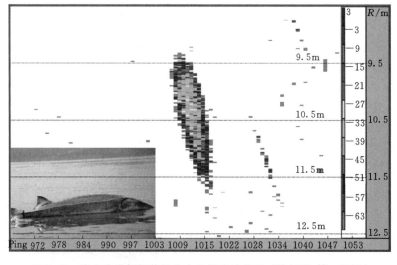

图 3.15 渔业声学探测获得的中华鲟回波信号（陶江平 等，2009）

通过该分析，获得中华鲟回波信号的强及具体的 GPS 分布位点，并对多年探测结果进行整理汇总，获得不同年份探测到的中华鲟回波信号分布情况，具体见表 3.9。

表 3.9　　　　　　　　　　　渔业声学方法获得的中华鲟个体信息一览表

年份	日期	信号个数	年份	日期	信号个数	年份	日期	信号个数
1998	10 月 21 日	8	2005	11 月 14 日	1	2008	12 月 2 日	3
1998	11 月 28 日	4	2006	3 月 23 日	4	2008	12 月 3 日	2
1999	10 月 17 日	7	2006	3 月 24 日	2	2009	11 月 18 日	3
1999	11 月 3 日	3	2006	6 月 8 日	4	2009	12 月 10 日	2
2000	10 月 26 日	5	2006	6 月 9 日	2	2010	10 月 20 日	1
2000	10 月 27 日	3	2006	10 月 30 日	4	2010	10 月 21 日	4
2001	6 月 29 日	3	2006	10 月 31 日	1	2011	10 月 10 日	3
2001	10 月 26 日	1	2006	11 月 15 日	0	2011	12 月 10 日	2
2001	10 月 27 日	1	2006	11 月 16 日	1	2012	11 月 21 日	4
2002	10 月 15 日	1	2007	10 月 22 日	2	2012	12 月 11 日	3
2002	10 月 16 日	1	2007	10 月 23 日	2	2013	11 月 13 日	3
2002	11 月 3 日	1	2007	11 月 24 日	2	2013	12 月 7 日	1
2002	11 月 4 日	1	2007	12 月 11 日	0	2014	11 月 15 日	2
2005	10 月 21 日	3	2007	12 月 12 日	1	2014	11 月 16 日	1
2005	10 月 22 日	4	2008	11 月 6 日	4	2014	12 月 10 日	2
2005	11 月 10 日	1	2008	11 月 7 日	3	2015	11 月 27 日	2

综合 1998—2015 年以来获得的中华鲟信号，共计 119 个。由于 1998—2002 年的探测水域主要集中在葛洲坝至庙咀长约 4km 的江段，而 2005 年以后的探测水域范围为葛洲坝至烟收坝坝下艾家河口长约 16km 的江段。2005 年以后的探测覆盖范围更大，因此本节统一采用了 2005 年以后的探测数据进行分析。根据其分布的 GPS 位点，划分出中华鲟主要位点。其结果按照中华鲟繁殖群体在产卵场的纵向空间分布（栖息地纵向空间选择性）及垂向空间分布（栖息地垂向空间选择性）进行分析。

3.4.1.2　中华鲟栖息地纵向空间选择性

依据探测到的中华鲟分布 GPS 位点可得，繁殖季节的中华鲟在产卵场的分布集中在 3 个主要区域，具体为庙咀—坝下江段，夷陵长江大桥和磨基山附近位置及胭脂坝上下约 3km 的江段。在艾家河口至古老背江段没有探测到中华鲟的分布。具有数据为约 70% 的中华鲟信号分布于葛洲坝下—庙咀江段；12% 的信号分布在夷陵长江大桥上下江段，18% 的信号分布在宜万铁路桥及烟收坝江段，详见图 3.16。

3.4.1.3　中华鲟栖息地垂向空间选择性

依据中华鲟信号的分布位点水深、距离水底距离及距离水面距离等参数进行中华鲟栖息地垂向空间选择性的分析。中华鲟栖息地的平均水深为 17.5m，分布位置水深的 95%置信区间为 15.4～18.8m。分布位置的最小水深为 6.02m，分布位置的最大水深为 40m，此为该江段最深的水域，样本整体上的分布基本上为正态分布形式（见图 3.17 和图 3.18）。

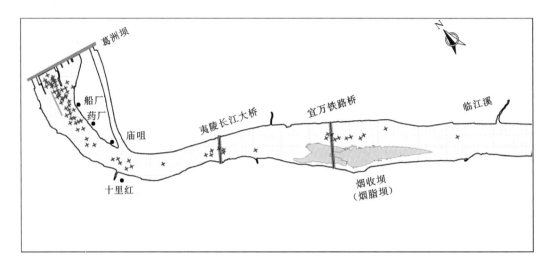

图 3.16 中华鲟繁殖群体在葛洲坝产卵场的纵向空间分布示意图

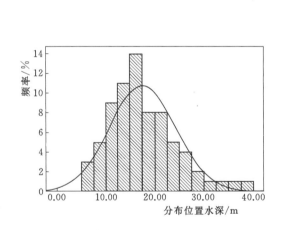

图 3.17 不同水深位置下中华鲟分布数量
百分比分布

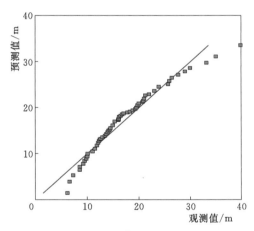

图 3.18 不同水深中华鲟的数量的正态
分布的检验

中华鲟分布所在位置平均水深为 13.9m，最大水深为 28.1m，最小水深为 5.6m，分布水深的 95%置信区间为 12.5～15.2m。分布距离水底的平均距离为 3.2m，95%置信区间为 2.3～4.2m，最大值为 26m，最小值为 0.45m，鱼类分布距水底的距离呈现偏态分布，85%以上的鱼分布距离水底的深度小于 5m，大于 50%的鱼类分布距离水底距离小于 3m（见图 3.19）。

因此，中华鲟在该江段的分布并不是随机的，其分布有一定的选择性，即中华鲟分布对水深有一定的要求，喜欢栖息于水深相对较深的区域，水深位置太深和太浅都不适宜中华鲟的栖息和繁殖，主要分布在10～20m（见图3.20）。

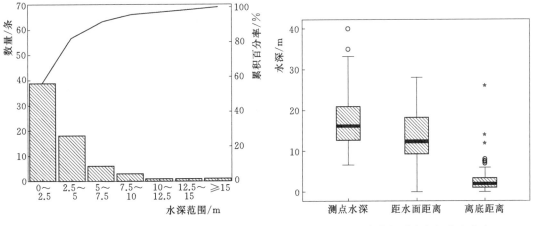

图 3.19　中华鲟分布位置距离水底距离
分布的 Pareto 图

图 3.20　中华鲟垂直空间分布状态

3.4.1.4　中华鲟栖息地面积变化

采用中华鲟产卵场江段流速模拟数据，起始模拟流量5000m³/s，以2000m³/s增量直至35000m³/s的低、中、高流量三种等级的调度流量下的中华鲟栖息地加权可利用面积变化趋势，并采用2004年和2008年的实测数据对水力学模型进行率定和验证。结合栖息地适合度曲线，其中包括改进和未改进的流速适合度，计算不同流量下的栖息地加权可利用面积。

不同调度流量下的栖息地可利用面积变化如图3.21所示，改进和未改进计算的栖息地加权可利用面积随流量变化关系非常相似，从低流量到中流量，栖息地面积随流量增加

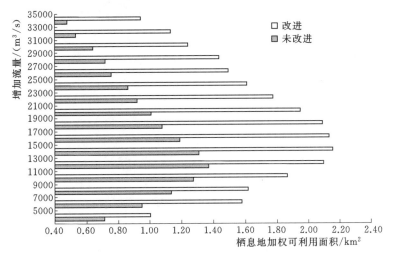

图 3.21　中华鲟栖息地加权可利用面积与流量关系

而迅速增加，未改进的流速适合度栖息地模拟在 13000m³/s 时栖息地面积达到最大，对应的面积约为 1.37km²，而改进的流速适合度栖息地模拟在 15000m³/s 时栖息地面积达到最大，对应的栖息地面积约为 2.15km²。

流量增加到高流量时，由于流速和水深越来越不适合中华鲟的栖息，因而随着流量的增加栖息地面积开始减少。当达到 35000m³/s 流量时，栖息地面积减少到约 0.48km² 和 0.94km²。当栖息地面积达到最大时，经过改进的比未改进的栖息地面积大 15.3%，增加面积 0.78km²；当流量达到最大值 35000m³/s，仅占 9.3%，栖息地面积减少到不足 1km²。

不同流量下的中华鲟栖息地加权可利用面积变化表明，在流量达到 15000m³/s 时，栖息地的面积最大，流量为 11000～15000m³/s 时，栖息地面积大且稳定在最高水平，此流量范围可视为维护中华鲟栖息地的生态流量需求范围。此外，流量范围为 9000～25000m³/s 时，栖息地面积可维持在最大面积的 80% 以上的水平。这也可以部分解释在历史监测中流量为 10000～20000m³/s 时中华鲟产卵情况较多的现象。

3.4.2 中华鲟种群结构变化与繁殖水文条件

3.4.2.1 葛洲坝截流后中华鲟种群结构变化

20 世纪 80 年代以来，围绕葛洲坝产卵场中华鲟资源及种群繁殖状况，全面开展了监测工作。监测指标有中华鲟的繁殖群体数据及结构特征（性比等）、补充群体（繁殖规模）及繁殖时间、繁殖频次等。其中繁殖群体数量监测方法主要有标记重捕捞法、水声学探测；繁殖规模和繁殖时间的监测方法主要为食卵鱼解剖及体长股分析法和江底捞卵的统计。性比的监测主要基于当年亲鱼的科研捕捞及渔民误捕个体的鉴定与统计。通过对相关监测成果的梳理和总结，获取了中华鲟的繁殖群体情况、补充群体情况与频次的年际变化数据。按照 10 年一组的分类统计，总结出中华鲟种群上述指标的年代变化趋势，具体见王鸿泽等（2019）的文献。

通过对相应监测成果的梳理及部分未发表资料收集，获取了 1983—2017 年中华鲟的繁殖群体数量、雌雄性比、繁殖规模与频次的年际变化数据。按照 10 年一组总结出了中华鲟种群的年代变化趋势（见图 3.22），具体见王鸿泽等（2019）的论文。

中华鲟繁殖群体数量和繁殖规模分别呈现指数和幂函数的下降趋势。其中繁殖群体数量由 1983—1992 年的年均（2176±1016）尾下降至 2013—2017 的（79±32）尾。繁殖规模由 1983—1992 年的年均（4592±1019）万粒下降至 2013—2017 的（33±24）万粒。在 35 年内，中华鲟的繁殖群体数量下降 96.4%；繁殖规模下降幅度为 99.3%。中华鲟的繁殖频次由 1983—2002 年的每年多为 2 次繁殖（平均 1.9 批次/年）下降至 2003—2012 年的约每年 1 次（平均 1.1 批次/年），再下降至 2013—2017 年的多年 1 次（平均 0.2～0.4 批次/年）。

近 5 年以来，仅在 2016 年在葛洲坝产卵场监测到自然繁殖；虽通过长江口幼鱼的采集确定 2014 年有繁殖，但未在葛洲坝产卵场监测到，其他年份均已经确定未繁殖。中华鲟的自然繁殖已由连续阶段进入偶发阶段。

此外，中华鲟繁殖个体的雌雄比呈现指数增加趋势，1983—1992 年中华鲟繁殖个体

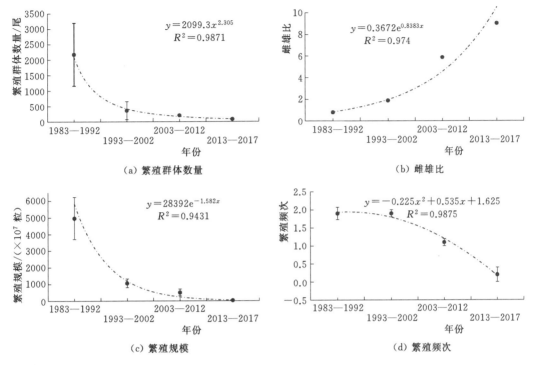

（a）繁殖群体数量

（b）雌雄比

（c）繁殖规模

（d）繁殖频次

图 3.22　中华鲟繁殖群体数量、雌雄比、繁殖规模及繁殖频次变化趋势

（王鸿泽 等，2019）

雌雄比近似 1∶1（0.8∶1）；在 1993—2003 年近似 2∶1（1.87∶1）；至 2008 年，该比值上至近 10∶1，当前中华鲟的雌雄比例严重失调。

3.4.2.2　中华鲟自然繁殖水文条件

通过对 1983—2019 年中华鲟繁殖水文条件的总结，中华鲟在葛洲坝产卵场共发生了 47 次自然繁殖，繁殖时水温、水位、流量、含沙量等水文条件，详见表 3.10。

表 3.10　　　　　　　　　葛洲坝产卵场中华鲟繁殖日期及相应水文条件

年份	第一次繁殖					第二次繁殖				
	日期	水温 /℃	水位 /m	流量 /(m³/s)	泥沙含量 /(kg/m³)	日期	水温 /℃	水位 /m	流量 /(m³/s)	泥沙含量 /(kg/m³)
1983	11 月 7 日	17.9	43.37	9250	0.350					
1984	10 月 16 日	18.9	44.85	15700	0.660	11 月 13 日	18.6	42.30	7410	0.100
1985	10 月 13 日	19.7	45.96	14800	0.690	11 月 7 日	17.0	44.79	11900	0.290
1986	10 月 21 日	20.1	45.96	14800	0.690	10 月 23 日	19.8	45.55	7660	0.650
1987	10 月 31 日	18.2	43.44	11400	0.433	11 月 14 日	16.4	42.08	8570	0.113
1988	10 月 13 日	18.6	46.79	21600	0.592	11 月 3 日	18.5	43.72	12600	0.445
1989	10 月 27 日	18.9	46.96	21600	1.080					
1990	10 月 15 日	19.4	47.62	26200	1.320	10 月 31 日	18.7	44.38	14200	0.295

续表

年份	第一次繁殖					第二次繁殖				
	日期	水温/℃	水位/m	流量/(m³/s)	泥沙含量/(kg/m³)	日期	水温/℃	水位/m	流量/(m³/s)	泥沙含量/(kg/m³)
1991	10 月 23 日	20.1	44.37	14900	0.562					
1992	10 月 17 日	18.9	43.81	13600	0.248					
1993	10 月 17 日	20.5	45.45	16800	0.646	10 月 30 日	18.8	44.39	14100	0.356
1994	10 月 23 日	18.9	45.76	17500	0.279	10 月 27 日	18.4	43.43	12300	0.225
1995	10 月 19 日	20.2	45.92	19700	1.060	11 月 6 日	18.2	42.48	9830	0.261
1996	10 月 20 日	20.1	43.08	11700	0.293	10 月 27 日	19.3	42.12	9280	0.221
1997	10 月 22 日	20.6	42.97	11100	0.329	11 月 18 日	16.6	40.92	7170	0.220
1998	10 月 26 日	20.0	43.67	10500	0.278					
1999	10 月 27 日	19.2	44.80	14100	0.277	11 月 13 日	17.6	44.94	14400	0.275
2000	10 月 15 日	20.7	47.73	23800	0.800	11 月 1 日	17.2	46.23	18100	0.384
2001	10 月 20 日	20.3	44.82	15400	0.361	11 月 8 日	18.4	44.21	13900	0.262
2002	10 月 27 日	19.8	42.56	10200	0.154	11 月 9 日	18.2	41.33	8010	0.085
2003	11 月 6 日	18.4	41.62	8540	0.014					
2004	11 月 12 日	18.6	43.00	11000	0.011					
2005	11 月 10 日	18.6	41.94	9320	0.021					
2006	11 月 14 日	20.6	40.86	7170	<0.01					
2007	11 月 24 日	17.8	40.39	6410	<0.01					
2008	11 月 26 日	18.8	42.10	9593	<0.01					
2009	11 月 23 日	18.4	40.25	5792	<0.01					
2010	11 月 21 日	19.9	40.33	6409	<0.01					
2011	11 月 21 日	20.2	41.22	8322	<0.01					
2012	11 月 16 日	19.1	40.40	6355	<0.01	12 月 2 日	18.7	40.05	5485	
2013	未繁殖									
2014	位置不详									
2015	未繁殖									
2016	11 月 24 日	19.7		7380	<0.01					
2017	未繁殖									
2018	未繁殖									
2019	未繁殖									

注 中华鲟自然繁殖水温数据校核,由于之前数据来源不一,有相关监测单位自己监测数据,也有引用宜昌水文站
数据。其中,有历史资料指出,中华鲟繁殖的最高水温为 21.4℃,该水温数据为坝下江段渔政码头江边监测数
据,由于水生生物监测单位的监测位点及温度计灵敏度的差异,与宜昌水文站数据不一致,为实测有误数据。
本表统一引用了中华鲟繁殖当日宜昌水文站的水温数据,核实并剔除了相关不准确数据。

对于繁殖期间产卵场的水文条件特征，1983—2017 年内第 1 次繁殖当日产卵场江段（宜昌江段）最大流量为 26200m³/s（1990 年），最小流量为 5792m³/s（2009 年）。年内第二次繁殖时产卵日宜昌水文站最大流量为 14200m³/s（1990 年），最小流量为 5485m³/s（2012 年）。所有频次产卵活动中，最大流量为 26200m³/s，最小流量为 5485m³/s，平均流量为 12410m³/s。从流量区间，中华鲟产卵的流量区间较广。

中华鲟繁殖当日的泥沙含量为 0.004～0.728kg/m³，产卵次数频率为 88%。7 次泥沙含量在 0.1kg/m³ 以下的产卵活动，有 5 次发生于三峡水库蓄水后，另外 2 次分别为 1984 年和 2002 年的第二次产卵活动。三峡水库蓄水后，产卵活动发生时泥沙含量显著下降。产卵场含沙量变化大致与工程建设运行的三个阶段一致，分别以 1981 年和 2003 年为界。从 1970—1980 年，葛洲坝建坝蓄水以前，宜昌水文站年均泥沙含量约为 0.655kg/m³；1981—2002 年，葛洲坝蓄水后三峡水库蓄水前，宜昌水文站年均泥沙含量约为 0.53 kg/m³；而在 2003—2007 年，三峡水库蓄水后，宜昌水文站年均泥沙含量约为 0.071kg/m³；在三峡 175m 实验性蓄水后（2008—2019 年），宜昌站的泥沙含量年输沙量为 0.062 亿～0.427 亿 t，平均年输沙量约为 0.295 亿 t；中华鲟繁殖季节下泄水泥沙含量小于 0.01kg/m³。

中华鲟产卵起始日最低水温为 16.4℃（1987 年第 2 次繁殖），最高水温为 20.7℃（2000 年第 1 次繁殖），平均水温为 18.96℃。同时，在水温高于 21℃的范围内中华鲟发生自然繁殖为 0 次；在水温低于 17℃范围内中华鲟发生自然繁殖共 2 次，均为第 2 次繁殖发生时期的水温，在水温低于 16℃条件下同样未发现中华鲟的繁殖行为的发生。此外，水温区间为 18～20℃的繁殖频次为 29 次，占总繁殖频次的 61.70%。

3.4.2.3　中华鲟自然繁殖与水文条件的复杂关系

三峡水库建设运行的不同阶段，葛洲坝坝下江段的径流量、水温过程、泥沙含量等存在一定的差异。此外，中华鲟的繁殖群体数量、繁殖规模、繁殖时间、繁殖群体质量等也发生了一定的改变。然而，由于葛洲坝江段的水文条件的变化除了蓄水导致的影响以外，长江上游来水量、气温等均对下泄水的水文条件产生一定的影响。因而，分析中华鲟繁殖对水文条件变化的响应，需要明确不同水文条件变化的差异及中华鲟繁殖状况的响应变化。

为此，根据中华鲟繁殖规模状况，反推繁殖水文条件的变化幅度。将中华鲟的繁殖状况分为 4 个等级进行水文情势比较分析，分析标准见表 3.11。结合水位/流量、水温过程、泥沙含量等水文参数，分析其变化对中华鲟自然繁殖的影响。

表 3.11　　　　　　　　中华鲟不同频次条件下的水文条件变化

繁殖频次	繁殖规模 /（×10⁶ 粒）	流量 /（m³/s）	泥沙含量 /（g/m³）	水温 /℃	繁殖日期	统计年份数
Ⅱ	20.96±8.12 (4.53～85.85)	15823±1792 (6355～26200)	519.5±81.8 (1.0～1320)	19.57±0.20 (18.2～20.6)	10 月 14 日 (10 月 1 日至 11 月 4 日)	17
Ⅰ-a	9.75±2.14 (1.86～23.49)	10199±1243 (5792～21600)	194.1±96.5 (1.0～1080)	19.18±0.28 (17.8～20.6)	11 月 2 日 (10 月 15 日至 11 月 25 日)	13

续表

繁殖频次	繁殖规模 /(×10⁶粒)	流量 /(m³/s)	泥沙含量 /(g/m³)	水温 /℃	繁殖日期	统计年份数
Ⅰ-b	0.96±0.32 (0.64~1.28)	6434±250 (6409~6460)	1.5±0.5 (1.0~2.0)	19.80±0.10 (19.70~19.90)	11月22日 (11月21—24日)	2
0	0.00±0.00 (0.00~0.00)	10532±1472 (7610~12309)	2.0±0.57 (1.0~2.0)	21.24±0.41 (20.44~21.79)	>12月30日	5

注　表中括号内为相应指标的变化范围，括号上行数值为均值±标准差，繁殖0次数据为流量、泥沙含量和水温为繁殖当月（10—11月）逐日均值统计结果。

　　基于中华鲟自然繁殖频次，进行不同繁殖频次条件下水文条件的分析。首先，按照中华鲟繁殖规模大（当年发生2次繁殖，定义为"Ⅱ"）、繁殖规模一般（当年发生1次繁殖，可获得具有统计意义的繁殖规模，定义为"Ⅰ-a"）、发生繁殖（仅有繁殖行为发生，不具有统计繁殖规模的统计意义，定义为"Ⅰ-b"），以及未发生自然繁殖（0次，定义为"0"）进行不同繁殖状况下水文条件的资料统计，统计的具体指标为繁殖当日的流量、水温和泥沙含量等参数，具体结果见表3.11。

　　通过表3.11可知，中华鲟繁殖期流量、泥沙含量适应范围广。其中，繁殖期的流量范围为5792~26200m³/s，其中发生2次自然繁殖的平均流量为（15823±1792）m³/s，流量范围为6355~26200m³/s。中华鲟未发生自然繁殖的月平均流量为（10532±1472）m³/s，流量范围为7610~12309m³/s。繁殖期的泥沙含量为1.0~1320g/m³，其中发生2次自然繁殖的平均泥沙含量覆盖了整个统计年限内的泥沙变化范围；发生1次自然繁殖的平均泥沙含量为1.0~1080g/m³；发生0次自然繁殖的平均泥沙含量为1.0~2.0g/m³。

　　中华鲟第一次自然繁殖水温范围为17.8~20.6℃，在繁殖季节月均水温超过20℃的年份未发生自然繁殖。此外，中华鲟的自然繁殖时间集中在10—11月，中华鲟自然繁殖发生在12月的记录仅有1次（2012年12月2日，为该年度的第2次自然繁殖）。

　　1. 中华鲟繁殖规模与群体数量的相关关系

　　对于中华鲟繁殖规模与繁殖群体数量的关系，由于在1998年以前未有繁殖群体数量的监测数据，故而采用1998年以后的数据进行对应分析比较，具体见图3.23。

　　总体上来看，中华鲟的繁殖群体数量和繁殖规模均呈现急剧下降的趋势，两者的相关性程度非常高（相关系数 $R^2=0.796$）。然而，中华鲟繁殖群体数量变化存在3个变动节点，分别为约100尾范围、200尾范围以及400~500尾范围。其中繁殖群体数量在100尾范围内的繁殖规模非常小，几乎为零；繁殖群体数量在200尾范围内的繁殖规模变动波动较大，为64万~1000万粒；繁殖群体数量在400~500尾范围内的繁殖规模为1500万~2000万粒。

　　同时，结合年度监测数据可知，繁

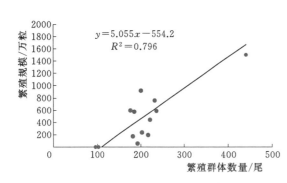

图 3.23　中华鲟繁殖规模与繁殖群体
数量的相关关系

殖群体数量在 $400 \sim 500$ 尾范围内出现的年份在 2000 年以前；中华鲟繁殖群体数量在 200 尾左右出现的年份在 2002—2012 年的 10 年间。其中 2002 年以后中华鲟繁殖群体数量变化范围远小于 1 个数量级（实际波动范围为 $178 \sim 235$ 尾），但是繁殖规模波动范围远大于 1 个数量级（64 万～921 万粒），如果进一步考虑 2013 年以后的繁殖情况，该数量级会进一步放大。

2. 中华鲟自然繁殖与水文过程变化的关系

中华鲟第一次繁殖时间绝大部分在 10—11 月，在 10 月之前和 12 月之后发生第 1 次自然繁殖为 0 次；发生第 2 次繁殖为 1 次（2012 年 12 月 2 日，发生第 2 次自然繁殖）。中华鲟繁殖水温的年际变化见图 3.24。

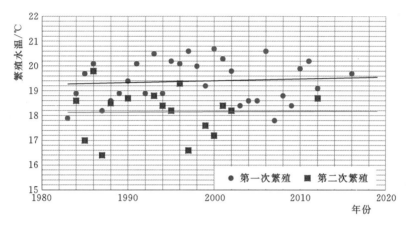

图 3.24　中华鲟繁殖水温的年际变化

由于中华鲟多数第一次繁殖发生在 10—11 月，为了统一比较，将繁殖日期距离 10 月 1 日的推迟天数进行统计，结果见图 3.25。自 1983 年以来，中华鲟的繁殖日期整体呈现逐步推迟的趋势，且该推迟趋势呈现显著的线性关系（$p < 0.05$）。

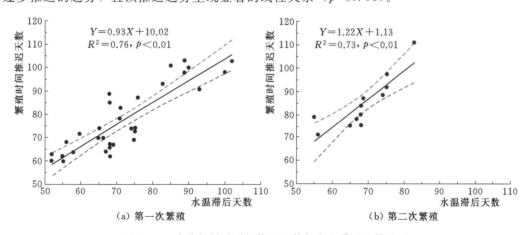

图 3.25　中华鲟繁殖时间推迟天数与水温滞后天数关系

为了研究不同繁殖状况下的水温过程变化情况，以 10 月 1 日为时间和水温下降至 20℃ 以下两个参数作为节点进行分析。通过对人为划分的 3 种自然繁殖状况（繁殖 2 次、

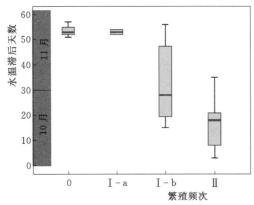

图 3.26　不同繁殖频次下的中华鲟繁殖期
水温滞后天数

（以 10 月 1 日为起点水温下降至 20℃以下的天数变化）

繁殖 1 次、未发生繁殖）的水温过程关系进行分析，结果见图 3.26。

通过分析可知，中华鲟发生 2 次自然繁殖（Ⅱ）的水温进入 20℃时间推迟最小天数为 4 天，最大为 27 天，平均为 16.17 天；中华鲟发生 1 次自然繁殖（Ⅰ-a）条件下，水温进入 20℃时间的推迟天数最小值为 20 天，最大值为 41 天，平均天数为 26.75 天；中华鲟发生自然繁殖（Ⅰ-b）条件下，水温进入 20℃的时间推迟天数为 37～45 天，平均天数为 41 天；中华鲟未发生自然繁殖（0 次）的条件下，水温进入 20℃的时间推迟天数均超过了 50 天。

3.4.3　促进中华鲟自然繁殖的调度需求与指标

鉴于前期成果中水温、水位或流量变化与中华鲟自然繁殖程度的关系，中华鲟繁殖多发生在水温下降和退水阶段这一规律，选取水温、流量作为主要调度指标，通过遴选不同的水温、流量参数来解析水温过程和流量过程。

3.4.3.1　参数选取

通过历年的监测结果可知，中华鲟繁殖群体的 1 次自然繁殖过程基本在 12h 内完成，同时结合其他鲟鱼，例如 1 尾雌湖鲟完成产卵过程需要持续 8～12h，同时存在多个产卵点的持续产卵时间平均约为 7 天（Bruch and Binkowski，2010）等信息，故而引入繁殖前 7 天的水温过程。

对于流量过程，选取繁殖当日所在的一个流量变化过程进行分析。由于繁殖当日所在的流量过程中，最大流量、繁殖当日流量及下降率等参数的数据较为明确，故而直接引入分析。针对中华鲟历史繁殖期间的流量变化过程，流量持续时间最长的为 23 天，最短的为 2 天，流量平均持续下降时间为 7.17 天。

建立中华鲟自然繁殖产卵量与流量、水温变化之间的系统重构子系统，选取 4 个流量参数、7 个水温参数，重组中华鲟繁殖的水流、水温的配合刺激条件。通过系统重构影响因素与结果指标之间的关系解析，阐明对中华鲟自然繁殖有利的流量、水温过程需求。计算以 1983—2012 年葛洲坝产卵场中华鲟历年自然繁殖的水流、水温参数及繁殖规模等参数，建立匹配关系。中华鲟自然繁殖与水温组成的系统重构子系统见图 3.27，与流量组成的系统重构子系统见图 3.28。

3.4.3.2　模型方法

采用 Shu（2004）提出的系统重构分析方法分别进行中华鲟自然繁殖规模与水温、水流过程的映射分析。具体为由影响中华鲟繁殖规模的水温、水流参数构成系统重构子系统，通过该子系统的可重构性重构出中华鲟生态需求的总系统，从而得到中华鲟的水温、水流需求特性。为求水温、水流对中华鲟繁殖规模的权值，因而将中华鲟水温、水流条件

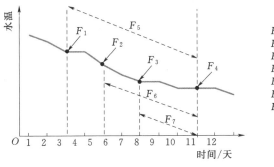

图 3.27　中华鲟自然繁殖与水温组成的系统重构子系统

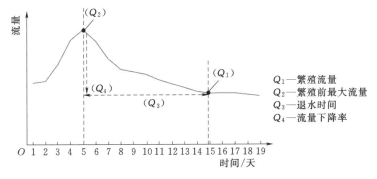

图 3.28　中华鲟自然繁殖与流量组成的系统重构子系统

参数作为状态变量，中华鲟繁殖规模作为响应变量，组成因素分析重构假设。重构水温、流量等因素水平与中华鲟繁殖规模的指标水平取原性态函数值，而其他可能的变量水平取平直分布，具体方法见本章"3.3.1 调度水文过程分解与系统构建"的相关内容。

分析过程中共引入 7 个水温参数（$F_1 \sim F_7$）和 4 个流量参数（$Q_1 \sim Q_4$）进行相关分析（见图 3.27 和图 3.28）。将上述 11 个水文指标作为状态变量，将单次洪峰过程的中华鲟自然繁殖规模作为因变量，采用系统重构分析软件 GeneRec2002 进行中华鲟自然繁殖的相关生态水文要素的定量分析。

3.4.3.3　模型结果

通过中华鲟流量、水温参数和产卵量的信息重构出中华鲟生态调度参数需求系统，系统重构分析按照 23 组数据每个参数的分布情况，划分为 5 个等级水平。通过计算中华鲟繁殖有利的不同等级参数，得到中华鲟繁殖水温、流量的组合，即不同等级水平的水温、流量参数重要程度值。

对促进中华鲟自然繁殖的水温参数重要程度排序依次为：F_1 繁殖前 7 天水温（Level1）、F_2 繁殖前 5 天水温（Level5）、F_3 繁殖前 3 天水温（Level1）、F_2 繁殖前 5 天水温（Level1）、F_4 繁殖水温（Level5）、F_1 繁殖前 7 天水温（Level5）、F_1 繁殖前 7 天水温（Level2）、F_2 繁殖前 5 天水温（Level2）、F_4 繁殖水温（Level2）、F_3 繁殖前 3 天水温（Level2）、F_4 繁殖水温（Level1）、F_6 5 天水温下降幅度（Level3）、F_1 繁殖前 7 天水温（Level4）、F_7 3 天水温下降幅度（Level3）。结果见表 3.12。

表 3.12 促进中华鲟自然繁殖水温参数重要程度排序

水温参数	等级水平	等级值	Level5 重要程度	Level1 不重要程度	重要程度值	综合排序
F_1	Level1	18.0	1	5	6	1
F_2	Level5	22.8	9	4	13	2
F_3	Level1	17.6	10	9	19	3
F_2	Level1	17.8	2	18	20	4
F_4	Level5	19.9	17	6	23	5
F_1	Level5	23.2	5	19	24	6
F_1	Level2	18.8	6	18	24	7
F_2	Level2	18.8	7	17	24	8
F_4	Level2	18.2	15	10	25	9
F_3	Level2	18.4	13	13	26	10
F_4	Level1	17.4	14	12	26	11
F_6	Level3	0.6	25	1	26	12
F_1	Level4	20.7	4	23	27	13
F_7	Level3	0.4	30	2	32	14

对促进中华鲟自然繁殖、能够造成大的繁殖规模的水温需求为：繁殖前 7 天水温为 18～23.2℃，繁殖前 5 天水温为 18.8～22.8℃，繁殖前 3 天水温为 17.6～20.35℃，调度结束当日的水温为 17.4～19.9℃；5 天水温降幅为 0.6℃（平均日下降率为 0.12℃/天），3 天水温降幅 0.4℃（平均日下降率约为 0.13℃/天）。

对促进中华鲟自然繁殖的流量参数重要程度排序依次为：Q_2 繁殖当日前最大流量（Level4）、Q_1 繁殖流量（Level4）、Q_3 退水时间（Level2）、Q_3 退水时间（Level5）、Q_3 退水时间（Level1）、Q_1 繁殖流量（Level5）、Q_4 流量日下降率（Level3）、Q_3 退水时间（Level3）。结果见表 3.13。

表 3.13 中华鲟繁殖有利的流量参数重要程度排序

流量参数	等级水平	等级值	Level5 重要程度	Level1 不重要程度	重要程度值	综合排序
Q_2	Level4	20200	2	5	7	1
Q_1	Level4	15800	3	7	10	2
Q_3	Level2	3.5	8	3	11	3
Q_3	Level5	15	4	10	14	4
Q_3	Level1	2.0	7	8	15	5
Q_1	Level5	27400	5	11	16	6
Q_4	Level3	506.5	14	2	16	7
Q_3	Level3	7.5	9	12	21	8

结合中华鲟栖息地模型适合流量分析及等级 5 重要程度排序结果，对中华鲟繁殖有利且能够造成大的产卵规模的流量需求为：繁殖前最高流量为 17600～20200m³/s，繁殖时

流量为 $15800 \sim 27400 \mathrm{m}^3/\mathrm{s}$，退水时间 3.5 天以上，流量日下降率约为 $507 \mathrm{m}^3/(\mathrm{s} \cdot \text{天})$。

同时，通过对繁殖的水文参数进行分类排序和整理，通过对引入的人为界定的 7 天水温过程和繁殖前夕实测的 $2 \sim 23$ 天（平均 7.17 天）流量动态过程进行分析可知，5 天的水温过程和约 3.5 天的流量过程对中华鲟繁殖刺激的重要程度相对要高。当满足繁殖前 5 天的水温下降至一定程度范围以内（约 $21.5 \, ℃$），水温和流量对中华鲟自然繁殖的刺激效果存在明显的关联性，因而可以推断水温过程和流量过程对中华鲟繁殖的刺激作用存在相关作用的机制。

3.4.3.4　繁殖需求指标

上述结果可知，水温的调度需先于流量的调度才能刺激中华鲟的自然繁殖，因此水温为刺激中华鲟繁殖的启动因子，只有水温下降至一定的变幅内，中华鲟才能进行自然繁殖。在中华鲟启动自然繁殖行为以后，流量过程可参加进一步刺激的机制。

对于水温和流量的配合机制，能够造成大的产卵规模的流量需求在 $15000 \mathrm{m}^3/\mathrm{s}$ 以上，由于中华鲟自然繁殖的日期推迟，三峡水库下泄流量较蓄水前减少，流量多在 $10000 \mathrm{m}^3/\mathrm{s}$ 以下，调度条件苛刻且难度大。

鉴于中华鲟繁殖流量需求的范围广，葛洲坝产卵场繁殖当日流量范围为 $5485 \sim 26200 \mathrm{m}^3/\mathrm{s}$，$80\%$ 的繁殖发生在流量为 $5972 \sim 16537 \mathrm{m}^3/\mathrm{s}$。因此，项目以刺激中华鲟自然繁殖的水温需求为出发点，根据长江不同水情条件所导致的水温差异，从而针对性地提出 3 种不同的实验性调度对策，水温调度方案如下。

（1）对于前期水温相对较高，水温过程相对"滞后"的情况，通过调节较大的水温变幅来刺激中华鲟的自然繁殖。繁殖前 5 天水温为 $18 \sim 20.5 \, ℃$，繁殖前 5 天至前 3 天的下降幅度为 $0.6 \, ℃$；繁殖前 3 天之内下降幅度约为 $0.4 \, ℃$；调度结束时的繁殖当日水温维持在 $18.8 \sim 19.9 \, ℃$。

（2）对于前期水温相对较低，水温过程变幅相对"平稳"的情况，调度前 $5 \sim 7$ 天的水温维持在 $18.8 \sim 19.3 \, ℃$，繁殖前 5 天至前 3 天的下降幅度为 $0.17 \, ℃$；3 天之内水温的下降幅度为 $0.46 \, ℃$，调度结束时的繁殖当日水温维持在 $18.3 \sim 18.6 \, ℃$。

（3）对于前期水温条件一般、流量相对较小的情况，繁殖前 5 天水温维持在 $19.1 \sim 20.4 \, ℃$；繁殖前 5 天至前 3 天的水温下降幅度为 $0.25 \sim 0.8 \, ℃$；繁殖 3 天之内水温的下降幅度为 $0.2 \sim 0.8 \, ℃$；当日调度结束时的繁殖当日水温维持在 $17.8 \sim 18.8 \, ℃$。

3.4.3.5　促进中华鲟自然繁殖的调度方案

促进中华鲟成熟亲鱼自然繁殖的实验性调度的实施步骤，首先需要确定产卵场的亲鱼数量情况；在合适的时机实施相应的调度对策以促进中华鲟繁殖；最后通过实时监测来评价调度实施的效果。

1. 调度实施水域

以长江葛洲坝坝下产卵场为调度的实施水域，以宜昌水文站监测数据实施调度。

2. 调度时机

促进中华鲟自然繁殖的实验性调度的时间需在当年的 10 月中下旬及 11 月中下旬，最优调度时机在 11 月 10 日之前，具体调度的时机还需根据调度实施年度产卵场鱼类分布情况及上游来水的水温状况进行确定。

3. 实验性调度方案

通过研究可知，水温的调度需先于流量的调度才能刺激中华鲟的自然繁殖，因此水温为刺激中华鲟繁殖的启动因子，只有水温下降至一定的变幅内，中华鲟才能进行自然繁殖。在中华鲟启动自然繁殖行为以后，流量过程可参加进一步刺激的机制。因此，从调度实施的可操作性及中华鲟自然繁殖需求的关键要素出发，有针对性地提出三种不同水温过程的实验性调度对策，方案如下：

（1）方案一：对于前期水温相对较高，水温过程相对"滞后"的情况，通过调节较大的水温变幅来刺激中华鲟的自然繁殖。繁殖前 5 天水温为 18～20.5℃，繁殖前 5 天至前 3 天的下降幅度为 0.6℃；繁殖 3 天之内下降幅度约为 0.4℃；调度结束时的繁殖当日水温维持在 18.8～19.9℃。

（2）方案二：对于前期水温相对较低，水温过程变幅相对"平稳"的情况，调度前 5～7 天的水温维持在 18.8～19.3℃，繁殖前 5 天至前 3 天的下降幅度为 0.17℃；3 天之内水温的下降幅度为 0.46℃，调度结束时的繁殖当日水温维持在 18.3～18.6℃。

（3）方案三：对于前期水温条件一般、流量相对较小的情况，繁殖前 5 天水温维持在 19.1～20.4℃；繁殖前 5 天至前 3 天的水温下降幅度为 0.25～0.8℃；繁殖 3 天之内水温的下降幅度为 0.2～0.8℃；当日调度结束时的繁殖当日水温维持在 17.8～18.8℃。

3.4.4 小结

本章基于水文过程与鱼类自然繁殖的耦合分析，提出促进中华鲟自然繁殖的调度需求及方案，主要结论如下。

（1）通过中华鲟自然繁殖与水温、流量、泥沙含量等的分析可知，中华鲟繁殖的水温范围为 16.4～21.4℃，最适水温范围为 18～20℃；繁殖的流量范围为 5485～26200m³/s；泥沙含量范围为 0.004～1.320kg/m³。

（2）水温过程为促进中华鲟自然繁殖的关键调度参数，中华鲟自然繁殖需要在 11 月 20 日之前将水温下降至 20℃以下。随着三峡水库蓄水及长江上游水库群综合运用后，水温过程相对"滞后"现象明显，可通过调节较大的水温变幅来刺激中华鲟的自然繁殖。繁殖前 5 天水温为 18～20.5℃，繁殖前 5 天至前 3 天的下降幅度为 0.6℃；3 天之内下降幅度约为 0.4℃；调度结束时的繁殖当日水温维持在 18.8～19.9℃。

3.5 促进长江中游典型鱼类自然繁殖的主要调度指标

3.5.1 生态调度实施的必要性与可行性

3.5.1.1 生态调度实施的必要性

随着人类活动（如早期的捕捞、水质污染、航运）、水利工程的建设和运行等多重因素的影响下，长江重要经济物种四大家鱼和珍稀特有物种中华鲟种群资源发生显著性下降。针对四大家鱼，自 2011 年以来的生态调度对四大家鱼的自然繁殖产生了积极作用。而中华鲟，其繁殖群体数量呈现不断下降的趋势，目前葛洲坝坝下江段的中华鲟的年繁殖群体数量基本维持在一个较低的水平（约100尾）。同时，近10年来进一步下降，目前葛洲坝坝下分布的中华鲟数据不足30尾。在繁殖群体数量减少的同时，中华鲟自然繁殖规模也呈现急剧的下降。中华鲟繁殖群体数量的减少很大一部分原因可能是由于自然繁殖的补充群体数量急剧减少所导致（尽管人工增殖放流在一定程度上为中华鲟的群体进行了一些增补，但效果非常有限，中华鲟数量还是以自然繁殖获得种群为绝对优势）。

中华鲟的自然繁殖规模和质量直接决定了该物种的生存情况，自2013年以来，连续多年（2013年、2015年、2017—2019年）未在葛洲坝产卵场发现中华鲟的自然繁殖，同时通过长江口中华鲟的幼鱼监测进一步证实了长江中华鲟未在长江发生自然繁殖的事实，中华鲟的物种保护面临严峻的挑战。为此，通过三峡水库调度方案优化，促进中华鲟的自然繁殖，为解决中华鲟濒危状况的途径之一。

3.5.1.2　生态调度实施的可行性

三峡工程建设以来，为响应环境影响报告书中关于人造洪峰以刺激四大家鱼繁殖的建议，于2011年组织开展了"针对四大家鱼自然繁殖需求的三峡工程生态调度方案前期研究"项目，并在2011—2019年连续9年进行了促进四大家鱼自然繁殖的生态调度试验，通过涨水过程的优化，促进了四大家鱼自然繁殖行为的发生，获得了一定的监测和研究成果。具有熟练的操作流程及操作条件。

中华鲟发育成熟及繁殖的刺激需求为长期适应形成的一个生理生态过程；三峡工程蓄水造成的坝下水文条件的时空改变，与鱼类发育繁殖时期刺激需求的"错位"，从而影响自然繁殖行为的发生。水库的生态调度为通过下泄合理的流量，运用适当的调度方式使其相关水文过程的变幅适合上下游河段生态环境的需求，以达到减少或消除对水库下游生态和库区水环境不利影响的目的。因而，通过三峡水库的生态调度促进中华鲟成熟亲鱼的自然繁殖存在理论上的可能性。

3.5.2　生态调度实施年周期格局

3.5.2.1　四大家鱼关键生活史年周期格局

长江中下游江湖复合生态系统的鱼类群落包含河海洄游鱼类、江湖洄游鱼类、河流鱼类和定居性鱼类等4个生态类群。江湖洄游鱼类以青鱼、草鱼、鲢、鳙为典型代表，这些物种形成在湖泊生长育肥、在江河流水环境繁殖的习性，对长江中游江湖一体的生态环境具有良好的适应性。

长江四大家鱼主要在长江干（支）流及附属的通江湖泊中，繁殖季节的家鱼便结群逆水洄游到长江干流的各产卵场进行繁殖，繁殖后的亲鱼又陆续洄游到湖泊中育肥（见图3.29）。每年5—8月，当水温升到18℃以上且长江发生洪水时，四大家鱼便集中在长江各产卵场进行繁殖。繁殖后的四大家鱼在长江中繁殖至一定的规格后，便进入湖泊进行育肥。四大家鱼幼鱼入湖调查显示，四大家鱼幼鱼入湖时间从6月（甚至更早）一直持续至10月，高峰时期主要集中在7—8月，其中7月中下旬至8月底为青鱼、草鱼和鲢幼鱼入湖高峰时期；而鳙幼鱼的入湖高峰期出现在7月。

3.5.2.2　中华鲟关键生活史年周期格局

中华鲟为地球上最古老的脊椎动物之一，其所属的鲟鱼类出现在距今约1.4亿年中生

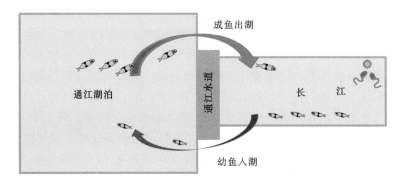

图 3.29 四大家鱼关键生活史阶段及洄游规律的描述

代末期的上白垩纪。历史上,中华鲟的分布范围非常广,在中国的渤海的大连沿岸、旅顺、辽东湾、辽河,黄河北部辽宁省海洋岛及中朝界河鸭绿江、山东石岛、黄河、长江、钱塘江、宁波、闽江、台湾基雄及珠江水系等均有分布。国外也见于朝鲜汉江口及丽江和日本九州西侧。

中华鲟繁殖群体在我国的长江和珠江水系中均有发现,但是繁殖季节不同。对于长江繁殖群体,每年的 7—8 月,性腺发育至Ⅱ期末或Ⅲ期初的中华鲟,便由长江口进入长江,于次年到达长江上游和金沙江下游的产卵场,并在 9—11 月进行自然繁殖,完成繁殖的中华鲟便回到海洋中去。其繁殖的鱼卵在长江急流中孵化并发育成幼鱼,在次年的 4—8 月由长江口进入东海,并在海洋中成长 9 年以上(雄鱼)或 10 年以上(雌鱼)。

葛洲坝修建以前,中华鲟的产卵场分布于牛栏江以下的金沙江下游江段和重庆以上的长江上游江段,分布范围 600km。1981 年葛洲坝水利工程截流后,中华鲟被阻隔在葛洲坝坝下,并在此形成了中华鲟新的稳定产卵场,连续的监测研究表明,该产卵场为中华鲟现存的唯一产卵场。

针对促进中华鲟自然繁殖的生态调度,基于中华鲟需要在进入长江后经历 1 年以上的发育才能成熟的事实,需把握两个关键节点:①如何促进其进一步发育成熟,达到"临产"标准;②针对发育成熟的亲鱼(达到"临产"标准的中华鲟自然繁殖群体),通过水库调度的优化,使其进行自然繁殖。对于促进中华鲟性腺发育的调度,由于考虑的因素多、涉及的范围广,调度实施的难度非常大。目前的研究成果也无法支撑该工作的实施。而针对促进中华鲟成熟亲鱼繁殖的试验性调度,相比而言具有更高的可行性和可操作性。中华鲟生活史周期及性腺发育状况的描述如图 3.30 所示。

3.5.3 生态调度实施的时期

综合本章成果,对四大家鱼和中华鲟的关键生活史时期、敏感的关键水文条件进行描述。其中敏感期定位鱼类的繁殖季节,敏感的关键水文条件为水温和流量两个要素。

其中四大家鱼的繁殖季节为每年的 5—7 月,繁殖需要水温在 18℃ 以上。繁殖过程中需要一定的涨水过程,涨水过程的要求见本章前述部分。中华鲟的繁殖季节为每年 9 月至 11 月初,结合葛洲坝截流以来的监测成果可知,目前中华鲟的繁殖季节推迟到 10 月中旬至 11 月下旬。中华鲟自然繁殖对水温有严格要求,多年的统计结果显示,中华鲟的繁殖

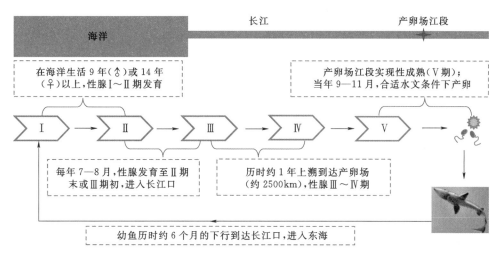

图 3.30   中华鲟生活史周期及性腺发育状况的描述

水温为 16～21℃，其中 18～20℃为中华鲟繁殖最适水温范围。此外，中华鲟自然繁殖期间对流量没有严格的限制要求，流量为 5485～26200m³/s 时均可以发生自然繁殖。此外，未发现中华鲟自然繁殖对流量过程有严格的要求，涨水过程和水位下降过程中均可以发生自然繁殖，涨水过程中繁殖的频次相对较高。

结合上述成果，进行促进四大家鱼和中华鲟自然繁殖的生态调度敏感期进行界定，在生态调度年周期格局内对生态调度实施的敏感期、敏感指标进行界定，结果见图 3.31。

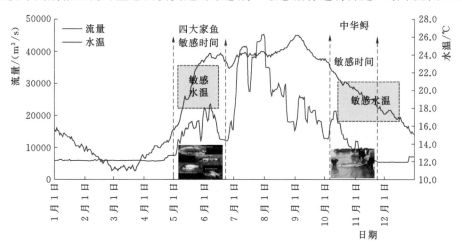

图 3.31   基于四大家鱼和中华鲟繁殖敏感期及敏感指标对生态调度年周期的描述

3.5.4   促进鱼类自然繁殖的综合调度指标与方案

促进四大家鱼和中华鲟成熟亲鱼自然繁殖的实验性调度的实施步骤，首先需要确定产卵场的亲鱼数量情况；在合适的时机实施相应的调度对策以促进中华鲟繁殖；最后通过实时监测来评价调度实施的效果。

（1）调度实施水域。以长江葛洲坝—城陵矶江段为调度实施的水域，针对四大家鱼的调度实施水域为四大家鱼在长江中游的产卵场（宜都—监利江段）；针对中华鲟的生态调度实施水域为葛洲坝—胭脂坝江段。

（2）调度时机。促进四大家鱼的生态调度实施时间为每年的 5—7 月，以水温达到 18℃ 为依据。促进中华鲟自然繁殖的实验性调度的理想时间在 10 月中下旬以及 11 月上旬（尽量在 11 月 10 日之前，最迟在 11 月 20 日之前），具体调度的时机还需根据调度实施年度产卵场鱼类分布情况及上游来水的水温状况进行确定。

（3）促进长江中游鱼类繁殖的调度方案。以长江中游重要经济物种（四大家鱼）和长江珍稀特有物种为主要考虑对象，基于这些鱼类自然繁殖需求的研究成果，综合提出满足中游重要生物自然繁殖的调度方案。

以基本满足鱼类繁殖的需求和满足繁殖的最优调度指标两个方面分别提出相应的调度指标。其中基本满足鱼类繁殖需求指标以鱼类发生自然繁殖的关键水文因子的多年统计结果进行分析；最优调度指标见表 3.14。

表 3.14　　　　　　　　　　满足长江中游重要鱼类繁殖的调度指标

对象	水文控制站	满足条件	指示指标（水温）/℃	调度时机	流量范围/(m³/s)	起始流量/(m³/s)	流量			水温		
							流量日涨率/[m³/(s·天)]	涨水持续时间/天	繁殖前5天水温	繁殖前5天至前3天降幅	繁殖前3天至前1天水温	结束水温
中华鲟	宜昌站	基本满足	≥20	10月20日至11月30日	5485~26200	—	—	—	18.0~20.5	0.6	0.4	18.8~19.9
		较优指标1	<21	10月20日至11月20日	5485~20200	—	—	—	19.1~20.4	0.25~0.8	0.2~0.8	17.8~18.8
		较优指标2	<20	10月20日至11月10日	17600~20200	—	—	—	18.8~19.3	0.17	0.46	18.3~18.6
四大家鱼	宜昌站	基本满足	≥18	5月20日至7月10日	—	>10000	>1000	>3	—	—	—	—
		最优指标	≥20℃	5月20日至6月20日	—	>13800	>1520	>7	—	—	—	—

第 4 章

保障洞庭湖和鄱阳湖湿地生态安全的水量调控技术

洞庭湖、鄱阳湖湿地生态概述

湿地是陆生生态系统与水生生态系统的过渡地带，是水陆相互作用形成的特殊自然综合体，与森林、海洋一起并称为全球三大生态系统（陈宜瑜和吕宪国，2003；吕宪国和刘红玉，2004）。湿地生态系统具有巨大的涵养水源、调蓄洪水、净化水质、调节气候、维护生物多样性等生态服务功能，被誉为"地球之肾"（Abril et al.，2014；Gibbs，2000）。因此，健康的湿地生态系统对于区域乃至全球生态平衡具有重要影响，也是实现人类社会、经济及生态可持续发展的重要前提。

水文条件是湿地生态系统的重要物理特征，是维持湿地生态系统健康的物理基础（Hofmann et al.，2008；Wantzen et al.，2008）。水文过程的变化主导着湿地其他相关过程，制约着湿地生态系统中的一切生命现象（陈宜瑜和吕宪国，2003；Edwards et al.，2003；Coops et al.，2003；Wilcox and Meeker，1992）。例如，湿地生态系统中水位较小的升降变化即可导致水生环境与陆生环境的转换，而随之变动的淹水范围、淹水深度、淹水频率和淹水历时等进而对湿地生态系统结构和功能产生重要影响，改变湿地生态系统健康状态（Hofmann et al.，2008）。近百年来，受气候变化和人类活动的影响，全球湿地生态系统健康均面临威胁，出现湿地面积萎缩、生境破碎及水质恶化、生物多样性降低等问题（Costanza et al.，2014；Gibbs，2000；Kingsford et al.，2011；Hu et al.，2017）。当前湿地生态系统健康下降的主要驱动力是湿地水文循环过程的改变（牛振国等，2012）。因此，开展湿地生态系统健康及其与湿地水文条件的关系研究，以及通过水量调控恢复破坏湿地的理论与实践研究，已成为目前生态水文学领域关注的热点与前沿（Bracken et al.，2013；Liu et al.，2020a，2020b；崔保山 等，2016）。

在湿地生态系统健康研究方面，已有众多学者围绕湿地生态系统健康的概念与内涵、湿地生态系统健康的诊断指标、评价方法及研究尺度等问题开展了大量研究（武海涛和吕宪国，2005；杨波，2004）。国际生态系统健康学会将湿地生态系统健康定义为湿地稳定且可持续发展、无疾病反应，即湿地生态系统能够长期保持活力并维持其组织及自主性，在外界胁迫下容易恢复的状态（李文华，2004）。该定义从自然生态的角度切入，强调了湿地生态系统的稳定性、恢复力和抵抗力等特性。崔保山和杨志峰（2001）则将人类福祉纳入到湿地生态系统健康的概念，认为健康的湿地生态系统既能够为人类提供多种生态系统服务，同时具有维持自身有机组织，从不良环境胁迫自行恢复的能力，即指湿地生态系统在一定的时空尺度内对各种扰动能保持着弹性和稳定性。

针对上述湿地生态系统健康的概念，国内外学者已运用多种方法对其开展了系统评价及方法研究，主要包括指示物种法和指标体系法（多指标综合评价法）。然而，在浅水草型湿地，其洲滩物质循环和能量流动中，植被作为最主要的物质能量供应者扮演着重要角色，又因植被构成湿地鱼类、水鸟和哺乳动物的主要栖息地，其属性变化意味着其他生物体生境的变化（Brix，1994；Brix，1997），而本质上讲，维持适宜的环境目标是自然资源可持续使用和管理的第一步（Hudon et al.，2006）。因此，洲滩湿地典型植物的类型、分布格局及演变过程能综合反映湿地生态环境的基本特点和功能特性，其属性特征适合用于研究湖泊洲滩湿地生态系统的健康状态。因此，以两湖湿地典型植物群落的空间分布结构及其演变表征两湖湿地的生态系统健康状态，并通过分析其对两湖水情变化的影响，确定两湖湿地的生态需水及其对湖泊水文过程的响应的临界通量。

在长江干流及洞庭湖、鄱阳湖支流水库群径流调节影响下，通江湖泊洞庭湖、鄱阳湖的水文情势发生了显著改变，对湖泊湿地生态系统产生了不利影响。通过优化调度上游水库群是调控通江湖泊水文情势的有效方法，针对水利水电工程影响下长江中游通江湖泊洞庭湖和鄱阳湖的湿地生态风险，提出保障洞庭、鄱阳两湖地区湿地生态系统安全的关键技术：①研究江湖水情变化对长江中游两湖湿地生态的影响，构建两湖湿地生态系统健康评价指标体系，研究湿地生态健康指标和指标阈值，分析典型水文条件下两湖湖泊湿地生态系统变化状况及演变趋势，界定不同湖区适宜生态水位及相应三峡下泄流量适宜区间；②建立长江中游江湖一体化水文水动力耦合模型、基于数据驱动的水位预测模型，研究湿地生态安全预警技术；③以保障长江中游两湖湖泊湿地生态安全为目标，建立梯级水库群联合调度模型和优化调度规则，研究面向长江中游大型通江湖泊湿地生态的安全保障技术。

4.2 两湖湿地生态健康指标及其阈值

4.2.1 研究背景

鄱阳湖位于江西省北部，是我国最大的淡水湖泊。它承纳赣江、抚河、信江、饶河、修河五大江河（以下简称五河）及博阳河、漳河、潼河等区间来水，经调蓄后由湖口注入长江，是一个过水性、吞吐型、季节性的湖泊。湖区面积约为 3130km²，地势南高北低，形成南窄北宽以鄱阳湖为底部的盆地状地形（唐国华，2017）。鄱阳湖水位涨落受五河及长江来水的双重影响，洪水季节，水位升高，湖面宽阔，1949 年鄱阳湖面积为5340km²（水面高程 20m，85 黄海基面），20 世纪七八十年代鄱阳湖湖泊面积缩小为3993.7km²；在 20 世纪 90 年代缩小至 3572km²。枯水季节，水位下降，洲滩出露，湖水归槽，蜿蜒一线，洪水、枯水的水面、容积相差极大。"高水是湖，低水似河""洪水一片，枯水一线"是鄱阳湖的自然地理特征。

洞庭湖是中国第二大淡水湖泊，于 1992 年被列入国际湿地名录，有植物超过 1101

种，鱼类 114 种，鸟类 305 种（钟福生 等，2007；茹辉军 等，2008）。通江湖泊由于受长江干流水位涨落的影响，大多属于吞吐型湖泊，洞庭湖受四水、三口来流和长江水位顶托的影响导致多年平均的水位年过程线有两种，多年平均的水位年过程线的单峰型出现在 5—6 月，而双峰型出现在 5—6 月和 7—9 月期间（李景保 等，2008；孙占东 等，2011；卞鸿翔和龚循礼，1985）。洞庭湖湿地生态系统的生物多样性水平很高，枯水季大面积的滩地和浅水区为候鸟提供重要的越冬栖息地，是全球生态系统重要组成部分，此外洞庭湖对区域气候调节、水产养殖、生态旅游、科学研究也有较大作用。

在洞庭湖、鄱阳湖流域水资源优化配置研究中，生态环境保护问题已受到越来越多的关注，只有定量地知道生态需水量，才能科学合理地在时间尺度和空间尺度上实现水资源合理分配（崔瑛 等，2010）。同时，水利工程运行引起的生态环境问题受到了越来越多的关注（袁敏 等，2014；戴会超 等，2005）。将三峡水库与洞庭湖、鄱阳湖流域有调节性能的大中型控制性水利工程纳入统一的调度系统，在遵循变化环境下整个流域水循环规律的前提下，开展面向通江湖泊生态水位的水库一体化联合调控，通过优化水库群蓄泄水方案，避免湖泊提前出现过低水位，保证通江湖泊处于适宜生态水位区间，进而保障下游通江湖泊供水安全，被认为是减轻或消除水利工程建设和运行的不利影响、改善和维持通江湖泊生态环境健康的最为可行、最为经济的手段。

作为湿地生态系统的关键的水文要素，水量（水位）与湖泊生态系统的健康程度紧密关联（杨志峰 等，2005）。对于洞庭湖、洞庭湖这样的大型吞吐型通江湖泊而言，湖泊生态需水量、蓄水量与水位的相关性非常显著。在水位与生态系统的关系中，当湖泊水位超过下限水位后，随着水位的逐渐升高，湖泊生态系统的发展更加合理且健康状况更加良好，当水位处于某一狭窄范围内时吞吐型的湖泊健康水平达到最佳，如果水位继续升高至上限水位后，湖泊生态系统将出现不适应的反馈。这个狭窄的水位范围就是湖泊适宜生态水位（黄梅 等，2009）。本章量化了两湖的适宜生态水位及其区间，并分析了影响两湖特征值被群落结构包括水位在内的关键水情因子，进一步验证了所提生态水位区间的适用性。

21 世纪以来，由于受流域极端气候与上游筑坝蓄水的双重影响，长江中下游洞庭湖与鄱阳湖湖区的水位异常变动，春旱、秋旱等极端水文事件发生频率有所加剧，旱涝急转现象日渐凸显（孙鹏 等，2010；闵骞和闵聃，2010；闵骞和占腊生，2012；Zhang et al.，2014a）。而近年来改变的两湖水文、水动力时空格局已对其洲滩湿地典型植物群落动态、生产力和功能产生了显著影响，进而改变两湖湿地生态系统的完整性和稳定性（Han et al.，2015）。例如，2006 年鄱阳湖发生的极端干旱事件（李世勤 等，2008；戴志军 等，2010）导致鄱阳湖湿地出现罕见的湖底出露、湿地泥滩龟裂，极端低水位下新裸露的区域促进挺水植物的膨胀，鄱阳湖区出现严重的生态危机。近年来洞庭湖区的污染排放、围网养鱼、大面积杨树种植，以及修堤建坝等控湖工程的实施，也造成了洞庭湖区湿地植被景观格局的剧烈变化（黄维和王为东，2016；Lai et al.，2012）。因此，在气候变化和江湖关系改变的背景下，充分了解两湖地区湿地植被景观格局特征及其时空变化，深入研究水文条件对两湖湿地植被景观格局的影响及其机制对于两湖地区的生态环境保护具有极其重要的意义。因此，当前亟须开展两湖湿地典型植被景观带的水位波动生态效应研究，识别影响两湖湿地植被空间结构演变的关键水文变量及其维持湿地植被结构稳定的波动范围及阈值。

4.2.2　研究方法

4.2.2.1　保障通江湖泊湿地生态安全的适宜生态水位及区间

耐受性定律认为，对生物繁衍生息与物种进化产生影响的各种因子在量上存在着下限和上限，这两个限值确定了生物可接受的范围，当生态因子超过限值时，生态系统内的生物会发生明显退化、严重时可导致死亡（李剑锋 等，2011）。对于吞吐型通江湖泊生态系统，各水文要素中最主要的生态因子即为湖区水位。当湖区水位处于适宜范围内，可以保证水生动植物具有最优的生长条件，维持湖泊系统的动态平衡。

由于气候变化和人类活动对吞吐型湖泊生态系统的影响，湖区水文序列尤其是水位序列通常存在变异点，变异前与变异后的水文序列在统计学意义上的总体分布情况将产生显著差异。在水文统计学中，对水文要素进行水文分析计算时所研究的水文序列需要满足"一致性"的要求。水文序列变异的研究通常关注两类变异点的检验——趋势性变异和跳跃性变异，具体地讲，指的是应用水文统计学的理论和方法，针对水位或径流的年序列、丰枯序列或月序列对其变异情况（趋势改变或一致性改变）进行分析并研究变异原因。

统计学上认为：在给定的显著性水平下，如果水文序列的分布参数或分布形式在所研究的整个序列时间范围内发生了显著变化，则称该水文序列发生了变异（张明和柏绍光，2011）。水文序列变异分析方法（谢平 等，2010）较多，如对水文序列进行趋势分析的相关系数法、Kendall 秩次相关法等；对水文序列进行跳跃分析的有序聚类法、滑动 F 法、滑动 T 法、R/S 法、Mann - Kendall 法等。一般认为基于两种或两种以上的水文序列变异分析方法的水文序列变异检验分析具有较好的效果。

1. 水文序列变异检验

在水文序列变异的研究中，通常将时间尺度的水位序列或径流序列作为研究对象（谢平 等，2010）。为研究吞吐型湖泊湖区水位的跳跃变异情况，选取滑动 T 法、Mann - Kendall 法和滑动 F 法对湖泊长时间水位序列进行变异检验，若某点被三种检验法中的任一种检验为变异点，将其标记为可能变异点。引入动态水文指数全年水位偏差比（the Ratio of Water Level Deviation，$RWLD$），它对高水位和低水位都比较敏感，可用其表征可能变异点处的湖区水位对整个水位序列的偏差程度，以完整的长时间水位序列为 $RWLD$ 的计算时段，比较各可能变异点处的 $RWLD$ 值，选定 $RWLD$ 值最大处的点为整个序列的最终变异点。

a. 滑动 T 法

传统 T 检验法无法自动对整个序列进行搜索而找到变异点，仅仅能对某个人为指定的点进行变异检验。滑动 T 法克服了传统 T 法的上述缺点，将整个水位序列中的水位，逐一进行检验，从而达到自动搜索变异点的目的。应用 t 分布理论，考察两组样本平均值的统计差异是否显著来检验突变（Ruxton，2006），该方法被众多研究者广泛地应用于气候突变检验（Morrill et al.，2003）。

在显著性水平 α 下，构造统计量 T 为

$$T = \frac{\overline{X} - \overline{Y}}{\sqrt{\dfrac{(n_1-1)S_1^2 + (n_2-1)S_2^2}{n_1+n_2-2}\left(\dfrac{1}{n_1} + \dfrac{1}{n_2}\right)^{1/2}}} \quad (4.1)$$

式中：$\overline{X}$、$\overline{Y}$ 分别为可能变异点前、后水位序列的样本均值；S_1、S_2 分别为可能变异点前、后水位序列的样本的方差；n_1、n_2 分别为可能变异点前、后水位序列的样本容量。

在滑动 T 法中，假设统计量 T 服从自由度为 (n_1+n_2-2) 的 t 分布。在置信度水平 $1-\alpha$ 的情况下，当统计量 $|T| \leqslant t_{\alpha/2}$ 时，接受原假设，认为该点前后的两个水位序列具有一致性；当 $|T| > t_{\alpha/2}$ 时，拒绝原假设，认为该点前后的两个水位序列存在显著差异。然后逐渐滑动可能变异点，记录所有满足 $|T| > t_{\alpha/2}$ 的可能变异点，取统计量 T 最大的点为整个水位序列的变异点。

b. M-K（Mann-Kendall）法

M-K 法是一种常用的非参数突变检测方法（Burn and Elnur，2002）。对于一个时间序列 $(x_1, x_2, \cdots, x_n)$，其 M-K 秩统计量（S_k）计算如下：

$$S_k = \sum_{i=1}^{k} \sum_{j=1}^{i-1} \alpha_{ij} \quad (k=2,3,4,\cdots,n) \quad (4.2)$$

其中

$$\alpha_{ij} = \begin{cases} 1, X_i > X_j \\ 0, X_i \leqslant X_j \end{cases} \quad (1 \leqslant j \leqslant i) \quad (4.3)$$

定义统计量 UF_k：

$$UF_k = \frac{[S_k - E(S_k)]}{\sqrt{\mathrm{Var}(S_k)}} \quad (k=1,2,\cdots,n) \quad (4.4)$$

$$E(S_k) = \frac{k(k+1)}{4} \quad (2 \leqslant k \leqslant n)$$

$$\mathrm{Var}(S_k) = \frac{k(k-1)(2k+5)}{72} \quad (2 \leqslant k \leqslant n) \quad (4.5)$$

式中：$E(S_k)$、$\mathrm{Var}(S_k)$ 分别为 S_k 的均值和方差；$UF_1 = 0$。

若 UF_k 值大于 0，则说明水位序列在该点处呈上升趋势；若 UF_k 值小于 0，则说明水位序列在该点处呈下降趋势。按时间序列 X 的逆序 $(X_n, X_{n-1}, \cdots, X_1)$ 再重复上述过程，构建逆序序列的统计量 UB_k，$UB_0 = 0$。

UF_k 为标准正态分布，给定显著性水平 $\alpha = 0.05$，$UF_{\alpha/2} = \pm 1.96$。通过对正序统计量 UF_k 和逆序统计量 UB_k 进行分析，可以进一步获得水位序列 X 的变化趋势、明确变异发生时间。将 UF_k 和 UB_k 曲线，与 $UF_{\alpha/2} = \pm 1.96$ 两条直线绘制在同一张图纸上，当两曲线超过临界值 $UF_{\alpha/2} = \pm 1.96$ 时，表示呈显著的上升或下降趋势。若 UF_k 和 UB_k 这两条曲线在临界直线 $UF_{\alpha/2} = \pm 1.96$ 之间出现交点，则判定交点对应的时刻即为水位序列发生变异的起始时刻。

c. 滑动 F 法

传统 F 检验法只能对人为指定的某个点进行检验而无法自动搜索整个水位序列寻找变异点，滑动 F 法针对上述传统 F 检验法的缺点，将整个水位序列中的水位逐一进行检验，从而达到自动搜索变异点的目的。滑动 F 法的这个思路与滑动 T 法较为类似。

滑动 F 法的原假设是两个序列之间不存在显著性差异，构造法统计量 F 为

$$F = \frac{\dfrac{1}{n_1 - 1} \sum_{i=1}^{n_1} (X_i - \overline{X})^2}{\dfrac{1}{n_2 - 1} \sum_{i=1}^{n_2} (Y_i - \overline{Y})^2} \tag{4.6}$$

式中：$\overline{X}$、$\overline{Y}$ 分别为可能变异点前、后水位序列的样本均值；n_1、n_2 分别为可能变异点前、后水位序列的样本容量。

假设滑动 F 法的统计量 F 服从自由度为 $(n_1 - 1, n_2 - 1)$ 的 F 分布。在置信度水平 $1 - \alpha$ 的情况下，当统计量 $F \leqslant F_\alpha$ 时，接受原假设，认为前后两个水位序列具有一致性；当 $F > F_\alpha$ 时，拒绝原假设，认为前后两个水位序列存在显著差异。然后逐渐滑动监测点，对于所有满足 $F > F_\alpha$ 的点，选取统计量 F 最大点为整个水位序列的变异点。

d. 全年水位偏差比

引入水位偏差比（RWLD）来评价水位变化程度，它对高水位和低水位都比较敏感，可用其表征可能变异点处的湖区水位对整个水位序列的偏差程度，其值越大，变异越显著。RWLD 计算方法如下：

$$RWLD_k = \sum_{i=1}^{n} \sqrt{\frac{\sum_{i=1}^{12} (H_{ik} - h_{ij})^2}{\sum_{i=1}^{12} H_{ik}^2}} \tag{4.7}$$

式中：H_{ik} 为可能变异年 k 年 i 月的水位，m；h_{ij} 为对比年 j 年 i 月的水位，m；n 为总年数。

2. 变异前水文序列概率分布函数拟合及拟合优度检验

基于水文变异情况，认为变异前的水位序列的总体分布是一致的。长期的自然选择使得吞吐型湖泊生态系统适应于出现频率较高的环境因子，所以频率最高的水位最适合吞吐型湖泊生态系统。选择最终变异点前的水位序列以计算生态水位；若有多个变异点，采用变异时间较早的点将长时间水位序列分段，应用皮尔逊Ⅲ型分布（P-Ⅲ）、广义极值分布（GEV）、Weibull 分布（WBL）、对数正态分布（LOGN）四种分布函数（Coles et al.，2001）拟合水位序列，标记概率密度最大处的水位，应用 K-S（Kolmogorov-Smirnov）检验（Conover，1980）对拟合优度进行检验，选定统计量 D 最小且概率 P 最大的分布函数为最优概率分布，并将其概率密度最大处的水位作为各站点适宜生态水位，以此方法来确定洞庭湖、鄱阳湖适宜生态水位，其具体计算流程如图 4.1 所示。

a. P-Ⅲ型分布

P-Ⅲ型分布广泛应用于我国水文频率计算中，其概率密度函数为

$$f(x) = \begin{cases} \dfrac{\beta^\alpha}{\Gamma(\alpha)} (x - x_0)^{a-1} e^{-\beta(x - x_0)} & x > x_0 \\ 0 & x \leqslant x_0 \end{cases} \tag{4.8}$$

式中：α 为形状参数；β 为尺度参数；x_0 为位置参数。

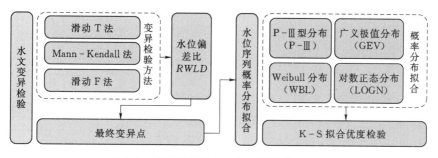

图 4.1　通江湖泊适宜生态水位计算流程图

$$\begin{cases} \alpha = \dfrac{4}{C_S^2} \\[2mm] x_0 = \overline{X}\left(1 - 2\,\dfrac{C_V}{C_S}\right) \\[2mm] \beta = \dfrac{2}{\overline{X}\,C_V C_S} \end{cases} \tag{4.9}$$

如何根据样本资料估计 P-Ⅲ型分布的三个参数对拟合结果至关重要，最常用的方法有常规矩法、极大似然法、概率权重矩法、权函数法（含数值积分双权函数法）、线性矩法及适线法等。本章采用线性矩法对上述参数进行估计。

均值 $\overline{X}$ 的无偏估计：

$$\overline{X} = \frac{1}{n}\sum_{i=1}^{n} X_i \tag{4.10}$$

C_V 的无偏估计量：

$$C_V = \sqrt{\frac{1}{n-1}\sum_{i=1}^{n}(K_i - 1)^2} \tag{4.11}$$

C_S 的无偏估计量：

$$C_S = \frac{\displaystyle\sum_{i=1}^{n}(K_i - 1)^3}{(n-3)C_V^3} \tag{4.12}$$

其中，模比系数 K_i 的定义如下：

$$K_i = \frac{X_i}{\overline{X}} \tag{4.13}$$

b. 广义极值分布

广义极值分布的概率密度函数为

$$f(x) = \begin{cases} \dfrac{1}{\alpha}(1-ky)^{(1/k-1)}\,\mathrm{e}^{-(1-ky)1/k} & k \neq 0 \\[2mm] \dfrac{1}{\alpha}\mathrm{e}^{-y-\mathrm{e}^{-y}} & k = 0 \end{cases} \tag{4.14}$$

广义极值分布的分布函数为

$$F(x) = \begin{cases} e^{-(1-ky)^{1/k}} & k \neq 0 \\ e^{-e^{-y}} & k = 0 \end{cases} \tag{4.15}$$

$$y = \frac{1}{\alpha}(x - x_0) \tag{4.16}$$

式中：k、α 和 x_0 分别为形状参数、尺度参数和位置参数。$k=0$ 时为 I 型分布，$k<0$ 时为 II 型分布，$k>0$ 时为 III 型分布。k 值采用牛顿迭代法求解

$$C_S = \frac{k[-\Gamma(1+3k) + 3\Gamma(1+k)\Gamma(1+2k) - 2\Gamma^3(1+k)]}{[\Gamma(1+2k) - \Gamma^2(1+k)]^{3/2}} \tag{4.17}$$

$k \neq 0$ 时，

$$\begin{cases} \alpha = \dfrac{|k|\overline{X}C_V}{\sqrt{\Gamma(1+2k) - \Gamma^2(1+k)}} \\ x_0 = \dfrac{\overline{X}\{1 \pm [1 - \Gamma(1+k)]C_V\}}{\sqrt{\Gamma(1+2k) - \Gamma^2(1+k)}} \end{cases} \tag{4.18}$$

采用线性矩法对上述参数进行估计：

均值 $\overline{X}$ 的无偏估计：

$$\overline{X} = \frac{1}{n}\sum_{i=1}^{n} X_i \tag{4.19}$$

C_V 的无偏估计量：

$$C_V = \sqrt{\frac{1}{n-1}\sum_{i=1}^{n}(K_i - 1)^2} \tag{4.20}$$

C_S 的无偏估计量：

$$C_S = \frac{\sum_{i=1}^{n}(K_i - 1)^3}{(n-3)C_V^3} \tag{4.21}$$

c. Weibull 分布

Weibull 分布的概率密度函数为

$$f(x) = \begin{cases} \dfrac{k}{\lambda}\left(\dfrac{x-x_0}{\lambda}\right)^{k-1} e^{-\left(\frac{x}{\lambda}\right)^k} & x \geqslant x_0 \\ 0 & x < x_0 \end{cases} \tag{4.22}$$

下面给出 Weibull 分布的分布函数：

$$F(x) = 1 - e^{-\left(\frac{x-x_0}{\lambda}\right)^k} \quad x \geqslant x_0 \tag{4.23}$$

式中：$k>0$ 为形状参数；$\lambda>0$ 为尺度参数；$x_0>0$ 为位置参数。

定义 Weibull 分布计算样本矩：

$$m_k = \sum_{i=0}^{n-1}\left(1 - \frac{i}{k}\right)^k (X_{i+1} - X_i) \quad X_0 = 0 \tag{4.24}$$

其中，计算样本距 m_k 为样本的函数，这时令 k 为 1、2 和 4，对 Weibull 分布的形状参数 k、尺度参数 λ 和位置参数 x_0 这三个参数分别进行矩估计。

形状参数 k 的无偏估计量：

$$\hat{k} = \frac{\ln 2}{\ln\left[(m_1 - m_2)/(m_2 - m_4)\right]} \tag{4.25}$$

位置参数 x_0 的无偏估计量：

$$\hat{x}_0 = \frac{(m_1 m_4 - m_2^2)}{(m_1 - 2m_2 + m_4)} \tag{4.26}$$

尺度参数 λ 的无偏估计量：

$$\hat{\lambda} = \frac{(m_1 - \hat{x}_0)}{\Gamma(1 + 1/\hat{k})} \tag{4.27}$$

d. 对数正态分布

对数正态分布的概率密度函数为

$$f(x) = \begin{cases} \dfrac{1}{(x - x_0)\sigma\sqrt{2\pi}} \mathrm{e}^{-\frac{[\ln(x - x_0) - \mu]^2}{2\sigma^2}} & x > x_0 \\ 0 & x \leqslant x_0 \end{cases} \tag{4.28}$$

其中

$$x_0 = \overline{X}\left(1 - \frac{C_V}{\eta}\right) \quad \sigma = \sqrt{\ln(1 - \eta^2)} \quad \mu = \frac{1}{2}\ln\left[\frac{1 + \eta^2}{(\overline{X} - x_0)^2}\right] \tag{4.29}$$

$$\eta = \left(\frac{C_S + \sqrt{C_S^2 + 4}}{2}\right)^{1/3} - \left(\frac{-C_S + \sqrt{C_S^2 + 4}}{2}\right)^{1/3} \tag{4.30}$$

采用线性矩法对上述参数进行估计。

均值 $\overline{X}$ 的无偏估计量：

$$\overline{X} = \frac{1}{n}\sum_{i=1}^{n} X_i \tag{4.31}$$

C_V 的无偏估计量：

$$C_V = \frac{1}{\overline{X}}\sqrt{\frac{\sum_{i=1}^{n}(X_i - \overline{X})^2}{n - 1}} \tag{4.32}$$

C_S 的无偏估计量：

$$C_S = C_V(C_V^2 + 3) \tag{4.33}$$

e. K-S 拟合优度检验

在统计学中，K-S 检验是一种非参数检验，常用于拟合优度检验（Conover，1980）。检验统计量 D 定义如下：

$$\begin{cases} D = \sup_x |F^*(x) - S(x)| \\ F^*(x) = \int_0^x f(x)\mathrm{d}x \\ S(x) = \dfrac{\sum I(X_i \leqslant x)}{n} \end{cases} \tag{4.34}$$

式中：$F^*(x)$ 为累积分布函数；$S(x)$ 为经验分布函数；$S(x) \leqslant 1$；检验统计量 D 为

$S(x)$ 与 $F^*(x)$ 的最大垂直距离。

单边 p 值计算如下：

$$p = t \sum_{j=0}^{[n(1-t)]} C_n^j \left(1 - t - \frac{j}{n}\right)^{n-j} \left(t + \frac{j}{n}\right)^{j-1} \tag{4.35}$$

式中：t 为检验统计量的观测值；$[n(1-t)]$ 为小于等于 $n(1-t)$ 的最大整数。

显著性 P 值等于 2 倍的单边检验 p 值，即 $P = 2p$。给定显著性水平 α，若 D 值超过了 K-S 检验统计量 α 表（实用非参数统计）中给出的双边检验临界值，或显著性 P 值太小，则拒绝 H_0（李扬，2013），即认为两个数据集不同分布。

3. 生态水位区间确定

在确定适宜生态水位后，结合 3σ 准则，选取概率密度为 90% 的区间为生态水位区间（REWL），选取丰水年、平水年、枯水年三个典型水文年验证三峡水库运行后湖泊水位年内变化，根据典型年月均水位处于生态水位区间的范围，探讨三峡水利枢纽运行对下游湖泊适宜生态水位即其适宜区间的影响。

4.2.2.2 影响两湖湿地植物群落结构的关键水情因子变化范围及其阈值

1. 两湖湿地典型植物群落空间分布信息的遥感提取方法

首先，综合湖泊高洪水位淹没的水域范围、河道堤坝分布及草洲边缘等信息，提取两湖湿地边界，并基于湖区 DEM 高程数据对湖区边界进行矢量化，获得研究区边界掩膜；系统收集两湖湿地长序列（1987—2016 年）春季、秋季末期 Landsat TM 影像，基于 ENVI 5.1 平台进行辐射定标、大气校正、几何精校正及影像镶嵌与裁剪等预处理工作，并对 2003 年后的 Landsat ETM 影像的缺失条带进行修复，保证经过几何校正、裁剪等数据预处理操作后的遥感影像数据精度在 0.3 个像元以内。对于洞庭湖湿地，采取缨帽变换方法对预处理后的遥感影像进行光谱增强，提取其亮度（Brightness）、绿度（Greenness）及湿度（Wetness）信息，并计算归一化植被指数 NDVI，选择上述波段与原始影像的 6 个波段进行两湖湿地植被的遥感影像解译。对于鄱阳湖湿地，采用 KT 变换进行光谱增强，并计算 NDVI 指数，以 KT 变换后的第三分量、NDVI 及 TM 3、4、5 四个波段的组合进行后续的分类处理。

结合实地采样数据，在洞庭湖湿地利用 CART 决策树算法进行影像分类。CART 决策树算法是一种非线性、非参数的数据挖掘与分类的预测算法，其原理是通过对由输入变量和输出变量构成的训练样本数据集进行循环二分构建二叉树并展开分类。在决策树生长时，以 Gini 系数的减少量为测度指标选取使 Gini 系数减少量最大的属性为最佳分组变量对训练样本集进行分组，建立二叉决策树（白秀莲，2012），其数学定义如下：

$$G(t) = 1 - \sum_{j=1}^{k} P^2(j \mid t) \tag{4.36}$$

式中：$G(t)$ 为基尼系数；t 为节点；k 为输出变量的类别个数；$P(j \mid t)$ 为节点中样本输出变量取 j 的归一化概率（黄晓君 等，2017）。

假设用特征属性 M 将样本数据集 N 分为两组，这时的基尼系数为

$$G(t) = \frac{N_1}{N} G(t_1) + \frac{N_2}{N} G(t_2) \tag{4.37}$$

因此，分组后的基尼系数比原来的减少量为

$$\Delta G(t)=G(t)-\left[\frac{N_1}{N}G(t_1)+\frac{N_2}{N}G(t_2)\right] \tag{4.38}$$

式中：$G(t)$ 和 N 分别为分组前输出变量的基尼系数和样本量，$G(t_1)$、N_1 和 $G(t_2)$、N_2 分别为分组后右子树的基尼系数、样本量和左子树的基尼系数和样本量。当使两组输出变量值的异质性总和最小，即分组后样本类别变量尽量趋于相同类别值，纯度最大时，分组变量达到最佳分割点。

与洞庭湖湿地不同，对于鄱阳湖湿地的影像分类采用层次分类法进行。分层分类法的思想是针对各类地物不同的信息特点，将其按照一定的原则进行层层分解。分层分类法强调将分类过程逐层进行，而在每一层的分解过程中，根据不同的子区特征及经验知识，选择不同的波段或者波段组合来进行分类。具体的鄱阳湖景观分类过程基于 ERDAS 9.1 软件的建模工具进行，即依据分层分类思想建立决策树模型，根据图像成像时间和实际感兴趣区分析结果，确定各层分类阈值，将预处理后遥感影像导入模型进行运算，得到最终的分类结果。

具体分类过程中，根据两湖湿地特征，将洞庭湖湿地划分为苔草带、芦苇带和林地 3 种差异显著的植被景观带，以及裸地、泥滩及水域等非生物景观带；将鄱阳湖湿地划分为苔草-藨草带、南荻-芦苇带两种差异显著的植被景观带，以及裸地、泥滩及水域等非生物景观带。对两湖湿地典型景观带分类结果的验证及精度评价均采用混淆矩阵法进行，并结合目视解译，以及与文献资料和实地采样数据的对比进行。

2. 影响两湖湿地植被的关键水情因子筛选及阈值确定方法

水文过程与湿地植被响应关系的量化研究是湿地景观格局与过程研究的重要手段。根据两湖水文情势及其对湿地植被的影响特征，选择观测日期前的枯水期、涨水期、丰水期及退水期水位序列作为对湿地植被生态过程与景观格局特征有潜在生态意义的水位波动周期，并采用波动周期内的水位平均值、最高值、最低值及水位变幅 4 个指标来刻画其水位过程，构建多指标多周期水情因子数据集。

在两湖湿地，均首先采用相关系数法初步计算两湖湿地植被分布面积与各水情因子的相关关系。在此基础上，于洞庭湖湿地采用逐步回归分析法构建各水情因子与东洞庭湖湿地植被面积之间的定量关系，揭示影响湿地植被的关键水情因子并确定其对湿地植被的影响阈值。于鄱阳湖湿地则采用 CART 模型方法构建各水情因子与湿地植被面积之间的定量关系并揭示影响湿地植被的关键水情因子及阈值。其中，多元逐步回归法的核心是建立最优回归方程，通过自动地从大量可供选择的变量中选取最为重要的变量来建立回归分析的预测模型。选取变量是依据自变量对因变量的作用程度，由大到小地逐个引入回归方程，将影响不显著的变量剔除。在寻找最优回归方程的同时，对解决自变量之间的多重共线性也有一定的作用。CART 模型则是一种二元递归分解方法，以其层次化的结构揭示众多水位波动变量对湿地植被面积的相对重要性，并以其第一分类变量的第一裂点估计关键水位波动变量维持植被景观面积稳定的可能阈值（Qian，1999）。其基本原理如图 4.2 所示（薛薇和陈欢歌，2010）。

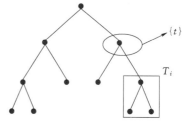

图 4.2　CART 模型原理

4.2.3　成果与分析

4.2.3.1　两湖适宜生态水位及区间

1. 洞庭湖适宜生态水位区间

洞庭湖水域面积较大，地势原因导致同一时段内整个湖泊水面并非同一个水平面。故研究洞庭湖区的适宜生态水位时，需充分考虑不同位置水文站（或水位站）的影响。在洞庭湖湖区选取了6个代表性站点：城陵矶站、杨柳潭站、南咀站、小河咀站、营田站、鹿角站，其分布情况如图4.3所示。

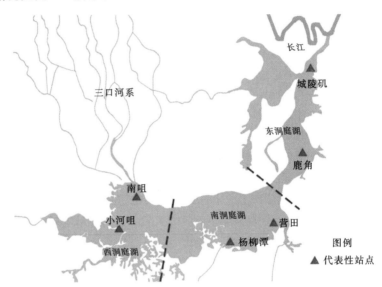

图4.3　洞庭湖湖区代表性站点分布图

以城陵矶站1955—2015年月平均水位序列、杨柳潭站1955—2015年月平均水位序列、南咀站1955—1985年月平均水位序列、小河咀站1955—1985年月平均水位序列、营田站1955—1985年月平均水位序列、鹿角站1955—1985年月平均水位序列为研究对象（表4.1），推求各代表性站点的适宜生态水位。

表4.1　　　　　　　　　　　　　洞庭湖区水位序列研究对象

湖区	水文站（水位站）	研 究 时 段
东洞庭湖	城陵矶站	1955年1月至2015年12月
	鹿角站	1955年1月至1985年12月
南洞庭湖	杨柳潭站	1955年1月至2015年12月
	营田站	1955年1月至1985年12月
西洞庭湖	南咀站	1955年1月至1985年12月
	小河咀站	1955年1月至1985年12月

a. 各站点变异点及变异原因分析

以城陵矶站为例，将其1955—2015年水位序列按月分为1月、2月、3月、4月、5月、6月、7月、8月、9月、10月、11月、12月平均水位，共计12个水位序列。在显

著性水平 $\alpha = 0.05$ 的情况下，滑动 T 法统计量临界值 $T_{\alpha/2} = 2$，M - K 法统计量临界值 $UF_{\alpha/2} = 1.96$，滑动 F 法统计量临界值随着分界点的滑动发生变化。使用 MATLAB 编程实现滑动 T 法、M - K 法和滑动 F 法对这 12 个水位序列逐一进行变异检验，得到城陵矶站水位序列 1—12 月的变异检验结果，其 1 月月平均水位序列检验结果如图 4.4 所示。

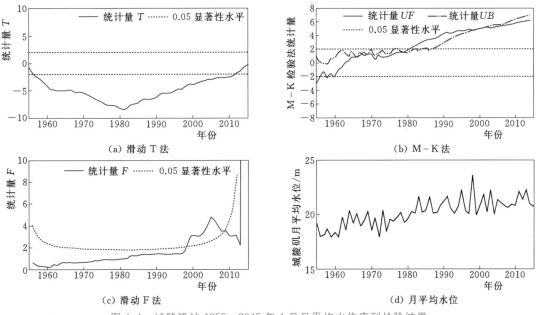

（a）滑动 T 法 （b）M - K 法

（c）滑动 F 法 （d）月平均水位

图 4.4　城陵矶站 1955—2015 年 1 月月平均水位序列检验结果

由图 4.4 可知，对于城陵矶站 1955—2015 年 1 月月平均水位序列：滑动 T 法统计量 T 在 1981 年超过下临界值 -2 且达到最大绝对值，即 1981 年 1 月为滑动 T 法检验出的可能变异点；M - K 法统计量 UF 与 UB 在 $UF_{\alpha/2} = \pm 1.96$ 之间未出现交点，故未检验出可能变异点；滑动 F 法统计量 F 在 2005 年超过临界值且达到最大，即 2005 年 1 月为滑动 F 法检验出的可能变异点。此外，由图 4.4 月平均水位序列图可看出，城陵矶站 1 月平均水位在 1955—2015 年内变化幅度较大且整体上呈略微上升趋势。

据此分别对城陵矶站、鹿角站、杨柳潭站、营田站、南咀站、小河咀站各月月平均水位进行水文变异检验，标记可能变异点，取各站可能变异点中 RWLD 值最大的可能变异点为最终变异点（见表 4.2）。

表 4.2　　　　　　　　洞庭湖各站点水位变异检验最终变异点

水文站	最终变异点	检验方法	RWLD 值
城陵矶站	2006 年 2 月	滑动 F 法	5.58
鹿角站	1982 年 4 月	滑动 F 法	2.36
杨柳潭站	1998 年 8 月	M - K 法	3.47
营田站	1982 年 2 月、4 月	滑动 T 法	1.99
南咀站	1964 年 10 月	M - K 法	0.75
小河咀站	1982 年 4 月	滑动 F 法	0.73

水位变异通常是受气候影响和人为干扰的情况下发生的。结合近 60 年来洞庭湖流域的气候变化（气温、降雨、蒸发）和主要的水利工程，对最终变异点的合理性和水位变异发生的驱动因素进行分析以确定其合理性。

在研究时段内（1955—2015 年），洞庭湖流域的气候变化主要表现在 3 个方面：水量（包括湖区水量和降水量）、热量和气温。水量方面，50 年代处于水量充沛的丰水期，60—80 年代呈现出明显的减少趋势，90 年代呈现出小幅增长趋势；热量方面，年均日照小时数在 20 世纪 80 年代初达到最高点，即从 60—70 年代末呈现上升趋势，80 年代至今呈现下降趋势；气温方面，年平均气温在 60 年代呈现下降趋势，70 年代后呈现缓慢的上升趋势，进入 90 年代后呈显著的上升趋势。1955—2015 年，长江中游的干流上兴建了一大批的水利工程。主要水利工程兴建的时间和位置，将洞庭湖流域大致分为了 6 个时期：第一个时期是调弦口堵口前（1951—1958 年），第二个时期是荆江裁弯前（1959—1966 年），第三个时期是荆江裁弯中（1967—1972 年），第四个时期是荆江裁弯后（1973—1980 年），第五个时期是葛洲坝截流后（1981—2002 年），最后一个时期是三峡截流后（2003 年以后）。洞庭湖湖区的水位突变，可能是由流域内上述气候变化和人类活动引起的。

东洞庭湖区，城陵矶站 1955—2015 年 2 月平均水位为 19.76m。而变异前的平均水位为 19.50m，变异后的平均水位为 21.11m，可见城陵矶站 2 月的平均水位序列在 2006 年前后存在显著差异，且后者较前者高。从三峡运行实录得知，2006 年 10 月三峡水库蓄水至 156m，初期运行期的运行水位为 144m（汛限水位）至 156m（初期蓄水位）。2006 年汛期过后三峡水库蓄水至 156m 后，在 2006—2007 年枯水期，三峡水库分两个阶段对下游进行了补水，补水时段分别为 2006 年 12 月 15 日至 2007 年 1 月 4 日和 2007 年 2 月 2 日至 4 月 1 日，补水时长为 80 天，补水总量为 35.8 亿 m^3，长江下游河道水位平均上涨了 0.38m。城陵矶站作为洞庭湖的湖口，是洞庭湖与长江关系最为密切的站点。因此，2006—2007 年枯水期三峡水库对下游补水的调度，可能为城陵矶站 2006 年 2 月前后两个序列产生明显差异的原因。鹿角站 1955—1985 年 4 月平均水位为 24.78m，而变异前的平均水位为 24.70m，变异后的平均水位为 25.30m，可见鹿角站 2 月的平均水位序列在 1982 年前后存在显著差异，且后者较前者高。1981 年 1 月葛洲坝实现大江截流，该水利工程的实施可能为鹿角站 4 月水位序列在 1982 年发生变异的原因。

南洞庭湖区，杨柳潭站 1955—2015 年 8 月平均水位为 30.21m，而 1998 年 8 月平均水位为 35.75m，变异前的平均水位为 30.16m，变异后的平均水位为 30.33m。1998 年长江流域发生大规模洪水灾害，洞庭湖作为长江中游重要的通江湖泊，发挥了重要的调蓄作用。南洞庭湖西纳西洞庭湖中沅水、澧水及长江口松滋口、太平口、藕池口大部分来水，且杨柳潭站位于资水入湖口。1998 年 8 月资水入湖水量与西洞庭湖来水量在杨柳潭处形成顶托之势，致使杨柳潭站 1998 年 8 月水位居高不下可能为杨柳潭站 8 月水位序列在 1998 年发生变异的原因。营田站 1982 年 2 月、4 月均发生变异，营田站位于南洞庭湖东部，与东洞庭湖鹿角站距离较近，故营田站水位序列发生变异的原因可能与鹿角站相同。

西洞庭湖区，南咀站 1964 年 10 月平均水位为 31.97m，而变异前的平均水位为 30.40m，变异后的平均水位为 30.75m，可见南咀站 10 月的平均水位整个序列相比存在显著差异。小河咀站水位变异发生的时间为 1982 年的枯水期 2 月和 4 月，从时间上来看，小河咀站水位序列的变异可能与东洞庭湖鹿角站、南洞庭湖营田站同因。取发生时间较早的 1982 年 2 月作为小河咀站的最终变异点。

　　b. 变异前水位序列概率密度拟合及适宜生态水位

　　根据变异点发生时间对洞庭湖区各站点水位序列进行分段，选择序列最终变异点前的序列计算洞庭湖生态水位。对于有多个最终变异点的站点，采用变异时间较早的点将序列分段。具体来说，对于城陵矶站、鹿角站、杨柳潭站、营田站、南咀站、小河咀站的水位序列，水位序列分段点分别为：2006 年 2 月、1982 年 4 月、1998 年 8 月、1982 年 2 月、1964 年 10 月、1982 年 4 月。

　　选取变异前的水位序列，在置信水平 $\alpha=0.05$ 的情况下进行概率密度拟合。应用 K-S 法分别对 4 种分布函数进行检验。对于各站点，城陵矶站 5 月水位序列、鹿角站 3 月水位序列、杨柳潭站 9 月水位序列、营田站 1 月水位序列、南咀站 4 月水位序列、小河咀站 5 月水位序列概率分布拟合情况分别对 4 种理论分布拟合的结果差异相对较大，在此选取城陵矶站 5 月水位序列拟合效果图和 K-S 法检验结果示意图进行展示（见图 4.5）。

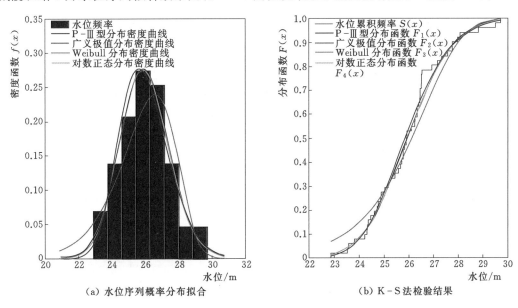

（a）水位序列概率分布拟合　　　　（b）K-S 法检验结果

图 4.5　城陵矶站 5 月水位序列概率分布拟合及 K-S 法检验结果示意图

　　由图 4.5 可知，对于东洞庭湖区城陵矶站，5 月，P-Ⅲ分布的统计量 $D=0.1073$，$P=0.5770$，GEV 分布的统计量 $D=0.0950$，$P=0.7491$，Weibull 分布的统计量 $D=0.1669$，$P=0.1085$，LOGN 分布的统计量 $D=0.1056$，$P=0.5995$，可见广义极值分布（GEV）的拟合效果较好，其最高概率密度处水位 $H=25.65\mathrm{m}$。因此，GEV 即为与城陵矶站 5 月，水位序列经验分布最为接近的理论分布，城陵矶站 5 月适宜生态水位即为 25.65m。

　　洞庭湖湖区 6 个代表性站点各月适宜生态水位的计算结果如图 4.6 所示。时间上，适宜生态水位的年内分布具有明显的季节性变化，在汛期，各站点的年内适宜生态水位逐渐抬升至最大值；在枯水期，逐渐下降至最小值。空间上，呈现出较明显的空间差异性，西洞庭湖的适宜生态水位整体较高（28.16～32.18m），其次是南洞庭湖，杨柳潭站和营田站的各月适宜生态水位为 22.20～31.13m，东洞庭湖的适宜生态水位整体最低，城陵矶站和鹿角站的各月适宜生态水位为 19.14～30.44m。整体而言，洞庭湖的适宜生态水位自东向西呈逐渐增大的趋势，但其年际波动自东向西逐渐减小。

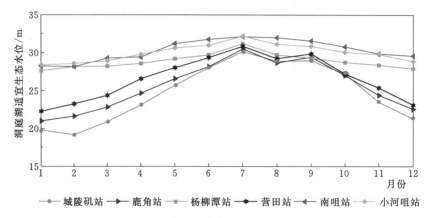

图 4.6　洞庭湖各站点各月适宜生态水位

确定适宜生态水位后，结合 3σ 准则，选取概率密度为 90% 的区间为洞庭湖的生态水位区间（REWL），如图 4.7 所示。选取丰水年、平水年、枯水年（2012 年、2011 年、2009 年）三个典型水文年以验证三峡工程运行后洞庭湖水位的年内变化。整体而言，丰水年月均水位基本处于 REWL 内；平水年月均水位在 8 月前基本处于 REWL 内；枯水年三峡泄水使枯季水位（11 月至次年 2 月）上升甚至超过 REWL 上限。REWL 可反映三峡工程运行对洞庭湖水位变化的季节性影响。

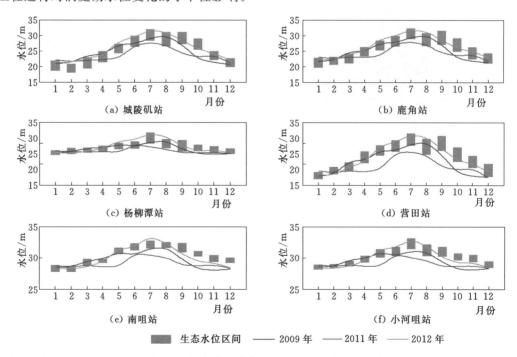

图 4.7　洞庭湖各站点各月适宜生态水位区间

2. 鄱阳湖适宜生态水位区间

对于鄱阳湖，选取湖区的 6 个代表性站点：星子站、湖口站、都昌站、吴城站、棠荫站、康山站，其分布情况如图 4.8 所示。以各站点 1970—2018 年月平均水位序列为研究对象，推求各代表性站点的适宜生态水位。

寻找可能变异点：以星子站为例，将其 1970—2018 年水位序列按月划分为 12 个月均水位序列。在显著性水平 $\alpha = 0.05$ 的情况下，使用 MATLAB 编程实现滑动 T 法、M-K 法和滑动 F 法对这 12 个月的水位序列逐一进行变异检验，得到湖口站水位序列 1—12 月的变异检验结果，其 1 月月平均水位序列检验结果如图 4.9 所示。

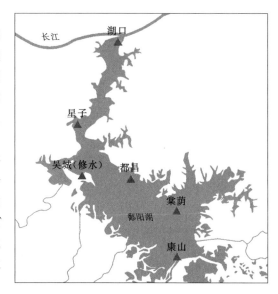

图 4.8　鄱阳湖湖区代表性站点分布图

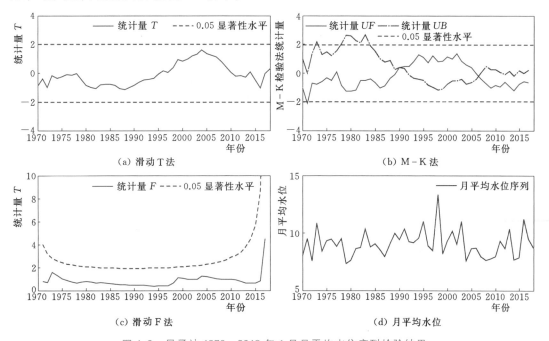

（a）滑动 T 法　　　　　　　　　（b）M-K 法

（c）滑动 F 法　　　　　　　　　（d）月平均水位

图 4.9　星子站 1970—2018 年 1 月月平均水位序列检验结果

由图 4.9 可知，对于星子站 1970—2018 年 1 月月平均水位序列：滑动 T 法统计量 T 在该时段内未超过临界值 ± 2，故未检验出可能变异点；M-K 法统计量 UF 与 UB 在 $UF_{a/2} = \pm 1.96$ 之间于 2006 年出现交点，即 2006 年 1 月为 M-K 法检验的星子站可能变异点；滑动 F 法统计量 F 在该时段内未超过临界值，故未检验出可能变异点。

分别对星子站、湖口站、都昌站、吴城站、棠荫站、康山站各月月平均水位进行水文变异检验，标记可能变异点，取各站可能变异点中 RWLD 值最大的可能变异点为最终变异点（见表 4.3）。

表 4.3　　　　　　　　　　鄱阳湖各站点水位变异检验最终变异点

水文站	最终变异点	检验方法	RWLD 值	水文站	最终变异点	检验方法	RWLD 值
星子站	2011 年 9 月	滑动 T 法	11.65	吴城站	1983 年 8 月	M-K 法	7.28
湖口站	1979 年 4 月	滑动 T 法	10.41	棠荫站	2011 年 9 月	滑动 T 法	7.36
都昌站	2011 年 9 月	滑动 T 法	9.42	康山站	1983 年 8 月	M-K 法	5.16

采用 P-Ⅲ、GEV、Weibull、LOGN 4 种分布函数拟合水位序列，标记概率密度最大处的水位；应用 K-S 法对拟合优度进行检验，选定统计量 D 最小且概率 P 最大的为最优概率分布，概率密度最大处水位即为鄱阳湖适宜生态水位。鄱阳湖湖区 6 个代表性站点各月适宜生态水位的计算结果如图 4.10 所示。

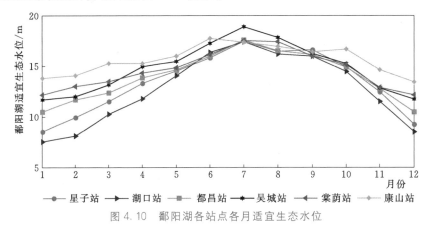

图 4.10　鄱阳湖各站点各月适宜生态水位

时间上，适宜生态水位的年内分布具有明显的季节性变化，在汛期，各站点的年内适宜生态水位逐渐抬升至最大值；在枯水期，逐渐下降至最小值。空间上，并未表现出明显的差异性，各站点年内变化较为统一，主要是由于鄱阳湖湖区地势较为平缓。

确定适宜生态水位后，结合 3σ 准则，选取概率密度为 90% 的区间为鄱阳湖的生态水位区间（REWL），如图 4.11 所示。选取丰水年、平水年、枯水年三个典型水文年以验证三峡水库运行后鄱阳湖水位的年内变化。整体而言，丰水年（2012 年）月均水位基本处于REWL 内；平水年（2011 年）月均水位在 9 月前基本处于 REWL 内；枯水年（2009 年）在枯水期（12 月至次年 1 月）基本处于 REWL 内，其他时期均明显达不到 REWL 的下限。

4.2.3.2　两湖适宜生态流量及区间

两湖湖区河网纵横、水网交错，要实现湖泊水资源和生态环境的良性循环，首先要考虑到的就是湖泊中的水；要保护湖泊水资源和生态环境，在流域水资源的优化配置中首先要满足的就是湖泊的生态流量（许文杰，2009）。两湖湖区湿地生态系统的生物多样性水平很高，枯水季大面积的滩地和浅水区为候鸟提供重要的越冬栖息地，是全球生态系统重要组成部分（赵贵章 等，2020），此外，湖区对区域气候调节、水产养殖、生态旅游、科学研究也有较大作用。只有定量地知道生态流量，才能科学合理地在时间尺度和空间尺度上实现水资源合理分配。

针对如洞庭湖、鄱阳湖吞吐型湖泊生态流量内涵及相应的量化方法，已成为当今国际

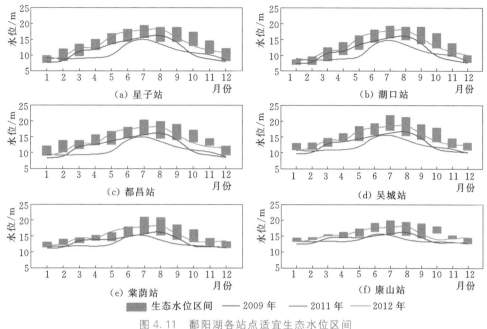

图 4.11 鄱阳湖各站点适宜生态水位区间

水文、水环境领域的研究热点问题（刘剑宇 等，2015；刘志刚和倪兆奎，2015；许文杰，2009）。但整体而言，针对长江中游通江湖泊适宜生态流量的相关机理研究与技术开发仍处于起步阶段，存在的问题主要有像两湖湖区这样的大型通江湖泊，水域面积很大，现有生态流量求算模型对于大型湖泊的针对性不够。目前并没有两湖湖区连续的月流量数据；如何直观的量化出两湖生态流量还有待研究。

因此，在量化了两湖各代表性站点各月的适宜生态水位及其生态区间的基础下，通过数理统计的方法进一步量化了两湖的适宜生态流量及其生态区间，以期为三峡的调度规则制定提供一定的参考依据。针对得到的各月适宜生态水位及其上下限数值，对三峡工程运行后 2003—2015 年的各月水位序列计算偏差度，选取偏差度最小的年份为最贴近年，依次取得两湖地区各站点各月的适宜生态水位及其上下限，根据取得适宜生态水位及其上下限的最贴近年份，依托宜昌站 2003—2015 年的各年各月流量数据，推求出洞庭湖、鄱阳湖各站点各月的适宜生态流量及其上下限值。

1. 洞庭湖适宜生态流量

图 4.12 展示了洞庭湖各站点适宜生态流量及其区间。时间上，各站点的适宜生态流量与长江干流的年度流量曲线趋势相符，即枯水期（11月至次年4月）维持在较低水平，汛前（5—6月）持续上升，汛期（7—9月）维持在较高水平且有较大的波动，此后逐渐消落；各站点适宜生态流量区间的变化亦与年度流量曲线趋势基本相符，在汛期达到了较高状态且区间跨度较大，为汛期水库调度提供了较大的操作空间；此外，各站点的适宜生态流量区间在 5 月时明显增大，而 6 月时均有缩小趋势，此时正是三峡工程的汛前泄水期，如何制订兼顾考虑防洪安全和下游两湖生态安全的方案显得尤为重要。

空间上，在枯水期各站点适宜生态流量及其区间均维持在较低水平，波动较小；汛

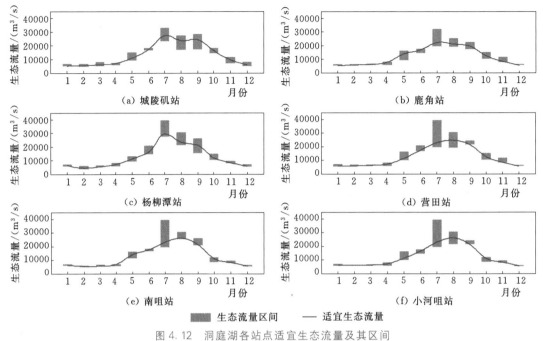

图 4.12　洞庭湖各站点适宜生态流量及其区间

期，东洞庭湖的城陵矶站和鹿角站的适宜生态流量区间明显小于南洞庭湖（杨柳潭站、营田站）和西洞庭湖（南咀站、小河咀站），且 7 月生态流量区间从东向南至西逐渐增大，其适宜生态流量的出现峰值也逐渐由 7 月推移至 8 月末，显示了洞庭湖不同湖区对适宜生态流量的不同需求。

2. 鄱阳湖适宜生态流量

鄱阳湖各站点适宜生态流量及其区间如图 4.13 所示。时间上，鄱阳湖湖区各站点适宜生态流量及其区间变化趋势与长江干流的年度流量曲线趋势相符，均在汛期达到了较高状态且区间跨度较大，枯水期维持在较低状态且区间跨度急剧缩小。空间上，靠近长江干流的星子站和湖口站的适宜生态流量区间跨度在汛期时略高于其他站点，但其适宜生态流量值相较其他各站点并未出现明显的增大；整体而言，湖区不同站点的变化趋势较为均一，这也与鄱阳湖湖区地势变化较为均一的情形相一致。

3. 两湖综合适宜生态流量

三峡工程的运行改变了河流的自然流态，对其下游的洞庭湖和鄱阳湖的水文情形也造成了相应的改变，而由于洞庭湖、鄱阳湖相距较近其两个湖泊的水文情形较为一致，在考虑三峡调度对下游的影响时，通常会将其概化为一个系统。基于此，在分析了洞庭湖、鄱阳湖湖区各站点适宜生态流量及其区间范围的基础上，对各湖区站点的适宜生态区间上下限分别取并集和交集，适宜生态流量则取其出现频次最高值，进一步分析了洞庭湖、鄱阳湖各自的整体适宜生态流量，继而提取出两湖综合适宜生态流量，以期为该流域水库群优化调度系统提供一定的支持。

图 4.14（a）、图 4.14（b）和图 4.14（c）分别展示了洞庭湖、鄱阳湖及两湖综合的适宜生态流量及其区间范围。相较而言，洞庭湖在 7 月达到最大的生态流量区间范围，其

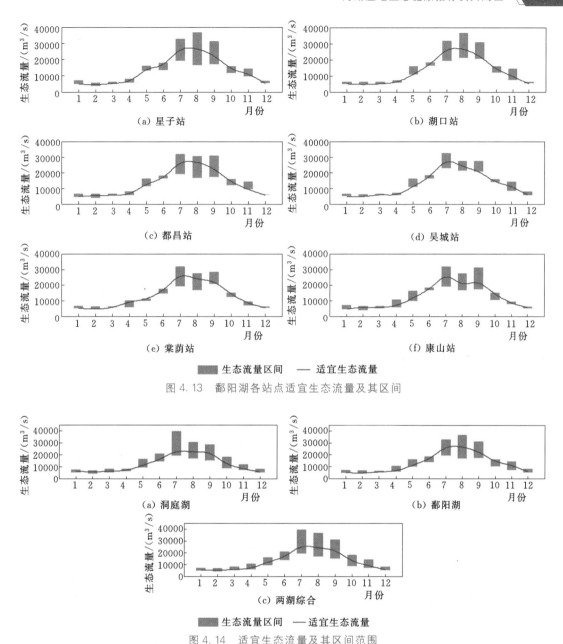

图 4.13　鄱阳湖各站点适宜生态流量及其区间

图 4.14　适宜生态流量及其区间范围

适宜生态流量在 7—9 月波动较为均衡，未出现明显的峰值；鄱阳湖在 8 月达到最大的生态流量区间范围，相较洞庭湖有一定时间上的延迟，其适宜生态流量在 7—8 月间达到年内峰值。综合而言，两湖的综合适宜生态流量在枯水期维持低水平，4—6 月开始逐渐增大，7—9 月达到年内高水平，其峰值出现在 7 月末至 8 月初；其适宜生态流量区间在枯水期维持在低流量较小区间，汛前 4—6 月开始流量逐渐增大且区间拓宽，汛期 7—9 月达到年内高流量水平且生态流量区间呈现出逐渐缩小趋势。

相对应的，为保障两湖的生态安全，在三峡工程运行期间，应兼顾考虑两湖适宜生态流量及其区间，枯水期相应维持低下泄流量，汛前逐渐增大下泄流量，汛期达到年内最大下泄量且逐渐削减，直至枯水期最低下泄流量。在考虑发电、防洪等效益的同时，以适宜生态流量及其区间为参考依据，将三峡工程的下泄流量控制在适宜区间内。

4.2.3.3 影响两湖湿地植被的关键水情因子及其对湿地植被的影响

1. 两湖湿地植被格局特征及变化

a. 洞庭湖湿地植被格局特征及变化

1987—2016 年洞庭湖湿地分类结果如图 4.15 所示，1987—2016 年，洞庭湖典型洲滩

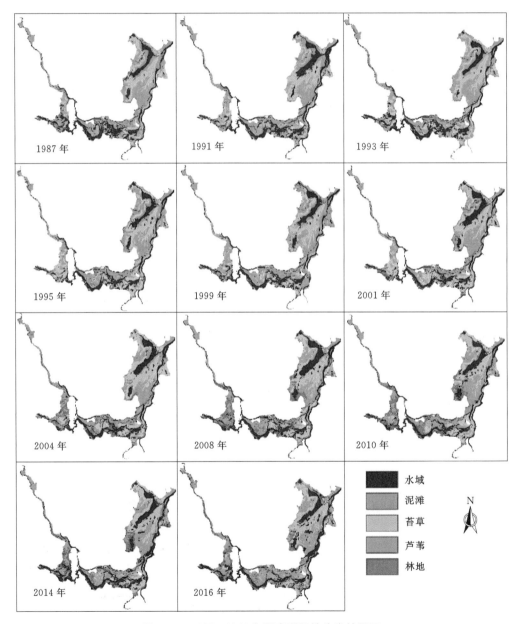

图 4.15   1987—2016 年洞庭湖湿地分类结果图

植被多年平均面积为 1669km²，且不同植被景观的空间分布存在显著的空间差异。从全湖来看，苔草、芦苇和林地景观带面积分别占 18.35%、33.63%和 12.10%；各湖区芦苇景观带均为洲滩的主体部分，其面积占比在东洞庭湖、南洞庭湖和西洞庭湖分别为 32%、38%和 30%。对于其他两种典型植被景观类型，其在东洞庭湖的面积占比分别为 27%（苔草）和 7%（林地），在南洞庭湖的面积占比分别为 12%（苔草）和 14%（林地），在西洞庭湖的面积占比分别为 5%（苔草）和 23%（林地）。

1987—2016 年，洞庭湖典型洲滩植被面积在全湖尺度上呈稳定增加趋势（$R^2 = 0.55$，$p < 0.01$），其中最为显著的是林地分布的快速增加。近 30 年苔草景观带在各湖区的分布面积均呈先增加后减少趋势，其由增到减的转折年份在 2001—2004 年，其中东洞庭湖的苔草景观带分布在空间上呈现出明显的由湖周向湖心扩张的趋势（见图 4.16）。近 30 年来的芦苇景观带面积变化较小，其中南洞庭湖芦苇分布有向南靠近湖心低位洲滩扩张生长

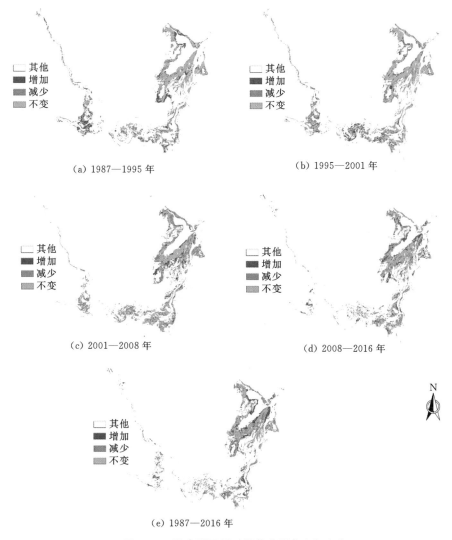

图 4.16　洞庭湖不同时段苔草群落空间变化

的趋势，西洞庭湖芦苇景观带面积在 2000 年以后分布少量下降（见图 4.17）。与此不同的是，洞庭湖各湖区的林地面积在近 30 年来均呈快速增加趋势，且此面积变化趋势在 2008 年以后趋于稳定，其中西洞庭湖林地面积增加最为显著（见图 4.18）。

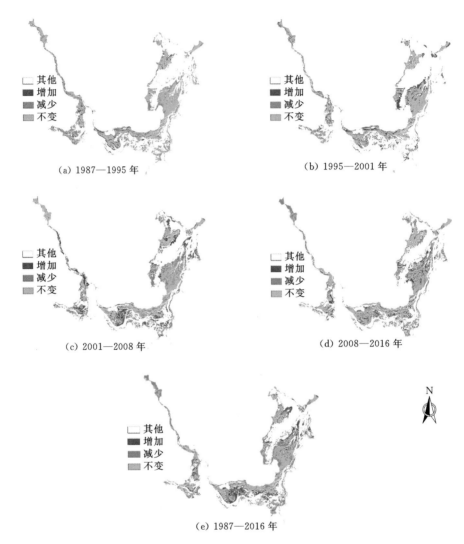

(a) 1987—1995 年

(b) 1995—2001 年

(c) 2001—2008 年

(d) 2008—2016 年

(e) 1987—2016 年

图 4.17　洞庭湖不同时段芦苇群落空间变化

b. 鄱阳湖湿地植被格局特征及变化

鄱阳湖湿地典型植被群落带状分布特征如图 4.19 所示。1989—2010 年，鄱阳湖洲滩湿地草洲总面积为（988±154）km²。在水位波动主导的生境异质条件下，鄱阳湖湿地在景观尺度呈现出浅水、草滩、泥滩组成的多类型复合特征，其中，构成草滩的各典型植物群落占据特定的水分生态位空间，沿水位梯度形成明显的带状分布。且因其建群种明显，各典型植物群落具有外貌整齐，层次结构简单的特点。鄱阳湖洲滩湿地在分布形式上呈现出由水及陆依次出现 2 个典型植被景观类型：①苔草-蒌蒿景观带，由多种苔草混生组成，

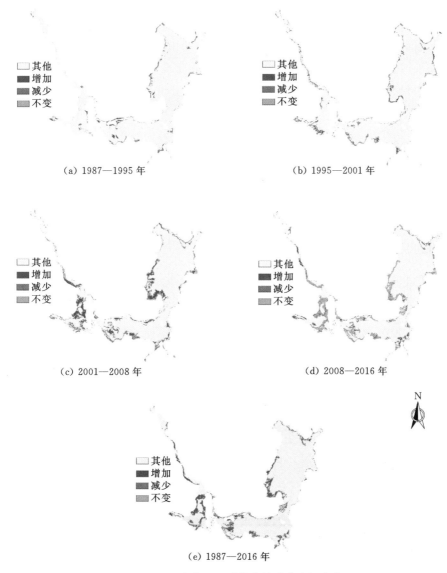

图 4.18　洞庭湖不同时段林地群落空间变化

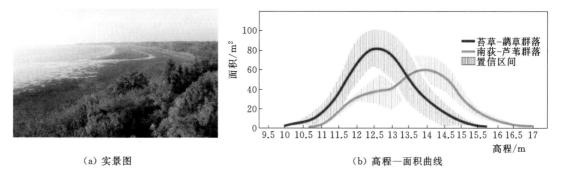

图 4.19　鄱阳湖湿地典型植被群落带状分布特征

为面积最大、分布最广的群落类型，主要分布于中位滩地；②南荻-芦苇景观带，主要由芦苇、南荻等挺水植物组成，集中成片分布于高位滩地。此外，鄱阳湖湿地在 2 种典型植被景观带中间，还混合有裸地、泥滩及水域等其他非生物景观类型。其中，苔草-藜草景观带的全湖平均分布高程为 12.3m；南荻-芦苇景观带全湖平均分布高程为 13.5m，并且两者存在很大程度上的交错分布。

1989—2010 年，鄱阳湖洲滩湿地植被总面积总体上比较稳定，但在 2007 年以后呈现增加趋势，并在 2008—2009 年其增长趋势达到 $p < 0.05$ 的显著性水平（见图 4.20）。

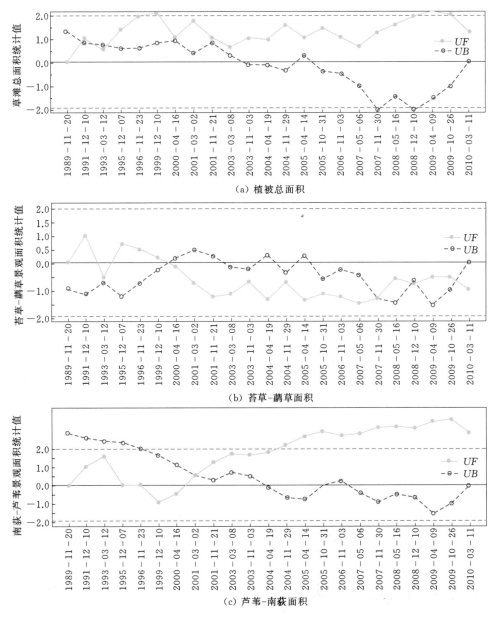

（a）植被总面积

（b）苔草-藜草面积

（c）芦苇-南荻面积

图 4.20 鄱阳湖湿地典型植被面积变化趋势

　　其中，苔草-藨草群落分布面积变化趋势在 2007 年以前有弱减小趋势，且苔草-藨草群落分布面积的弱减小趋势导致其分布面积在 2000 年前后发生结构性变化（通过 M－K 法检验，并结合 Chow 分割点检验方法进行验证），在 2001 年后维持在较低水平。2007 年之后，苔草-藨草群落分布面积转而出现弱增长趋势。总体来说，苔草-藨草群落分布面积在 1989—2010 年有显著的波动变化，具体过程被划分成 3 个相对稳定的时段，即 1989—2000 年、2001—2007 年和 2008—2010 年，其平均面积分别为 442km² 、345km² 和 376km² ，多年平均变化率为－4km²/年。近 20 年来，南荻-芦苇群落的分布面积呈显著且连续的稳定增长。其分布面积的具体变化过程为：2001 年为南荻-芦苇群落分布面积的稳定增长的突变点，且其增长趋势在 2004 年后达到 $p < 0.05$ 的显著性水平。其分布面积在 2001 年前后平均值分别为 196km² 和 381km² ，多年平均变化率达到 6.0km²/年。综合分析鄱阳湖湿地植被总面积及各典型植被群落分布面积的 M－K 法检验结果，并结合采用 GIS 空间分析得到的各典型植被群落转移矩阵，得到鄱阳湖湿地植被组成结构在 1989—2010 年的变化特征：2007 年以前，苔草-藨草群落分布面积减少而南荻-芦苇群落分布面积增加，进而使得草洲总面积保持相对稳定。2007 年后，苔草-藨草群落分布面积及南荻-芦苇群落分布面积均呈增长趋势，进而使草洲总面积出现显著的增加。

　　2. 两湖湿地植被空间格局与水情的响应关系

　　a. 洞庭湖湿地植被对水情的响应关系及阈值

　　因洞庭湖的西、南湖区受人类影响较为显著，而东洞庭湖湿地植被受人为干扰较小，因此，以洞庭湖各期遥感影像观测日期前的枯水期（T）、涨水期（R）、丰水期（F）及退水期（T）水位序列的平均值（mean）、最高值（max）、最低值（min）及水位变幅（f）构成的多指标多周期水情因子数据集与对应日期的东洞庭湖各典型植被景观的空间分布面积（CA_1 为苔草分布面积，CA_2 为芦苇分布面积）建立逐步回归模型，结果如图 4.21 与表 4.4 所示。

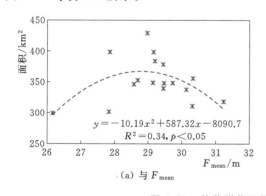
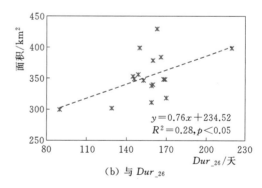

图 4.21　苔草群落面积与关键水情因子的关系

表 4.4　东洞庭湖草洲面积与关键水情因子回归模型汇总

项目	回归模型	关键水情因子
CA_1	$CA_1 = 584.37 + 1.16 Dur_{-26} - 14.13 F_{mean}$ （$R^2 = 0.33$）	Dur_{-26}、F_{mean}
CA_2	$CA_2 = 1244.16 - 7.41 F_{max} - 12.32 T_{mean} - 23.24 R_{mean}$ （$R^2 = 0.70$）	F_{max}、T_{mean}、R_{mean}

结果显示，芦苇面积 CA_2 与水情因子有更好的拟合效果（$R^2=0.70$），即东洞庭湖芦苇面积受水位波动的影响更显著。通过逐步回归识别影响湿地芦苇群落分布面积的关键水情因子有丰水期最大水位、退水期平均水位及涨水期平均水位，且上述水文变量与芦苇面积的关系均为负相关。可见丰水季节与涨水季节偏枯的水情对芦苇群落的发育生长有促进作用。芦苇生长对水分的需求较小，只要土壤保持湿润即可，但汛期水位过高会不利于其生长，因此适度的土壤湿润有利于芦苇生长，而长期淹水则会起到反向作用。影响苔草群落面积分布的关键水情因子为大于 26m 水位持续时间以及丰水期的平均水位，但拟合效果稍差。26m 的淹水持续时间对苔草生长为促进作用，而丰水期平均水位则对其分布 CA_1 起到抑制作用。前面研究结果显示该湖区苔草分布的最适高程范围为 $23\sim26$m，水位大于 26m 的持续时间对湿生植被的生长发育有促进作用，但东洞庭湖丰水期平均水位达 29.17m，因此当汛期水位过高超过某一阈值时，将不利于湿生植被的二次发育。

为进一步分析影响洞庭湖湿地草洲分布的水位阈值，分别对苔草分布面积 CA_1、芦苇分布面积 CA_2 与通过逐步回归识别的关键水情因子进行多项式拟合，结果如图 4.21、图 4.22 所示。可以看出，苔草群落面积分布与 26m 的淹水持续时间 $Dur_{\_26}$ 为线性关系，随着水位大于 26m 淹水历时的增加，苔草面积呈增加趋势（$p<0.05$）；而苔草面积与丰水期平均水位的多项式拟合结果显示，当丰水期平均水位 F_{mean} 在 29m 左右，其分布面积维持在较高水平，当丰水期平均水位大于 30m，东洞庭湖湿地苔草滩地面积将出现下降。图 4.22 为芦苇群落与关键水情变量的多项式拟合结果，可知芦苇分布面积与丰水期最大水位及退水期平均水位呈现线性关系，且退水期平均水位 T_{mean} 影响较弱，剔除左上角的两个点，可以看出随着退水期平均水位的变动，芦苇群落的面积基本处于小幅度波动，维

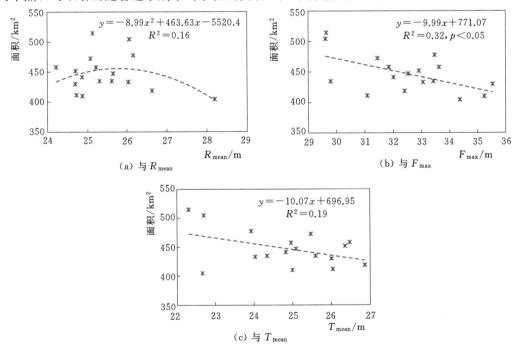

图 4.22 芦苇群落面积与关键水情因子的关系

持在 350km² 左右。而涨水期平均水位对东洞庭湖芦苇群落的面积有一个较明显的阈值，即当涨水期平均水位 R_{mean} 达到 27m 以后，其分布面积将呈减少趋势。反之，芦苇群落的生长将不会太受到影响，且涨水期水位的适度偏高，对芦苇群落的分布扩张有一定的促进作用。

b. 鄱阳湖湿地植被对水情响应的关系及阈值

首先，同样以平均水位、最高水位、最低水位、水位变幅多指标对鄱阳湖枯水期、涨水期、丰水期、退水期多季节水情进行量化，获得多周期多指标水情因子数据集；然后，以 CART 模型筛选影响鄱阳湖洲滩湿地生态系统演变的关键水情因子，并初步估计其维持湖泊湿地群落结构稳定的变化范围及阈值。

其中，苔草-藨草群落面积对水位波动的响应如图 4.23 所示。在多周期水位波动对苔草-藨草群落面积的影响效应中，以丰水季节平均水位对苔草-藨草群落面积的影响最为显著，其次为退水季节最低水位。CART 模型运行结果对苔草-藨草群落面积的具体预测规则为：若丰水季节平均水位低于 16.8m，则苔草-藨草群落面积将呈阶跃式缩小，面积值在 325km² 左右波动。在丰水季节平均水位高于 16.8m 的情况下，苔草-藨草群落面积主要取决于退水季节最低水位。若退水季节最低水位小于 11.2m，则苔草-藨草群落面积将呈阶跃式的增加，平均值在 506km² 左右波动；反之，苔草-藨草群落面积将处于以上两种状态的中间状态，即均值在 379km² 左右。可见，丰水季节平均水位的偏高可以促进苔草-藨草群落面积的扩大；退水季节偏枯的水情亦对苔草-藨草群落面积的扩大有促进作用。

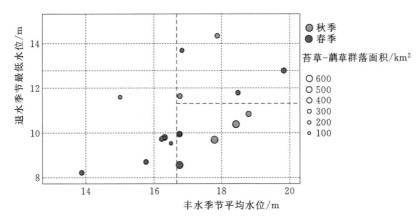

图 4.23　苔草-藨草群落面积对水位波动的响应

对于苔草-藨草群落而言，首先，因为其位于中低位滩地，在长达 4 个月甚至以上的丰水季节，苔草-藨草群落植物地上部分基本上被水淹没而死亡，由此带来的相关影响有：①大量泥沙沉积可带来丰富的养分；②由于淹水时间长，死亡植物残体大部分被补充进入植物-土壤界面系统进而提高表层土有机质含量；③苔草-藨草群落的主要植物类型为粉绿苔草（Carex Cinerascens）、阿及苔草（C. argyi）和单性苔草（C. unisexualis），其季相变化过程与鄱阳湖湿地其他植物种类有明显的差异，即在淹水状态下存在休眠策略。每年初春，苔草萌生，3 月之后进入生长盛期；5 月之后，随着湖水的持续上涨而被淹没，转入休眠状态,其地上植株腐死,景观外貌完全消失。汛后,由于湖水退落,苔草能再次萌生,至 9 月下旬达到下半年最大覆盖度,而其他植物种类则会因淹水而死亡。苔草-藨草群落植物的此种生理特征促使丰水季节高水位后其面积的扩展。因此,丰水季节平均水位的偏高会通过上述 3 种机制促进苔草-藨草群落面积的膨胀,反之则会对苔草-藨草群落面积产生抑制。同样对于苔草-藨草群落而言,退水季节是苔草的秋季生长期,退水后的滩地是苔草-藨草群落植物的生长区域。因为退水季节最低水位直接决定滩地出露面积,并影响滩地出露时间,而出露面积的增大有利于扩大苔草的生长范围,出露时间的延长有利于苔草植被的生长。因此,退水季节最低水位的偏低会通过上述两个机制促进苔草-藨草群落分布面积的增长,反之则会对苔草-藨草群落面积造成负面效应。

南荻-芦苇群落面积对水位波动的响应如图 4.24 所示。在多周期水位波动对南荻-芦苇群落面积的影响效应中,以丰水季节最高水位对南荻-芦苇群落面积的影响最为显著,其次为退水季节水位变幅。CART 模型结果对南荻-芦苇群落面积的具体预测规则为:若丰水季节最高水位高于 19.2m,则南荻-芦苇群落面积将呈阶跃式缩小,面积值在 231km^2 左右波动。在丰水季节最高水位低于 19.2m 的情况下,南荻-芦苇群落面积主要取决于退水季节水位变幅。若退水季节水位变幅高于 5.0m,则南荻-芦苇群落面积将呈阶跃式的增加,平均值在 450km^2 左右波动;反之,南荻-芦苇群落面积将处于以上两种状态的中间状态,即均值在 336km^2 左右。可见,丰水季节的极端高水位会对南荻-芦苇群落面积产生抑制作用;而退水季节偏枯的水情则会对南荻-芦苇群落面积的扩大有促进作用。

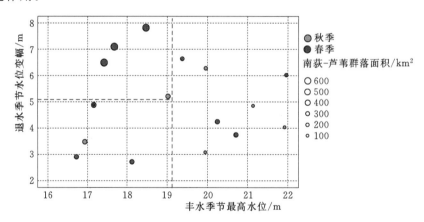

图 4.24 南荻-芦苇群落面积对水位波动的响应

对于南荻-芦苇群落而言,首先,因其位于高位滩地,丰水季节最高水位对其的影响相比平均水位更为显著。丰水季节最高水位因持续时间较短,其对南荻-芦苇群落植物生长状态的影响主要体现在淹没导致其面积的减小。退水季节水位变幅直接影响退水过程的快慢,退水迅速,鄱阳湖区提前进入偏枯状态,则会导致南荻-芦苇群落面积的膨胀;退水缓慢,鄱阳湖区处于偏丰状态,则南荻-芦苇群落面积保持在适中的状态。因此,退水季节偏高的水位变幅,会导致南荻-芦苇群落面积的膨胀;反之,会导致南荻-芦苇群落面积的缩小。

4.2.4 小结

水位是保障通江湖泊湿地生态安全的重要因素，本节集成了 3 种水文变异检验方法、4 种理论分布和 K-S 法，计算了各湖区主要控制性站点 1—12 月的，继而结合 3σ 准则和数理统计分析确定了各站点各月生态水位区间及生态流量区间，为构建保障两湖湿地生态安全的水库群优化调控模型奠定基础，也为长江中下游水资源的综合管理提供了依据。

此外，在两湖枯水期、涨水期、丰水期、退水期各个水文期的多指标水情因子中，结合逐步回归分析及 CART 模型等多种方法，对影响两湖湿地各典型植被景观类型空间分布的关键水情变化因子进行了筛选，并估计了各关键水情因子维持两湖湿地植被景观结构稳定的水位波动范围及阈值，为提出保障两湖湿地生态安全的水库群优化调度目标提供了理论基础，也为提出维护长江中下游湿地生态系统健康的水资源管理策略提供了依据。

4.3 长江中游江湖一体化水情动态模拟

湖泊是陆地地表水生态系统的重要组成部分，具有调蓄洪水、提供水源、沟通航运、调节区域气候和维护生物多样性等多种功能。水位变化不仅改变湖泊水量和热容量，而且还改变湖泊的水动力过程，引起湖泊内环境容量、生态过程的连锁反应。适宜的水位是维持湖泊生态健康的重要因素。针对通江湖泊的水位动态、水位预测及其生态阈值的深入研究亟待进行。

随着我国水能资源开发进程的不断推进，长江中上游已经规划、在建或建成多座大型水利水电工程，如乌东德、白鹤滩、溪洛渡、向家坝、三峡等工程。三峡工程的径流调节明显改变了下游河道和通江湖泊的水文情势，影响不同幅度流量或水位的出现频率、出现时机、持续时间及变化率等（廖文根 等，2013）。三峡水库为不完全年调节水库，其年内调度可划分为 4 个主要时段：腾空期（5—6 月）、汛期（7—8 月）、蓄水期（9—10 月或 11 月）和消落期（蓄水期结束至次年 4 月）。在腾空期，水库水位由 155m 降至 145m，使得下游河道流量增加约 3800m³/s；在蓄水期，水库水位由 145m 上升至 175m，导致下游流量减小约 5500m³/s；而在消落期，水库水位通常在前 1~2 个月保持稳定，之后逐渐降低，为处于枯水期的长江中下游地区增加 1000~2000m³/s 流量（Ou et al.，2012；Ou et al.，2014）。

4.3.1 研究背景

洞庭湖是位于三峡下游的第一个通江湖泊，且荆江与洞庭湖之间有着较强的水力联系（赖锡军 等，2012），三峡水库径流调节会使洞庭湖水文情势发生明显改变（Jiang et al.，2014）。在三峡水库腾空期，荆江流量的增加有利于洞庭湖水位抬升，但该影响持续时间较短。汛期三峡临时拦蓄长江洪水，削减大坝下游洪峰流量，有效缓解了洞庭湖区域的防洪压力（杨桂山 等，2011）。尽管荆江南岸三口分流比没有受到三峡运行的显著影响（徐慧娟 等，2014），但在三峡蓄水期荆江流量较天然来水呈明显下降趋势，使得洞庭湖入湖水量大幅减少、湖泊面积严重萎缩（赵运林和董萌，2014）；此外，三峡开始蓄水后荆江水位迅速降低，导致洞庭湖出口水力坡降变大，荆江对洞庭湖的"拉空效应"显著（Wang et al.，2013b）；随着洞庭湖洪水提前消退，湖泊枯水期提前开始且持续时间延长（Sun et al.，2012），意味着洲滩湿地提前出露且出露时间增加（Chang et al.，2010）。考虑到三峡工程运行后荆江河床明显下切、同流量下河道水位降低，三峡在消落期对长江中下游地区的补水效果并不显著，实际造成枯水期三口河系连年发生断流且断流天数呈增加趋势，部分导致了洞庭湖区域的水资源紧张形势（李跃龙，2014）。此外，三峡削峰填谷的调度方式削弱了下游河道和通江湖泊的水位波动（Wang et al.，2013b），也改变了洞庭湖洲滩湿地淹没的时空模式（Lai et al.，2013）。

三峡工程径流调节作用下的洞庭湖水情变化对湖泊湿地生态系统产生显著影响（Chang et al.，2010；Wu et al.，2013；Guan et al.，2014；Hu et al.，2015），目前已有关于湿地植被群落空间分布（Hu et al.，2015）及生物多样性（Fang et al.，2006）等方面的报道。洞庭湖最高水位相对于天然来水有所降低且高水位的持续时间也有所减少，导致一些位于较高高程区耐淹能力较差的植物（如杨树等）易于生存繁殖，甚至侵入新的生境；洞庭湖洲滩出露时间提前且出露面积增加，有利于较低高程区杂草和苔草生长，并使苔草群落向湖心区移动，而芦苇在10月已大致完成年内生物量增加过程，故而受三峡水库蓄水影响相对较弱（赵运林和董萌，2014）。总体来看，三峡工程运行部分导致了洞庭湖水生植物多样性减小（Fang et al.，2006）。洞庭湖洲滩湿地提前出露允许水草提前生长也相应提前枯萎，加之部分湿地完全退水干涸，难以为来自北方的越冬候鸟提供充足的水草鱼虾等食物（赵运林和董萌，2014），导致部分年份候鸟数量和种类下降了大约1/3。此外，洲滩湿地出露面积增加有利于东方田鼠过量繁殖形成灾害（赵运林和董萌，2014）；而湖区水位降低增加了钉螺和血吸虫的分布密度及人类与血吸虫的接触概率，可能诱发血吸虫流行病（Li et al.，2016）。

水位波动这一环境因子对湖泊生态系统结构、功能和完整性的维护至关重要（Coops et al.，2003；Leira and Cantonati，2008）。三峡工程调度运行作用下洞庭湖水位波动弱化现象会从不同方面对湖泊湿地生态系统产生影响（Magilligan and Nislow，2005）：水位弱波动不仅会显著改变湿地植物的空间分布和物种组成，还会使不同水生植物群落物种丰富度和结构多样性下降。尽管相对稳定的水体可以为沉水植物、乔木和灌木提供适宜的生长环境（Morin and Leclerc，1998）并促使草本湿地向木本湿地演进（Kingsford，2000），但从长远角度看不利于生物多样性的保护。由于湖泊湿地植物多样性和结构复杂度减小、洪水淹没范围缩减及湿地干湿交替丧失，多种无脊椎动物、鱼类、鸟类和哺乳动物的物种丰富度和多样性也会随之降低（Bunn and Arthington，2002）。

同样的，鄱阳湖作为我国最大的淡水通江湖泊，也是国际重要湿地，具有独特的丰枯水文节律，在长江经济带保护与发展及全球生态格局中占有十分重要的地位。近年来，长江与鄱阳湖江湖关系演变受全球气候变化和人类活动带来的影响不断加剧，鄱阳湖面临着枯水期提前和延长、水位过低、水资源短缺、水环境容量变小、湿地生态退化等水问题，影响了湖区的用水和生态安全，严重制约环湖区域经济社会的发展，受到社会广泛关注。

洞庭湖、鄱阳湖独特的水系特点、区域特征、生态系统功能和地位作用，决定了其治理保护的重要性、复杂性和艰巨性，需要对其水位动态变化进行快速、准确的实时模拟和预测。

4.3.2 研究方法

针对洞庭湖，采用水动力学模型进行长江和湖泊支流水库群叠加影响下的湖泊水位模拟，此外还构建了基于支持向量回归的洞庭湖水位预测模型。水动力模型可提供湖区任意位置水力要素随时间变化过程，能支撑两湖水位对上游水库群径流调节的空间响应模式研究，而水位预测模型可实现湖区已设水文站点的水位快速预测。两种模型分别构建后进行相互比较，结果表明支持向量回归模型更为优异，进一步将其应用于鄱阳湖流域，并应用于面向两湖水情改善的水库优化调度目标函数构建。

4.3.2.1 长江-洞庭湖-四水水动力学模型

基于长江等河道的实测断面及洞庭湖湖盆地形建立长江-洞庭湖-四水水动力学模型。长江-洞庭湖-四水这一复杂江湖交汇水系在不同区域分别呈现出一维和二维水流运动特性。一维、二维水动力学模型有着各自的优缺点及适用范围：一维模型计算效率高，但仅适用于描述明渠水流运动；二维模型计算较为耗时，但可反映开阔水域的水流运动。针对长江-洞庭湖-四水水系构建一维和二维模型，并实现两者耦合计算。

1. 一维圣维南方程

描述一维明渠非恒定流的一维圣维南方程是基于质量守恒定律和牛顿第二定律的偏微分方程组，包括连续性方程式和动量方程式

$$\frac{\partial Q}{\partial x} + \frac{\partial A}{\partial t} = q \tag{4.39}$$

$$\frac{\partial Q}{\partial t} + \frac{\partial}{\partial x}\left(\alpha \frac{Q^2}{A}\right) + gA\frac{\partial h}{\partial x} + \frac{gQ|Q|}{C^2 AR} = 0 \tag{4.40}$$

式中：Q 为流量，$\mathrm{m^3/s}$；x 为沿河距离，m；A 为过水断面面积，$\mathrm{m^2}$；t 为时间，s；q 为侧向入流，$\mathrm{m^3/s}$；α 为动量修正系数；g 为重力加速度，$\mathrm{m/s^2}$；h 为水位，m；C 为谢才系数；R 为水力半径，m。

圣维南方程的基本假定包括：①流体不可压缩且均质，密度变化忽略不计；②底坡坡度小，纵向断面变幅小；③水流呈一维流态，垂向加速度可以忽略不计，遵循静水压力假设。

2. 二维浅水方程

洞庭湖非恒定流可以通过二维浅水方程描述，在直角坐标系下可以表述为连续方程：

$$\frac{\partial h}{\partial t} + \frac{\partial h\,\overline{u}}{\partial x} + \frac{\partial h\,\overline{v}}{\partial y} = hS \tag{4.41}$$

x 方向动量方程：

$$\frac{\partial h\,\overline{u}}{\partial t} + \frac{\partial h\,\overline{u}^2}{\partial x} + \frac{\partial h\,\overline{vu}}{\partial y} = f\overline{v}h - gh\frac{\partial \eta}{\partial x} - \frac{h}{\rho_0}\frac{\partial P_a}{\partial x} - \frac{gh^2}{2\rho_0}\frac{\partial \rho}{\partial x} + \frac{\tau_{sx}}{\rho_0} - \frac{\tau_{bx}}{\rho_0}$$
$$- \frac{1}{\rho_0}\left(\frac{\partial s_{xx}}{\partial x} + \frac{\partial s_{xy}}{\partial y}\right) + \frac{\partial}{\partial x}(hT_{xx}) + \frac{\partial}{\partial y}(hT_{xy}) + hu_s S \tag{4.42}$$

y 方向动量方程：

$$\frac{\partial h\,\bar{v}}{\partial t}+\frac{\partial h\,\overline{uv}}{\partial x}+\frac{\partial h\,\bar{v}^2}{\partial y}=-f\,\bar{u}h-gh\,\frac{\partial \eta}{\partial y}-\frac{h}{\rho_0}\frac{\partial P_a}{\partial y}-\frac{gh^2}{2\rho_0}\frac{\partial \rho}{\partial y}+\frac{\tau_{sy}}{\rho_0}-\frac{\tau_{by}}{\rho_0}$$

$$-\frac{1}{\rho_0}\left(\frac{\partial s_{yx}}{\partial x}+\frac{\partial s_{yy}}{\partial y}\right)+\frac{\partial}{\partial x}(hT_{xy})+\frac{\partial}{\partial y}(hT_{yy})+hv_s S$$

$$(4.43)$$

其中，

$$h\,\bar{u}=\int_{-d}^{\eta}u\,\mathrm{d}z \tag{4.44}$$

$$h\,\bar{v}=\int_{-d}^{\eta}v\,\mathrm{d}z \tag{4.45}$$

$$h=\eta+d \tag{4.46}$$

式中：u、v 分别为 x、y 方向上的速度分量；$\bar{u}$、$\bar{v}$ 为沿水深平均流速；h、η 和 d 分别为总水头、河底高程和静水深；f 为科氏力系数；P_a 为大气压力；ρ_0 为水的参考密度；ρ 为水的密度；S 为点源流量；s_{xx}、s_{xy}、s_{yx} 和 s_{yy} 为辐射应力的分量；u_s、v_s 分别为源、汇项水流的流速分量；τ_{sx}、τ_{sy} 为自由表面风的剪切应力分量；τ_{bx}、τ_{by} 为底床摩擦应力分量。

侧向应力项 T_{ij} 包括黏滞摩擦、湍流摩擦、差异对流。侧向应力值由基于水深平均流速梯度的涡黏性公式估算：

$$T_{xx}=2A\,\frac{\partial \bar{u}}{\partial x} \tag{4.47}$$

$$T_{xy}=A\left(\frac{\partial \bar{u}}{\partial y}+\frac{\partial \bar{v}}{\partial x}\right) \tag{4.48}$$

$$T_{yy}=2A\,\frac{\partial \bar{v}}{\partial y} \tag{4.49}$$

上述浅水方程基于二维不可压缩流体雷诺平均应力方程，服从 Boussinesq 假设以及静水压力假设。

一维、二维模型耦合方式为：一维模拟区域的末端与二维模拟区域的一个或多个网格单元相连，对于非结构化网格该连接被反映到一个或多个网格单元的边上，从而构建了网格单元的流量边界；而网格单元的平均水位会被反馈至一维模拟计算。由此可知，一维模型为二维模型提供流量边界而二维模型为一维模型提供水位边界。

3. 水动力模型率定结果分析

a. 模型计算域

长江-洞庭湖-四水水动力模型的一维模拟区域包括长江（三峡至螺山）、清江（高坝洲至清江河口）、三口河系及四水尾闾（湘江、资水、沅江、澧水起点分别为湘潭、桃江、桃源及津市）；二维模拟区域包括洞庭湖湖区、长江分流口及洞庭湖出口城陵矶附近区域，见图 4.25。

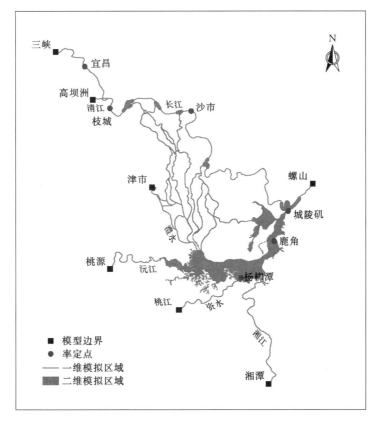

图 4.25　长江-洞庭湖-四水水动力模型计算域

b. 模型边界条件

长江-洞庭湖-四水模型的上游边界条件为三峡、高坝洲的出库流量及湘潭、桃江、桃源、津市的流量过程。模型的下游边界条件为螺山水位过程。

c. 模型计算网格

为充分反映长江河道断面及过流能力的沿程变化，一维模型中长江干流每隔 5～10km 设置一个河道断面。对于二维模型，根据历史水文资料确定洞庭湖陆地边界，基于陆地边界和洞庭湖实测地形（2003 年）进行网格划分。采用非结构化三角形网格描述二维计算区域边界情况，湖区具有 9139 个节点 14043 个单元。

d. 模型参数设置

糙率值的选择对模型计算结果会产生显著影响。通过实测水文资料进行河道和湖床曼宁系数的率定，长江率定点包括宜昌、枝城和沙市，而洞庭湖率定点包括城陵矶、鹿角和杨柳潭。

对于二维模型，不考虑风力作用对水流运动的影响，也不针对涡黏性系数进行特别率定（选用 Smagorinsky 公式，系数取 0.28）。动边界处理使用标准干湿法，设置湿水深为 0.1m，淹没水深为 0.05m 而干水深为 0.005m。为使长江-洞庭湖-四水模型稳定计算，一维模型的时间步长经试算后取 1min，而二维模型的时间步长为 30s。

e. 模型率定结果

长江-洞庭湖-四水模型的率定结果通过图形和统计信息的形式呈现。前者包括时间序列图和散点图两种形式，后者包括描述模型性能的统计指标，如均方根误差（RMSE）和决定系数（R^2）。鉴于这两种指标都属于平方误差，很容易被数值较大的误差主导，因此还计算了平均绝对误差（MAE）及平均相对误差（MRE）以提供额外的误差信息。模型率定结果见图 4.26 和图 4.27，模型性能统计结果见表 4.5。

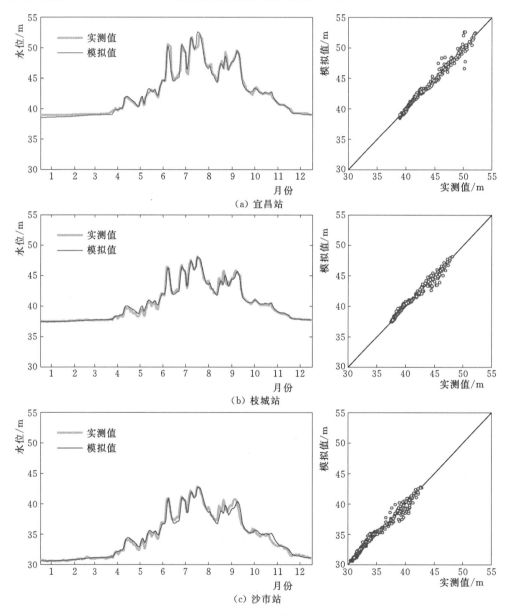

图 4.26　长江-洞庭湖-四水模型长江率定结果

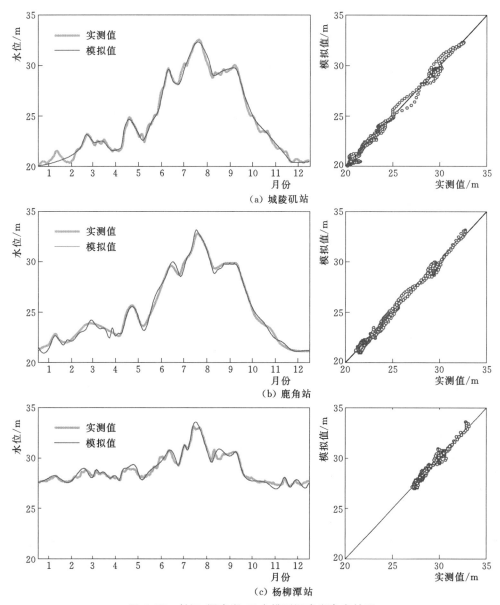

图 4.27　长江-洞庭湖-四水模型洞庭湖率定结果

表 4.5　　　　　　　　　　　长江-洞庭湖-四水模型性能评估结果

区域	站点	RMSE/m	R^2	MAE/m	MRE
长江	宜昌	0.4718	0.9845	0.2965	0.0067
	枝城	0.3924	0.9829	0.2521	0.0061
	沙市	0.5082	0.9803	0.3449	0.0096
洞庭湖	城陵矶	0.3246	0.9924	0.2419	0.0100
	鹿角	0.2924	0.9926	0.2326	0.0094
	杨柳潭	0.2735	0.9620	0.1979	0.0068

长江-洞庭湖-四水水动力学模型的模拟值与实测值吻合很好，长江宜昌、枝城、沙市和洞庭湖城陵矶、鹿角、杨柳潭共 6 个站点的水位模拟值与实测值不仅保持变化趋势一致，还实现了绝大多数时段的可靠模拟。对比长江和洞庭湖的率定点，模型在洞庭湖的模拟精度更为理想，但两者区别很小。综上，长江-洞庭湖-四水模型的参数设置合理，误差处于可接受范围，能比较准确地重现江湖水位变化过程。

值得注意的是模型偶尔会产生较大误差。由表 4.5 可知，长江和洞庭湖率定点的 $RMSE$ 所处范围为 0.2735m（杨柳潭）到 0.5082m（沙市），R^2 所处范围为 0.9620（杨柳潭）到 0.9926（鹿角），MAE 所处范围为 0.1979m（杨柳潭）到 0.3449m（沙市），而 MRE 所处范围为 0.0061（枝城）到 0.0100（城陵矶）。从 $RMSE$、MAE 和 MRE 这 3 个指标来看，模型在杨柳潭的模拟精度最高，然而根据 R^2 模型在此站点表现较差。经分析，上述结果的不一致由杨柳潭水位波动范围较小引起。

总体而言，长江-洞庭湖-四水水动力模型精度比较理想，可作为研究水库群径流调节作用下洞庭湖水位时空响应模式的有效工具。但水动力模型对物理过程理解有限（简化和假设），对数据需求高（河道断面、湖泊地形），计算效率低下、耗时过长，模型率定工作繁复，难以为水库优化调度模型提供及时的洞庭湖水位响应，因而在后续鄱阳湖相应研究中仅采用基于支撑向量回归的水位预测。

4.3.2.2　基于支持向量回归的通江湖泊水位预测模型

在仅关注洞庭湖已设水文站点水位的前提下，数据驱动技术可提供替代性的洞庭湖水位建模手段。基于支持向量回归的通江湖泊水位预测模型（SVR 模型）需要建立湖泊站点当前水位与其诸多影响因子之间数学上的映射关系，且基本忽略该映射的物理基础。

假设湖泊水位变化和与其相连的河流径流有关，且当天的湖泊水位与同一位置的历史水位也有关联，那么湖泊水文站点的逐日水位预测模型为

$$L_t = f(D_{t-m_1}^1, D_{t-m_1-1}^1, \cdots, D_{t-n_1}^1, \cdots, D_{t-m_N}^N, D_{t-m_N-1}^N, \cdots,$$
$$D_{t-n_N}^N, L_{t-m_0}, L_{t-m_0-1}, \cdots, L_{t-n_0}) \tag{4.50}$$

式中：L_t 为湖泊水文站点在 t 日的水位；D_{t-j}^i（$i=1, \cdots, N$；$j=m_i, \cdots, n_i$）为 $t-j$ 日河流站点 ♯i 处测得的流量；L_{t-j}（$j=m_0, \cdots, n_0$）为该站点 $t-j$ 日的水位。式中变量的最小和最大时滞 m_k 和 n_k（$k=0, \cdots, N$）随湖区站点而变化。

洞庭湖水位对不同河流径流变化的响应滞后时间有所差异，存在大量潜在可行的滞后径流组合，因而如何确定模型的输入比较困难。为解决这一问题，引入了遗传算法来搜索最优的模型输入变量时滞，模型参数也进行同步优化以确保候选变量时滞组合的预测能力得以准确反映，提出了基于遗传算法的输入变量时滞和支持向量回归参数同步优化技术。

洞庭湖区域水文站点布设情况见图 4.28。使用洞庭湖区域 2009—2012 年的相关水文数据训练并验证 SVR 模型，包括洞庭湖湖区 5 个站点（城陵矶 No.1，鹿角 No.2，营田 No.3，小河咀 No.4 和南咀 No.5）逐日 8：00 水位，及洞庭湖四水的 4 个河流站点（湘潭 ♯1，桃江 ♯2，桃源 ♯3 和石门 ♯4）逐日平均流量。由于清江高坝洲下泄流量相对于长江流量十分有限，为简化模型结构，叠加高坝洲和葛洲坝出库流量以代表长江流量（监测点为虚拟的 ♯5）。

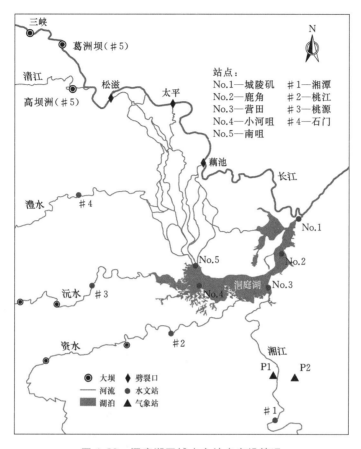

图4.28 洞庭湖区域水文站点布设情况

长江和洞庭湖支流的径流都受到密布大坝的调控，因此洞庭湖水位预测模型仅针对一般的径流和天气情况而非极端情况。2010年和2012年的数据（共731个观测记录）有着稍高的洪峰流量，用于模型训练可使模型有更好的泛化能力，而2009年和2011年的数据（共720个观测记录）则用于模型验证。输入变量选择仅使用模型训练数据。

基于遗传算法的输入变量时滞和支持向量回归参数同步优化方法在洞庭湖的5个水文站点（No.1～No.5）分别独立应用。湖泊水位建模共涉及5条河流径流输入，故有式

$$L_t = f(D^1_{t-m_1}, D^1_{t-m_1-1}, \cdots, D^1_{t-n_1}, \cdots, D^N_{t-m_N}, D^N_{t-m_N-1}, \cdots,$$
$$D^N_{t-n_N}, L_{t-m_0}, L_{t-m_0-1}, \cdots, L_{t-n_0}) \tag{4.51}$$

式（4.51）中的$N=5$。同步优化应用了5折交叉验证以避免过拟合。所有的模型输入都线性归一化至0～1区间，从而确保各个输入在模型训练中得到同样的权重。

4.3.2.3 区间降水对通江湖泊水位预测模型的影响

上述基于支持向量回归的洞庭湖水位预测模型没有考虑河流水文站点"下游"的区间降水对湖泊水位变化的作用。尽管该简化处理适合用于预测洞庭湖水位对上游水库群未来短期调度计划的响应且简化模型有着理想精度，但模型会以较小的概率产生较大的水位低估。

针对上述问题，进一步开展了区间降水对洞庭湖水位模型影响机制探究。选用的降水数据为较为精确的雨量计数据和能更好表达降水空间差异性的卫星降水产品。首先将雨量计数据视为参考标准，将卫星降水产品与其进行不同时空尺度的直接对比，从而获得对卫星降水产品误差特性的大致认识。随后将两种来源的降水数据分别作为额外输入加入到洞庭湖水位预测模型，比较两种降水的模型驱动水平从而判断卫星降水产品在洞庭湖地区的水文适用性。最终，总结区间降水加入前后的模型误差统计特性变化规律，通过相关机理分析来分析区间降水对洞庭湖水位预测模型的影响机制。

研究区域为洞庭湖流域东北端部分（东经 110.8°～114.3°，北纬 27.7°～30.5°，见图 4.29）。该区域面积为 58600km²，约为洞庭湖流域面积的 20%。

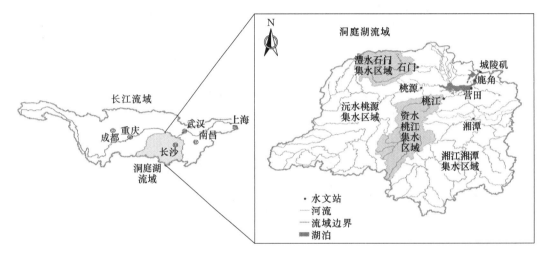

图 4.29　区间降水影响研究区域地图

使用 GIS 技术基于 DEM 提取流域水文信息，在湘潭、桃江、桃源和石门 4 点设置倾泻点，从研究流域中去除湘潭、桃江、桃源和石门 4 个倾泻点的集水区得出此研究区域的边界研究区域（见图 4.30），由图 4.30 可得出研究区域高程范围为 19～1594m，其西北和东南部分高程较大，而洞庭湖周边区域高程较小。

所采用的数据有雨量计数据、卫星降水产品和水文数据。

（1）雨量计数据。如图 4.30（b）所示，研究区域内部或周边共分布有 9 个雨量站，编号 1～9。鉴于该区域面积为 58600km²，因此平均约 6510km² 分布一个雨量站，降水数据稀缺。本章收集了中国气象局国家气象信息中心发布的上述 9 个站点 2009—2012 年的日降水数据。这些数据由人工记录并经过了严格的质量控制流程（Yu et al.，2007）。需要特别交代的是，日降水是指北京时间（UTC +8）前一日 20：00 至当日 20：00 的累计降水。

（2）卫星降水产品。所使用的卫星降水产品为 TRMM 卫星的 TMPA 研究型产品。TMPA 还融合了其他卫星平台的监测信息，最终提供空间分辨率为 0.25°×0.25°、时间分辨率为 3h 的近全球卫星降水产品。

在洞庭湖水位数据驱动建模中，直接使用栅格形式的卫星降水以充分反映降水的空间

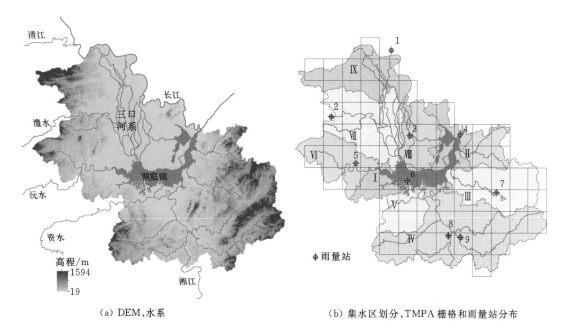

（a）DEM、水系 （b）集水区划分、TMPA 栅格和雨量站分布

图 4.30 研究区域

变化并不可行。这种模型输入一方面会造成过高的模型复杂度及计算负担，另一方面也不一定会使模型具有理想的精度（Akhtar et al.，2009）。为实现降水空间变化呈现及模型构建简便之间的平衡，通常会使用半分布式的降水输入（Tsai et al.，2014），即在研究区域各集水区内进行降水空间平均后以各集水区平均降水作为模型输入。

（3）水文数据。水文数据的获取与 3.2.2 小节相似，同样，2010 年和 2012 年为训练期，2009 年和 2011 年为验证期。仅有的区别在于参与湖泊水位建模的湖区站点从 5 个变为 3 个：城陵矶站、鹿角站和营田站。站点数量的减少可降低计算工作量，且上述 3 个站点位于相对"下游"地区，受未计入径流的降水影响最大，因而更适合用于区间降水对模型影响机制探究。

假设洞庭湖某站点的当前水位与考虑时滞的河流径流及当地水位有关，当前水位可表示为

$$L_t = f(D^1_{t-m_1}, D^1_{t-m_1-1}, \cdots D^1_{t-n_1}, \cdots, D^N_{t-m_N}, D^N_{t-m_N-1}, \cdots D^N_{t-n_N}, L_{t-m_0}, L_{t-m_0-1}, \cdots, L_{t-n_0})$$

$$(4.52)$$

式中：L_t 为该站点在 t 日的水位；D^i_{t-j}（$i=1$，$\cdots$，N；$j=m_i$，$\cdots$，n_i）为 $t-j$ 日河流站点 $\sharp i$ 的流量实测值；L_{t-j}（$j=m_0$，$\cdots$，n_0）为该站点 $t-j$ 日水位。

考虑区间降水输入后，洞庭湖水位可表示为

$$L_t = f(D^1_{t-m_1}, D^1_{t-m_1-1}, \cdots, D^1_{t-n_1}, \cdots, D^N_{t-m_N}, D^N_{t-m_N-1}, \cdots,$$
$$D^N_{t-n_N}, L_{t-m_0}, L_{t-m_0-1}, \cdots, L_{t-n_0}, \boldsymbol{R})$$

$$(4.53)$$

式中：$\boldsymbol{R} = (R^1_{t-p_1}, R^1_{t-p_1-1}, \cdots, R^1_{t-q_1}, \cdots, R^M_{t-p_M}, R^M_{t-p_M-1}, \cdots, R^M_{t-q_M})$；$D^i_{t-j}$（$i=1$，$\cdots$，$M$；$j=p_i$，$\cdots$，$q_i$）为 $t-j$ 日第 i 个雨量站的日降水或第 i 个集水区的日平均降水；p_i 和 q_i 分别为第 i 个降水变量的最小和最大时滞，$q_i \geq p_i \geq 1$（$i=1$，$\cdots$，M）。第 i

个集水区平均降水的确定需要首先选择那些形心落在第 i 个集水区的栅格，然后将上述栅格对应的日降水平均后得到 D_{t-j}^i。

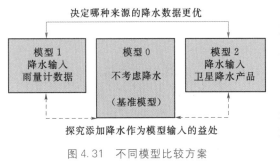

图 4.31　不同模型比较方案

通过以上提出的同步优化技术来确定最优的输入时量变滞及模型参数，开发了分别考虑雨量计降水和卫星降水产品的两个模型，即模型 1 和模型 2。通过比较这两个模型可确定哪种来源的降水数据能更好地驱动洞庭湖水位预测模型，将不考虑区间降水的洞庭湖水位预测模型用作基准模型（模型 0）。通过比较模型 1、模型 2 和模型 0 来探究在输入中添加降水的益处及降水对模型的影响机制（见图 4.31）。

4.3.3　成果与分析

4.3.3.1　基于支持向量回归的通江湖泊水位预测

洞庭湖 5 个水文站点输入变量时滞优化结果如图 4.32 所示，其中，D^1、D^2、D^3、D^4、D^5 分别为河流站点 ♯1～♯5 的流量，L 为所关注站点的前期水位。对选中的输入变量时滞（灰色色块）进行了敏感性分析。基于模型训练数据，将每个时滞对应的模型输入改变 $\pm10\%$，再将水位预测结果差异的绝对值的中位数定义为该时滞对湖泊水位变化的影响强度。所有时滞的影响强度最终放在一起排序，图 4.32 中色块越灰意味着该时滞影响强度越大。

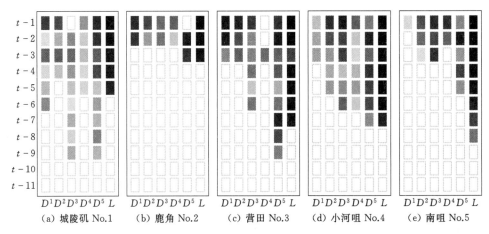

图 4.32　模型输入变量时滞优化结果图

由图 4.32 可知，对当前湖泊水位影响最强烈的因素为当地前期水位，而前期水位的天数变化范围为 3 天（鹿角 No.2）到 8 天（南咀 No.5），说明不同河流对同一湖泊站点水位变化的贡献大小有所不同，而一条河流在不同湖泊站点的时滞也有所变化。上述结果反映出不同河流对湖泊水位变化影响的空间差异性。

河流径流时滞长度在最短的 1 天（澧水径流 D^4 到营田 No.3）到最长的 9 天（长江径流 D^5 到城陵矶 No.1）之间变化。河流径流时滞长度一方面和径流路径长度（河流站点至湖泊站点）保持正相关关系，另一方面还受到河流径流波动幅度的影响。因此，有着最长径流路径及年内变化剧烈的长江径流（D^5）自然在 5 条河流中有着最长的时滞长度。

湘江径流（D^1）到达鹿角和营田（No.2 和 No.3）需要 1～3 天，而由于径流路径长度的增加，抵达城陵矶（No.1）的时间一般会更长。对于资水径流（D^2），也能从图 4.32 中观察出类似的趋势。值得注意的是，尽管湘江和资水的入湖口分布于小河咀和南咀（No.4～No.5）的下游，基于遗传算法的同步优化依然识别出了这两条河流在改变这两个湖泊站点水位中的作用。该结果的一种可能解释为：这两条河流的径流通过影响入湖口水位而反过来影响入湖口上游水位。和湘江径流（D^1）相比，小河咀和南咀（No.4 和 No.5）水位对资水径流（D^2）变化的响应更为显著，其原因是资水入湖口距这两个湖泊站点更近。

从图 4.32 中还可看出，沅水径流（D^3）抵达城陵矶（No.1）的时间一般大于 1 天，并在 2 天至 9 天之间变化。对于营田（No.3）、小河咀（No.4）和南咀（No.5），沅水径流（D^3）的时滞变化范围为 1～6 天。然而，抵达鹿角（No.2）的沅水径流（D^3）传输滞后变得很小，仅为 1～2 天。该结果的可能原因是鹿角（No.2）处于一条窄长河道之中，水流流速较快，该站点的水位变化只对较大幅度的径流敏感（所需的水流演进时间也较短）。和南咀（No.5）相比，小河咀（No.4）的水位对澧水径流（D^4）变化不敏感，这一结果与澧水入湖口距小河咀（No.4）距离更远相呼应。澧水径流（D^4）对城陵矶（No.1）、鹿角（No.2）和营田（No.3）水位变化起到的作用非常微弱，这与其流量幅度小有关。

4.3.3.2 区间降水对通江湖泊水位预测模型的影响

通过多重统计指标来表征雨量计数据与卫星降水产品 TMPA 3B42V7 之间的区别，包括皮尔逊相关系数（CC）、相对误差（RB）、均方根误差（$RMSE$）和平均绝对误差（MAE），将 2009 年 1 月至 2012 年 12 月的 TMPA 3B42V7 与地面雨量计数据进行了对比验证（见图 4.33）。具体来说，TMPA 3B42V7 估计的低强度降水（0～30mm/天）事件频率比真实情况小了约 11%，尤其是强度低于 5mm/天的降水事件。与之相反，TMPA 3B42V7 高估了中高强度降水（>30mm/天）事件频率（虽然误差较小）。与上述趋势一致，雨量计数据的低强度降水对降水总量的贡献大于 TMPA 3B42V7，而 TMPA 3B42V7 有着更高比例的高强度降水。

由于预测水位不可能与实测水位完全吻合，所有的水位估计都可被划分为高估或低估而忽略其误差量级。模型 0～模型 2 在 3 个湖泊站点的预测误差（见图 4.34）可以看出，模型 0 倾向于在每个站点都给出严重的湖泊水位低估。在改善洞庭湖水位预测低估方面，模型 1 相较模型 2 表现稍好，区间降水数据加入模型后，模型能够实现湖泊水位低估和高估在幅度上的平衡。

通过比较模型 0～模型 2 的高估和低估比例来进一步挖掘洞庭湖水位预测误差的特征，呈现了各模型在测试期产生的高估和低估比例（见图 4.35），反映了模型 1 在改善湖泊水位高估和低估数量平衡方面效果超越了模型 2，尽管其在 3 个站点的性能优势都不显著，还呈现出模型中加入区间降水数据有助于改善模型预测偏差。

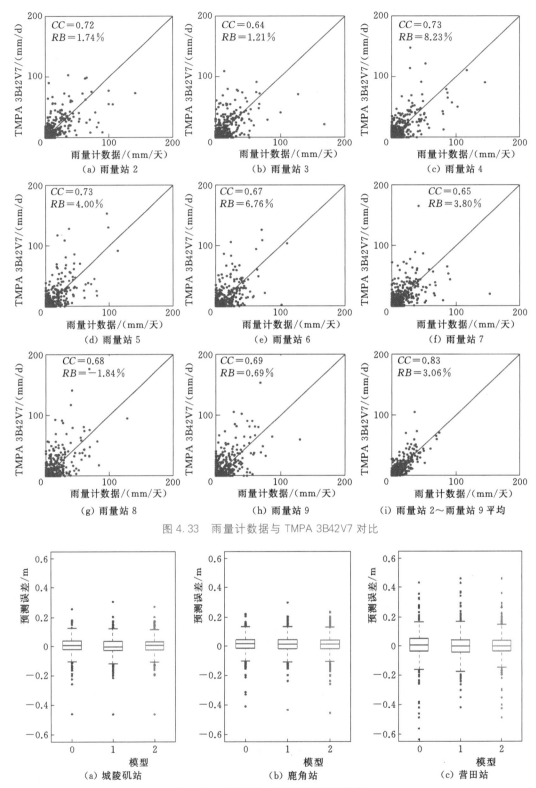

图 4.33　雨量计数据与 TMPA 3B42V7 对比

图 4.34　测试期水位预测误差箱型图

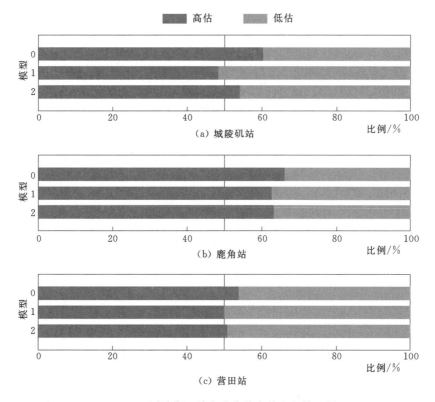

图 4.35 测试期三站点水位的高估和低估比例

在追求模型性能最大化的参数优化方法应用后，模型会产生偶尔的严重水位低估以及普遍的轻微水位高估。加入区间降水数据，绝大多数的严重水位低估都有所改善，且模型高估比例过大的现象也有所缓解。研究发现，两种来源的降水数据在驱动洞庭湖水位预测模型方面有着相似的水平，意味着 TMPA 3B42V7 可作为传统雨量计数据的替代或补充应用于数据稀缺地区水文变量的数据驱动建模和预测。

4.3.3.3 考虑区间降水的水位预测模型在两湖的应用

1. 洞庭湖

使用长江、洞庭湖及四水区域 2009—2012 年的相关水文数据训练并验证 SVR 模型，包括洞庭湖湖区 5 个站点（城陵矶 No.1，鹿角 No.2，营田 No.3，小河咀 No.4 和南咀 No.5）逐日 8:00 水位，及洞庭湖四水的 4 个河流站点（湘潭♯1，桃江♯2，桃源♯3 和石门♯4）逐日平均流量。

分别开发了城陵矶、鹿角和营田的考虑区间降水输入的 SVR 模型，比较了训练期和验证期洞庭湖水位的实测值与模型预测值，洞庭湖水位实测值与模型预测值对比图（见图 4.36）可以看出在每个站点每个时段两者都能很好地吻合，特别是在验证期高水位时段，模型精度并没有出现明显下降。模型性能的一致性可归因于模型在训练期有机会接触更严重的洪水。模型预测值也会发生偶尔的偏离，洞庭湖 5 个站点中营田（No.3）的偏离较大。

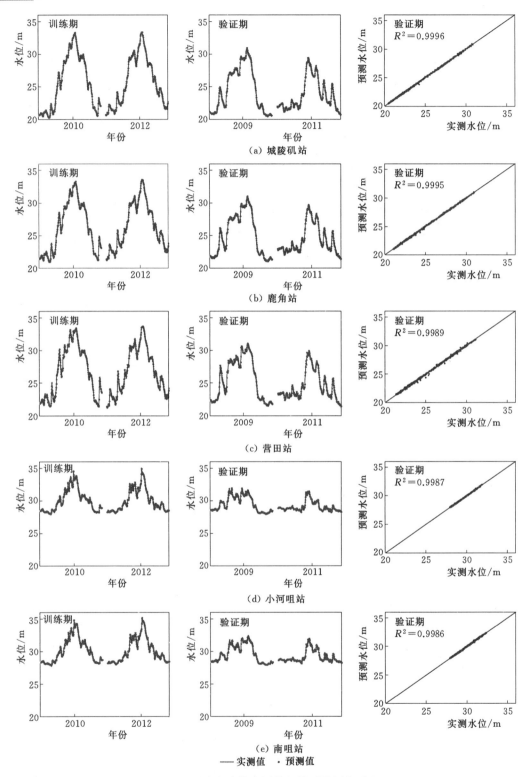

图 4.36 洞庭湖水位实测值与模型预测值对比图

　　图 4.37 呈现了验证期洞庭湖水位预测误差（预测值减实测值）箱型图，可以看出预测误差的绝大部分（92.3%）都在 −0.1m 到 0.1m 的范围内变化。洞庭湖的 5 个水文站点中，小河咀站和南咀站对应的模型误差最小，其次是城陵矶站和鹿角站模型，营田站误差最大。

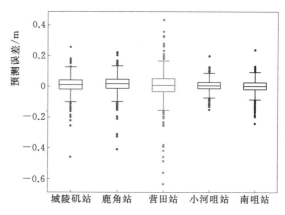

图 4.37　验证期洞庭湖水位预测误差箱型图

　　洞庭湖水位预测模型的 $RMSE$、R^2、MAE 和 MRE 汇总至表 4.6，所建模型可提供洞庭湖水位的准确预测，测试期最大 $RMSE$ 为 0.091m，最小 R^2 为 0.9986，时滞、参数同步优化技术可以充分发挥 SVR 潜力。这 5 个站点的模型按 R^2 评估的性能排序结果截然不同，按性能降序依次为城陵矶（No.1）模型、鹿角（No.2）模型、营田（No.3）模型、小河咀（No.4）模型及南咀（No.5）模型。与长江-洞庭湖-四水水动力学模型相比，基于支持向量回归的洞庭湖水位预测模型实现了明显更高的水位预测精度。

表 4.6　　　　　　　　　　　洞庭湖水位预测模型性能评估结果

站　点	训　练　期	测　试　期			
	$RMSE$/m	$RMSE$/m	R^2	MAE/m	MRE
城陵矶（No.1）	0.052	0.057	0.9996	0.041	0.0017
鹿角（No.2）	0.069	0.061	0.9995	0.045	0.0018
营田（No.3）	0.097	0.091	0.9989	0.061	0.0024
小河咀（No.4）	0.041	0.037	0.9987	0.028	0.0009
南咀（No.5）	0.036	0.044	0.9986	0.032	0.0011

　　洞庭湖水位预测模型的应用可考虑如下情景：一旦长江和洞庭湖支流水库群未来短期内的调度计划得到确定，模型可以提供洞庭湖不同站点水位的响应过程。在连续预测中，第一天的湖泊水位完全基于之前的实测水文数据进行预测；对于剩余调度期，所有的模型水位预测值都取代实测值参与进一步预测。通过比较城陵矶实测水位与实时更新预测水位及连续预测水位（见图 4.38），可以看出基于支持向量回归的洞庭湖水位预测模型不仅可以用来进行湖泊水位的实时更新预测，还能对未来水位进行连续预测。

　　考虑到洞庭湖研究区域具有大量潜在可行的河流径流与当地水位组合，有必要探究所建立的洞庭湖水位预测模型的结构合理性，特别是河流径流时滞的合理性。为实现这一目的，可以将洞庭湖地区的先验知识与基于模型的不同河流对湖泊水位变化的相对贡献进行对比，利用正交设计方法设计了 5 因子 4 水平的正交表，共有 16 组试验，每个试验都对应一种河流径流变化组合。根据不同河流对洞庭湖不同站点水位变化的主效应（见图 4.39），可得出对于城陵矶、鹿角和营田湖泊水位变化幅度明显大于另外两个站点，长江

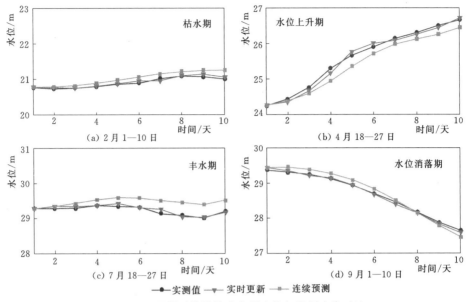

图 4.38 不同时段城陵矶实测水位与预测水位对比

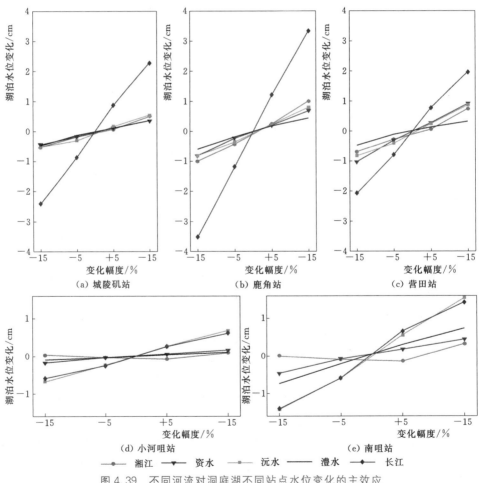

图 4.39 不同河流对洞庭湖不同站点水位变化的主效应

对城陵矶、鹿角和营田的水位变化起到明显的主导作用。此外，这3个站点的水位具有随各河流径流增加而增加的趋势。基于模型的结果与当前对洞庭湖区域的一般认识相符，说明建立的洞庭湖水位预测模型结构合理，能够准确反映不同河流对湖泊水位变化的相对贡献。

2. 鄱阳湖

使用长江、鄱阳湖及五河区域（见图4.40）2009—2012年的相关水文数据训练并验证基于支持向量回归的鄱阳湖水位预测模型，包括鄱阳湖湖区6个站点（湖口站 No.1，星子站 No.2，都昌站 No.3，吴城站 No.4，棠荫站 No.5和康山站 No.6）逐日8：00水位，及鄱阳湖五河的5个河流站点（赣江♯1，抚河♯2，信江♯3，饶河♯4和修水♯5）逐日平均流量。

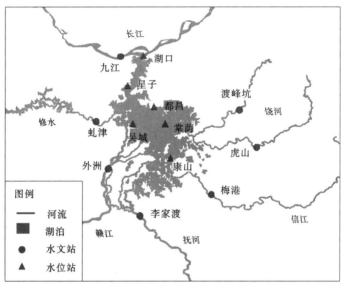

图4.40　鄱阳湖区域水文站点布设情况

鄱阳湖的水位预测模型，比较了训练期和验证期鄱阳湖水位实测值与模型预测值，由鄱阳湖水位实测值与模型预测值对比图（见图4.41）可以看出模型模拟结构与实测值十分接近，具有很高的精度。即使是在水位较高的峰值和波动较频繁的时段，模型的精度也没有明显降低。

图4.42呈现了验证期鄱阳湖水位预测误差（预测值减实测值）箱型图，可以看出预测误差的绝大部分（89.8%）都在−0.1m到0.1m的范围内变化。鄱阳湖的6个水文站点中，湖口站、棠荫站和康山站对应的模型误差最小，其次是星子和都昌模型，吴城模型预测误差最大。

鄱阳湖水位预测模型的 $RMSE$、R^2、MAE 和 MRE 汇总至表4.7，所建模型可提供鄱阳湖水位的准确预测，测试期最大 $RMSE$ 为0.124m，最小 R^2 为0.9915，时滞、参数同步优化技术可以充分发挥SVR潜力。这6个站点的模型按 R^2 评估的性能排序结果截然不同，按性能降序依次为湖口站（No.1）模型、都昌站（No.3）模型、棠荫站（No.5）模型、星子站（No.2）模型、吴城站（No.4）模型及康山站（No.6）模型。

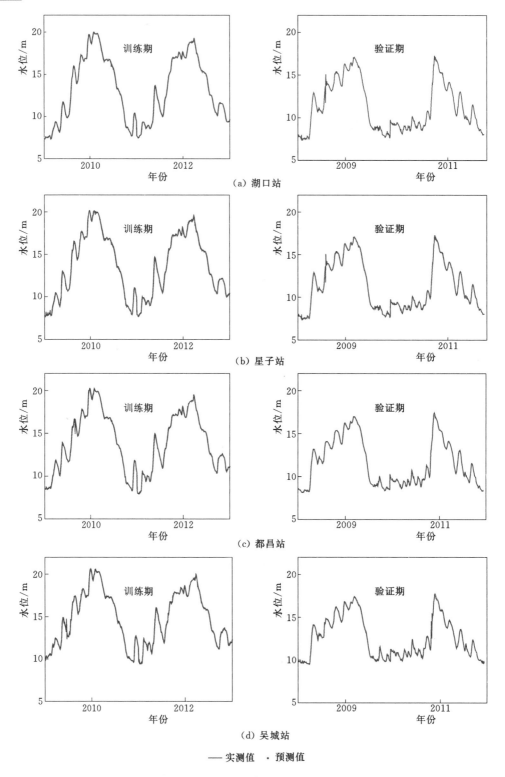

（a）湖口站

（b）星子站

（c）都昌站

（d）吴城站

—— 实测值 · 预测值

图 4.41（一） 鄱阳湖水位实测值与模型预测值对比图

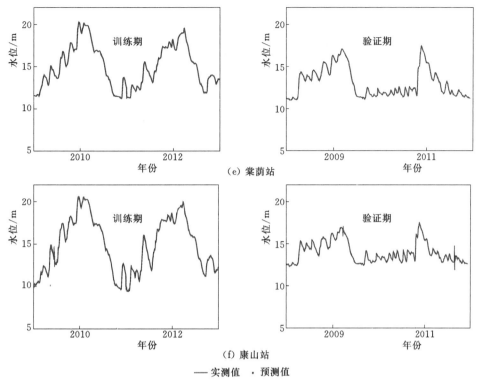

（e）棠荫站

（f）康山站

—— 实测值 · 预测值

图 4.41（二） 鄱阳湖水位实测值与模型预测值对比图

鄱阳湖水位预测模型的应用可考虑如下情景：一旦长江和鄱阳湖支流水库群未来短期内的调度计划得到确定，模型可以提供鄱阳湖不同站点水位的响应过程。在连续预测中，第一天的湖泊水位完全基于之前的实测水文数据进行预测；对于剩余调度期，所有的模型水位预测值都取代实测值参与进一步预测。通过比较湖口实测水位及连续预测水位（见图 4.43），可以看出基于支持向量回归的鄱阳湖水位预测模型不仅可以用来进行湖泊水位的实时更新预测，还能对未来水位进行连续预测。

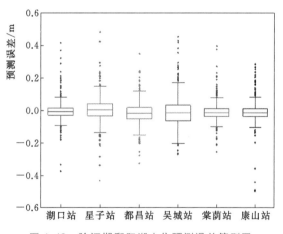

图 4.42 验证期鄱阳湖水位预测误差箱型图

表 4.7　　　　　　　　　　　鄱阳湖水位预测模型性能评估结果

站点	训练期	测试期			
	$RMSE/m$	$RMSE/m$	R^2	MAE/m	MRE
湖口（No.1）	0.037	0.057	0.9996	0.035	0.0031
星子（No.2）	0.076	0.121	0.9983	0.057	0.0051

续表

站点	训练期	测试期			
	RMSE/m	RMSE/m	R^2	MAE/m	MRE
都昌 (No. 3)	0.096	0.068	0.9994	0.050	0.0047
吴城 (No. 4)	0.107	0.124	0.9973	0.070	0.0057
棠荫 (No. 5)	0.037	0.053	0.9991	0.035	0.0027
康山 (No. 6)	0.048	0.114	0.9915	0.046	0.0033

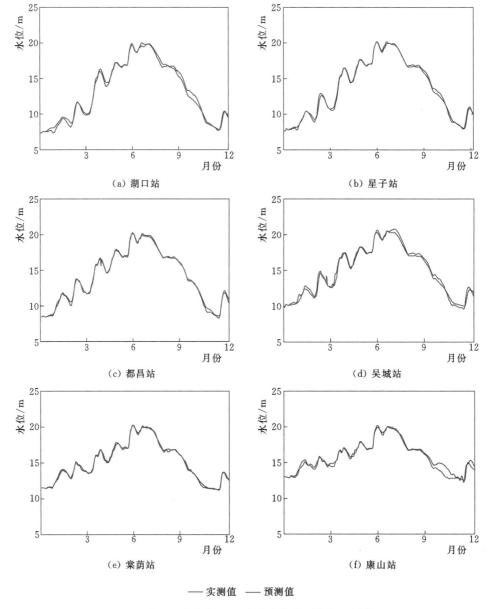

图 4.43 鄱阳湖各站点 2010 年的水位实测值与预测值对比

4.3.4 小结

为明确洞庭湖、鄱阳湖水位对上游水库径流调节的响应并据此指导开展面向两湖水情改善的水库优化调度，分别基于水动力学模型和支持向量回归技术开展了水库群影响下洞庭湖水位的模拟及预测。

构建的长江-洞庭湖-四水水动力学模型计算域包括长江、清江、三口河系和四水尾闾（一维模拟区域），以及洞庭湖湖区、长江分流口和洞庭湖出口附近（二维模拟区域）。模型率定结果比较理想：$RMSE$ 小于 $0.5082m$、R^2 大于 0.9620、MAE 小于 $0.3449m$、MRE 小于 0.0100，意味着模型能较好地再现江湖水位变化过程。然而水动力学模型计算非常耗时，难以为水库优化调度模型提供及时的洞庭湖水位响应。

构建以不同河流径流和湖泊水位为输入的基于支撑向量回归的 SVR 模型时，提出了基于遗传算法的输入变量时滞和支持向量回归参数同步优化方法。优化结果表明湖泊站点的前期水位在当前水位的预测中发挥了至关重要的作用，且优选的河流径流时滞很好地反映了不同河流对湖泊水位变化影响的空间差异性。同步优化方法充分发挥了支持向量回归的潜力，实现了非常理想的预测精度：$RMSE$ 小于 $0.091m$、R^2 大于 0.9986、MAE 小于 $0.061m$、MRE 小于 0.0024。基于支持向量回归的水位预测模型可用于提供湖泊水位对水库群未来短期调度计划的响应。此外，模型结构尤其是河流径流时滞选择的合理性也得到了验证。研究还发现多数的模型严重低估都与水位建模中忽略河流水文站点"下游"的区间降水有关。

继而开展了区间降水对通江湖泊水位预测模型的影响机制探究，将 TMPA 3B42V7 与雨量计两种来源的降水数据分别加入基于支撑向量回归的水位预测模型，研究可知：①两种来源的降水数据在驱动洞庭湖水位预测模型方面有着相似的水平，意味着 TMPA 3B42V7 可作为传统雨量计数据的替代或补充应用于数据稀缺地区水文变量的数据驱动建模和预测；②在洞庭湖水位建模中考虑区间降水对于完善模型结构具有一定意义，区间降水加入模型输入后不仅能改善模型的严重水位低估，还有利于实现水位低估和高估在幅度及数量上的平衡。

此后，将考虑区间降水的 SVR 模型分别应用于洞庭湖、鄱阳湖流域，结果证明该模型不仅可以用来进行湖泊水位的实时更新预测，还能对未来水位进行连续预测，且水位预测精度高，计算时间短，适合嵌入面向洞庭湖水情改善的水库优化调度模型参与目标函数构建。

4.4 保障两湖湿地生态安全的水库群优化调控模型

河流生态系统是一个完整的连续体，上下游和左右岸构成一个高度连通、高度完整的体系（彭福全 等，2010）。建库筑坝切断了河流的连续性，阻隔了河流物质与能量的流动，改变了河流的自然水文过程，对河流的生态环境造成了一定的危害。江湖关系的变化是自然因素和人类活动共同作用的结果，其驱动因素及影响程度比较复杂，近年来流域控制性水库工程的影响愈发明显，已然成为调控江湖关系的最为主要的驱动因素，描述其与江湖水情、江湖关系、生态湿地等影响的调控效应研究已成为当前江湖关系的研究热点，尤其是两湖流域梯级水库群联合运行对长江中下游干流及两湖水文情势、江湖关系的影响研究。

4.4.1 研究背景

流域控制性水库工程的建设运行将改变长江中下游的水文情势，可能对长江中下游的洞庭湖、鄱阳湖等通江湖泊的生态环境过程产生一定影响。如三峡水库建成运行后，每年10月为水库蓄水期，三峡下泄水量减少，城陵矶水位降低1m左右，造成部分洲滩提前出露水面，加速水面以上滩地失水，显著影响部分植物生长，减少白鹤、天鹅等植食性候鸟的越冬饵料与栖息地面积。同时，三峡下泄水量的减少减弱了长江对鄱阳湖顶托作用，鄱阳湖出流加快，水位比建库前同期有不同程度的下降。水位的下降将会促使不同高程的洲滩提前出露，导致水禽栖息洼地水面面积减少，单位面积水禽可食用饵料减少，人类对候鸟栖息地的干扰可能加剧，觅食场地变换，活动分散，影响水禽的正常越冬生活。

近年来，水库群联合运行调度对两湖生态环境的影响引起了人们的热切关注。水库生态调度通过调整水库现行的运行调度方式，减缓建库筑坝对河流生态系统健康造成的危害。目前，我国水利水电工程运行调度的功能主要为灌溉、防洪、供水、航运等，很少将生态功能考虑在内。随着水利水电工程对生态环境的影响加剧，越来越多工程提出生态补偿要求，通过确立生态补偿需求，调节水库调度方案，达到补偿的效果，减缓水利水电工程对生态环境造成的压力。

总体来看，我国生态调度与生态补偿研究还处于初级阶段，对其认识的还不够深入，还没有形成完整的理论体系，现有研究的系统性和深度上都存在明显不足，可以有效利用的数据十分有限。如何处理好长江水资源利用与两湖湿地生态环境保护之间的关系仍然面临较大的挑战。为充分利用水资源，在河流上筑坝建库调节径流，在取得巨大的经济效益的同时，也将改变水库上下游河道天然水文情势，并对影响区内的生态环境造成一定的影响，如三峡水库自2003年蓄水以来，由于清水下泄，长江中下游开始出现长距离的冲刷，长江中游通江湖泊江湖关系发生一些变化。水库群蓄水期长江干流流量明显减少，对于两湖水资源格局产生一些影响。因此，生态友好型的水库优化调度研究亟待进行。

4.4.2 研究对象

4.4.2.1 两湖流域控制性水利工程

1. 三峡工程

三峡工程是开发长江流域水资源的关键性工程，水库蓄水后形成一座大型的水库，涉及湖北省及重庆市的20个县（市、区），库区面积为5.79万km^2，总库容为393亿m^3，其中调节库容为165亿m^3，当蓄水位达到正常蓄水位175.0m时，平均水深为70.0m，坝前最大水深约为125.0m，水库回水长约为600.0km，水面平均宽度为1100.0m。

三峡水库最主要的功能是防洪，兼具发电、航运、灌溉等功能，是一座综合性水库。水库在初步设计时提出的常规调度方案为：汛期6—9月，为满足防洪需要，水库水位尽量维持在汛限水位145m，汛末9月底水库开始蓄水，水位逐渐升高至正常蓄水位175m；

11月至次年4月水库对下游河道进行补偿泄水，但4月底水位应高于枯季消落低水位155m，6月中旬水位又重新降至汛限水位（见图4.44）。

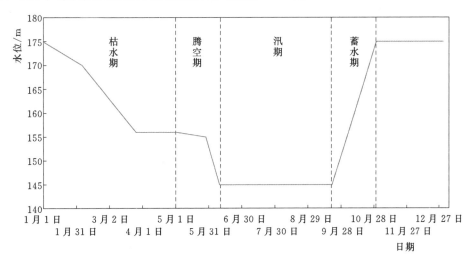

图4.44 三峡水库常规调度运行方式

三峡工程蓄泄调度对鄱阳湖水位的影响可分为两个典型时段：汛末蓄水期及枯季补水期。对于汛末蓄水期而言，水库大规模蓄水使下游流量降低，长江对鄱阳湖的顶托作用降低，容易造成通江湖泊水位显著下降，从而导致湖泊枯水期提前和枯水持续时间延长。在枯季时，由于三峡工程的补水作用，水库下游河道的流量比天然流量有所增加，可能对湖泊水位具有一定的抬升效果，但是由于补水强度远小于汛末蓄水强度，加之水库下游河道的冲刷效应，其影响效果有待进一步分析。

2. 洞庭湖流域水库

洞庭湖流域大多数水库为季调节或径流式，调节性能差。湖南省内湘、资、沅、澧四水干流已建成各类水库、电站35座，选择控制性水库共8座：东江水库、柘溪水库、五强溪水库、江垭水库、凤滩水库、托口水库、洮水水库、黄石水库，如图4.45所示，这8座水库占所有水库可调节库容的90%以上，各水库基本特征见表4.8。

表4.8 洞庭湖流域支流控制性水库基本特征

序号	水库名称	一级支流	死水位/m	正常蓄水位/m	兴利库容/亿 m³	总库容/亿 m³
1	东江水库	湘江	242.0	285.0	52.50	91.50
2	柘溪水库	资水	144.0	169.5	22.58	35.70
3	五强溪水库	沅江	90.0	108.0	20.20	42.90
4	江垭水库	澧水	188.0	236.0	11.64	17.41
5	凤滩水库	沅江	170.0	205.0	10.60	17.30
6	托口水库	沅江	235.0	250.0	6.15	12.49
7	洮水水库	湘江	170.0	205.0	3.87	5.15
8	黄石水库	沅江	77.0	90.0	3.38	6.02

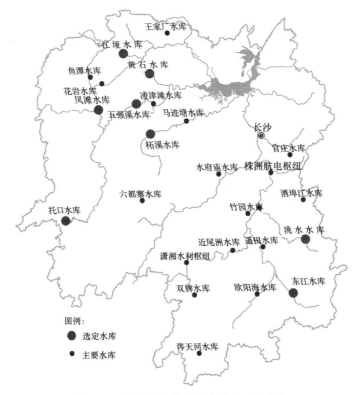

图 4.45　洞庭湖流域主要水库及选定水库

3. 鄱阳湖流域水库

鄱阳湖流域已建成各类水库 8992 座，总库容为 397 亿 m³，其中大型水库 26 座，中型水库 230 座，小型水库 8736 座，流域主要水库和控制性水库如图 4.46 所示。五河流域的大型水库多数以灌溉为主，控制面积较小，根据五河流域水库的调节能力（主要是兴利库容）的大小，首先选出五河上的 7 座控制性水库：柘林水库、万安水库、上犹江水库、洪门水库、峡江水库、大坳水库、廖坊水库（约占鄱阳湖所有水库可调节库容的 86%，基本特征见表 4.9）。然后再结合鄱阳湖水位对五河及长江流量的敏感性分析，判断各水库的调度潜能，从而进一步筛选出影响较大的水库作为优化调度的对象。

4.4.2.2　通江湖泊水情变化对生态环境的影响

自 20 世纪 60 年代以来，由于气候变化、不

图 4.46　鄱阳湖流域主要水库及控制性水库

表 4.9　　　　　　　　　　　鄱阳湖流域支流控制性水库的基本特征

序号	水库名称	一级支流	死水位/m	正常蓄水位/m	兴利库容/亿 m³	总库容/亿 m³
1	柘林水库	修水	50.0	65.0	34.70	79.20
2	万安水库	赣江	85.0	100.0	7.97	22.16
3	上犹江水库	赣江	183.0	198.4	4.71	8.22
4	洪门水库	抚河	92.0	100.0	3.738	12.14
5	峡江水库	赣江	44.0	46.0	2.14	11.87
6	大坳水库	信江	197.0	217.0	1.43	2.76
7	廖坊水库	抚河	61.0	65.0	1.14	4.32

合理的开发利用及大范围高强度人为干扰等多重因素的影响，通江湖泊数量锐减（Chen et al.，2001；Yin and Li，2001；Li et al.，2007），目前与长江直接连通的湖泊仅剩洞庭湖和鄱阳湖，简称为"两湖"（见图 4.47）。两湖与长江连为一体，对长江有"江涨湖蓄"的作用，两湖通过吞吐调蓄，可以削减干流洪峰，滞后下游洪峰时间，从而大为缓解洪水过大与长江中下游河槽泄洪能力不足之间的矛盾。同时两湖还孕育了大片生机勃勃的湿地，具有丰富的水生生物和鸟类资源，均已被列为国际湿地名录，两湖通江不仅对两湖地区经济发展和生态环境有重要作用，也对长江中下游及河口地区有十分重要的作用。近年来，由于受气候变化、区域经济发展及三峡水库蓄水等因素影响，两湖地区在洪水威胁没有解除的前提下，出现了长江入洞庭湖三口河系的明显衰退、通江湖泊水位提前并持续偏低等现象，通江湖泊季节性缺水问题日益突出，两湖在蓄水期及枯水期已经出现多次供水危机，不但威胁着湖泊湿地的生态环境健康，对生活用水、工农业生产、通航、渔业也造成巨大影响（任宪友 等，2004）。

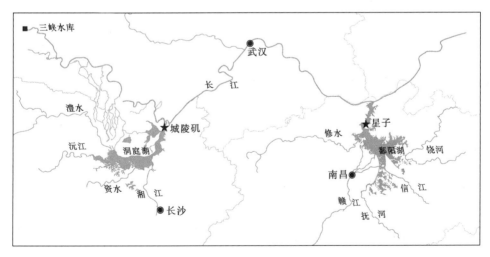

图 4.47　三峡水库与通江湖泊位置示意图

　　近年来，受到自然和人类活动双重作用的影响，两湖流域湖区面积和容积不断减小，水位不断降低，湿地面积不断萎缩。通江湖泊水位降低会引起各种植物、鸟类和栖息动物的种类和数量明显减少，生物多样性大大降低，生态环境问题不断，生态安全受到严重威胁。主要表现在以下几个方面。

1. 水环境质量呈恶化趋势，局部湖区富营养化问题突出

目前，洞庭湖整体水质状况为中污染，平水期水质优于枯水期和丰水期，主要污染因子为 TN、TP、五日生化需氧量和高锰酸盐指数。据 2002—2013 年 14 个常规断面水质监测结果显示，洞庭湖各断面均达到或优于Ⅲ类水质标准（不包括氮磷指标）。但水质仍呈变劣趋势，沅江城区、南咀等巡湖岸边常年存在 7 条宽 200m、长 5～8km 的劣Ⅴ类水质污染带。

洞庭湖全湖综合营养状态指数（TLI）在近 30 年呈上升趋势，且 2003 年三峡水库蓄水后营养状态较蓄水前有较大幅度提高。从年内分布来看，相比三峡水库蓄水前，3 月、12 月 TLI 增幅最高（40%），1 月、6 月、9 月次之。从空间分布上，南、西洞庭湖总体属于中营养水平；自 2003 年始，东洞庭湖 TLI 高于南、西洞庭湖，且 2008 年后达到轻度富营养水平；2013—2018 年，TLI 的高值区均出现在东洞庭湖，尤其是大小西湖水域。近 30 年洞庭湖浮游植物数量呈波动上升趋势。浮游植物优势种群由隐藻和硅藻（1988—1991 年）转变为硅藻和绿藻（1992—2018 年）。特别是，2008 年以后洞庭湖硅藻（中～富营养型代表种）比例下降，蓝藻（富营养型代表种）比例迅速上升，局部水域出现蓝藻为优势种群的现象。洞庭湖浮游植物群落结构呈现向富营养型演替的趋势。

鄱阳湖为季节性过水湖泊，污染物不易积累。就污染物年平均值来看，整个湖区水质基本符合地表水Ⅱ类标准，水质良好，仅个别湖区水质监测点个别项目超过二级标准（郑林，1998）。但是，随着近些年经济的迅速发展，鄱阳湖流域内农药和化肥的大量施用，城镇排污量和人口不断增加使大量的营养物质如氮、磷等不断流入湖泊，鄱阳湖水质日渐下降（向速林和周文斌，2010）。从鄱阳湖 1991—2000 年的水质监测数据来看，虽然整个湖区水质还能达到地表水Ⅲ类水质标准，但在趋势上，鄱阳湖水质正呈逐年下降趋势，正缓慢地向富营养化趋势发展（向速林和周文斌，2010）。

鄱阳湖枯水期的水质现状更令人担忧，据江西省水文局水质监测资料分析，20 世纪 90 年代，鄱阳湖以Ⅰ、Ⅱ类水质为主，但至 2007 年，鄱阳湖出湖Ⅲ类水质的水量占 80%，其中 10—12 月湖盆Ⅲ类以上水质不到 30%，枯水期水位偏低、水容量减少造成的水环境问题日益突出（许继军，2009）。三峡工程的运行调度可能对污染物的迁移、扩散、降解的环境行为和作用机制产生影响，从而影响湖区水体的环境容量。

2. 湿地萎缩严重，湖泊湿地生物多样性下降

a. 湿地面积大幅度萎缩

受气候、降水及人为活动等因素的影响，洞庭湖水位降低，水域和湿地面积减少，原有的湿地生物群落演替、时空分布格局被打破，呈陆地化演替趋势，湿地生态安全受到威胁。9—10 月长江入湖水量是洞庭湖维护湿地生态水量的主要来源，由于长江来水水量减少，洞庭湖水位下降迅速。南咀历年 9 月平均水位为 31.45m，而 2006 年下降到 28.5m 左右。洞庭出口城陵矶历年 9 月平均水位为 28.21m，2006 年仅为 22～23m，致使南洞庭湖和东洞庭湖湿地面积缩小，万子湖、横岑湖、鹿湖、君山后湖等湖泊冬季干枯，10 多万亩浅滩湿地缺水开裂，湿地植被干枯。洞庭湖水位下降、湿地面积萎缩及枯水期和丰水期的提前，使得湿地生态面临严重的退化威胁。

b. 特征鱼类锐减

洞庭湖近年虽监测到鱼类 21 科 111 种，但原有的白鲟、鳡鱼、白甲鱼等 6 种珍贵鱼种尚未监测到（钟振宇，2010）。2006 年比 2000 年东洞庭湖区越冬水鸟数量较少幅度高达 50%，鸟类总数历年为 30 万只，但是 2006 年总数下降到 3 万~4 万只，国际濒临危物种东方白鹳由 802 只减少到 36 只，鸿雁由原来的 3000 多只减少到不足 300 只，小白额雁的数量也下降了 40%，洞庭湖原有 200 只白鹤，在 2004 年基本消失（钟振宇，2010）。

由于泥沙淤积、人工围垦，使湖床淤高、湖面缩小，鱼类资源趋向衰退（张光贵，1997）。鄱阳湖围垦造成鲤鱼、鲫鱼等喜草性产卵鱼类产卵场面积从 1961 年的 5.2 万 hm²，下降至 1984 年的 2.6 万 hm²，减少了一半（余达淮和贾礼伟，2010）。再加无节制的捕捞，鄱阳湖区鱼类资源自 20 世纪 50 年代以来锐减（黄国勤，2006）。鄱阳湖湿地较常见的水生、湿生植物种类也正在消失或严重退化，20 世纪 60 年代时有 119 种，20 世纪 80 年代调查时只有 101 种，20 多年时间减少了 18 种，其物种消失的速度令人震惊，绝大多数水生经济植物趋于绝灭（钟业喜和刘影，2003）。三峡水库预泄期和蓄水期导致的水位变动，可能对鄱阳湖湿地水生态系统产生影响。

c. 特征候鸟锐减

通江湖泊的洲滩湿地是珍稀候鸟的理想场地，每年秋冬数以万计的候鸟来到湿地越冬。候鸟是洞庭湖鸟类的重要组成部分，洞庭湖湖区现有 2 个珍稀鸟类自然保护区，保护区内有大量经济鸟类和众多濒危珍稀物种，如白鹤、灰鹤、东方白鹳、大鸨、中华秋沙鸭等国家一级保护动物，湖区鸟类的个体数量和物种数的季节变化明显，在洞庭湖的停留时间集中在每年 10 月底至次年 3 月；鄱阳湖湿地是国际著名的候鸟栖息地，自然保护区及周边大面积的湖洲草滩、水面、岗丘、沙山、森林及农田，构成了湖区独特而复杂的生态系统，加上湖区独特的渔业生产方式。随着枯水期水位降落和升高的变化，在各自适合的生态位上采食不同高程浅层水域和草滩上的水、陆生动物和植物，次年 3 月，湖泊水位上涨淹没洲滩，候鸟北去。湖区水位过低或者过高，都不利于候鸟栖息，水位在下落过程中，次第出露的洲滩上有大量的水生生物残留体，便于各种候鸟在不同的生态位上享用不同的饵料。

进入 21 世纪以来，长江流域多次出现洪旱灾害，洞庭湖、鄱阳湖流域作为长江流域的一部分，洪旱交替现象常有发生。例如，2006—2007 年九江站枯水水位在 12.0m 以下，星子站枯水水位在 10.0m 以下，这两种情况的出现时间远比正常年份偏早，持续时间较正常年份显著偏长；2006 年鄱阳湖区创造了枯水出现时间最早、持续时间最长的历史记录；2012 年 8 月，鄱阳湖经历干枯水情之后迎来丰水年，湖区水体面积超过 4000km²，但之后水位却急剧下跌，相应的湖区水体面积缩为 2740km²，鄱阳湖出现短时间被拉空的现象。

水位提前下降导致最直接的后果就是湖区面积和容积的减小，部分洲滩提前出露水面，加速水面以上滩地失水，显著影响部分植物生长，减少白鹤、天鹅等植食性候鸟的越冬饵料与栖息地面积，原有的湿地生物群落演替、时空分布格局被打破，呈陆地化演替趋势，湿地生态安全受到威胁。另外，候鸟密度增大，过度取食，也将影响植物的繁衍、生长，导致生态失衡（吴龙华，2007；徐卫明和段明，2013；胡茂林 等，2010）。2003—

2010 年，洞庭湖国家自然保护区的水鸟数量呈显著减少趋势，到 2010 年总数下降到不足 3 万只。

3. 血吸虫病防疫形势依然严峻

鄱阳湖区是血吸虫的重疫区，由于钉螺（血吸虫毛蚴的中间宿主）生存的江湖洲滩面积辽阔、病疫流行因素错综复杂、防治力度有限等原因，目前鄱阳湖地区血吸虫病仍处于重流行状态。尤其是 1998 年、1999 年两次特大洪水的发生，导致湖区大量的圩堤漫顶或倒堤，钉螺随之扩散，湖区钉螺面积扩增明显。据 2002 年的资料统计，江西省血吸虫病流行区人口 443 万人，病人约 12.68 万人，晚期病人 4323 人，钉螺面积为 7.76 万 hm^2，其中湖沼型钉螺面积 7.65 万 hm^2。鄱阳湖冬陆夏水的状况使湖区广袤的草洲成为钉螺滋生的天堂，江西省 99.9% 的有螺面积出现在鄱阳湖。

两湖流域湿地在维持长江中下游生态平衡中发挥着重要作用，保障两湖湿地生态安全的措施亟待进行，并为流域水资源管理提供支撑。水利工程的建设运行，一方面，将改变两湖的水文情势，势必影响水生态系统的演变趋势；但另一方面，梯级水库群具有很大的调节库容，具备一定的调节能力，通过调节蓄放水流量，充分发挥其防洪、发电、航运、生态、环境等各个方面的作用。流域水资源应在流域统一管理的前提下，遵循流域管理与区域管理相结合的原则，建立健全水资源综合规划、水资源合理配置、水量统一分配等一系列制度，同时也要加强对全流域取水、供水、用水设施的宏观调控和监管，促进全流域水资源的合理配置、高效利用、全面节约、有效保护，以水资源可持续利用保障社会经济可持续发展。

4.4.3 成果与分析

4.4.3.1 保障两湖湿地生态安全的水库群优化调控对象

在长江干流选择三峡水库为控制性水库。在洞庭湖流域选择 8 座控制性水库作为优化调度对象（占所有水库可调节库容的 92%）：包括东江水库、柘溪水库、五强溪水库、江垭水库、凤滩水库、托口水库、洮水水库、黄石水库。鉴于鄱阳湖流域已建大型水库多数以灌溉为主，控制面积较小，且建成时间较早，在鄱阳湖流域选择 7 座控制性水库作为优化调度对象（占所有水库可调节库容的 86%）：柘林水库、万安水库、上犹江水库、洪门水库、峡江水库、大坳水库、廖坊水库（见图 4.48）。

在开展以改善洞庭湖生态环境为目标的水库群优化调度研究时，实际涵盖的控制性水库共有 9 座，而在开展以鄱阳湖生态环境为目标的水库群优化调度时，实际涵盖的控制性水库共有 16 座。由于调度程序中状态变量数目众多，采用聚合水库的构建与分解技术，可有效减少参与调度的"水库"的数量，以解决模型维数过高造成求解效率低下、难以收敛的问题。

在开展有利于改善洞庭湖江湖关系的水库群优化调度研究时，将湘江上的洮水水库和东江水库虚拟成一座"水库"，沅江上的五强溪水库、凤滩水库、黄石水库虚拟成一座"水库"，这样就等效于仅对 5 座水库进行调度。在开展有利于改善鄱阳湖江湖关系的水库群优化调度研究时，则需将洞庭湖流域支流水库虚拟成一座"水库"，赣江上的峡江水库、万安水库、上犹江水库虚拟成一座"水库"，抚河上的廖坊水库、洪门水库虚拟成一座

"水库"。经过上述处理,等效于仅对 6 座水库进行调度,明显减少了变量的个数(见图 4.49)。

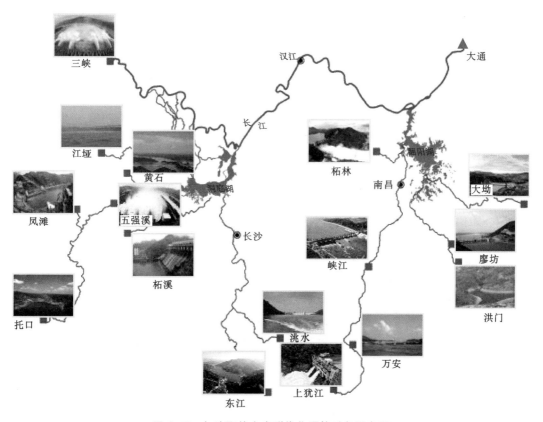

图 4.48 与选取的水库群优化调控对象示意图

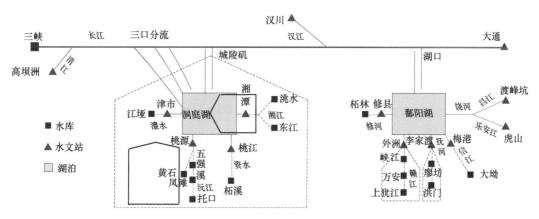

图 4.49 保障两湖湿地生态安全的水库群优化调度系统概化图

4.4.3.2 保障两湖湿地生态安全的水库群优化调控模型

上游水利工程的建设和运行会使下游河道的水文情势发生变化,从而影响到相关河流和湖泊的水文状态,带来一系列水文水环境和生态环境的改变。以鄱阳湖为例,其上游五河流域在中华人民共和国成立以来修建了大量的水利工程,其中包括不少大、中、小型水库,而在湖口处与鄱阳湖相连接的长江,更是建有重要的水利枢纽,其中三峡水库对下游具有直接的影响。结合鄱阳湖枯水期的水文特征,基于已建立的鄱阳湖 SVR 模型,首先通过湖区水位对湖泊上下游流量的敏感性分析,研究鄱阳湖流域上的水库和长江上的三峡水库对鄱阳湖的调度潜能,进一步明确鄱阳湖枯水期优化调度的对象,并针对鄱阳湖枯水期的特征,以改善鄱阳湖枯水期状态为目标建立优化调度模型。

1. 鄱阳湖水位对上下游流量的敏感性分析

在已建立的鄱阳湖湖区 SVR 模型的基础上,给予湖泊上下游流量一定程度的变化,通过观察鄱阳湖各站点的水位变化情况,简单分析鄱阳湖水位对上下游各流量变量的敏感性,以便进一步分析相关水库调度对鄱阳湖水位的影响大小。

在对鄱阳湖水位进行模拟时,前面建立的鄱阳湖水位模型需要前期水位的实测数据作为模型的输入变量。而这里分析上下游流量变化的影响时,并没有实测的水位数据来进行实时更新,因此,需要对水位进行连续模拟。在模拟时段内,假设前 10 天的水位保持不变,作为水位的初始条件,从第 11 天开始,以模型计算的水位作为后续水位的输入变量,在设置的变化流量下,依次对湖泊各站点的水位进行连续模拟。

对于流量变化的设置如下:以模拟时段内鄱阳湖的水位及上下游流量的实测值作为基准,分别将模型输入变量中赣江、抚河、信江、饶河、修水和九江的流量增加 30%,每次计算只改变其中一个因素并保持其他条件不变。考虑调度时段为每年 10 月到次年 3 月的枯水期,此处选取 2010 年 10 月 1 日到 2011 年 3 月 31 日五河流量及九江流量的实测值作为基准,采用连续模拟的方法,按照设置的流量变化情况对鄱阳湖各站点的水位进行模拟,结果如图 4.50 所示。

从图 4.50 中可以看出,整体而言,五河流量按照 30% 的幅度变化对湖泊各站点水位的影响并不大,几乎对各站点的水位并未产生影响。而九江站的流量增加 30%,会对湖泊水位产生一定的影响,尤其对湖口站和星子站,在枯水期内平均水位分别抬升了 1.42m 和 1.08m。而对于棠荫和康山站,由于站点距离长江较远,九江站流量的变化对其水位的影响则较小,且流量变化主要在 10—11 月会对水位产生影响,12 月至次年 3 月水位几乎没有变化。

2. 鄱阳湖调度对象的选择

结合前文水库特性和流量敏感性分析的内容,长江上的三峡水库既属于特大型水库,同时期下游九江站的流量变化对鄱阳湖的水位又具有较大的影响,因此在研究鄱阳湖枯水期的水库调度时,三峡水库是必须考虑的调度对象。

由鄱阳湖水位对长江和五河流量的敏感性分析结果可以看出,五河流量的变化在一定程度内对鄱阳湖水位的影响并不大。因此,为了降低调度系统的复杂性,在对鄱阳湖枯水期进行调度时,只选择三峡水库作为调度对象。

3. 鄱阳湖枯水期优化调度模型

针对鄱阳湖枯水期做长江和鄱阳湖流域上水库的优化调度,调度时期为每年的 10 月到次年的 3 月共 6 个月,即鄱阳湖的整个枯水期。调度时段按旬划分,共 18 个调度时段。

(1)目标函数:在研究鄱阳湖枯水期的水位特征时,选取了枯水期的平均水位、枯水

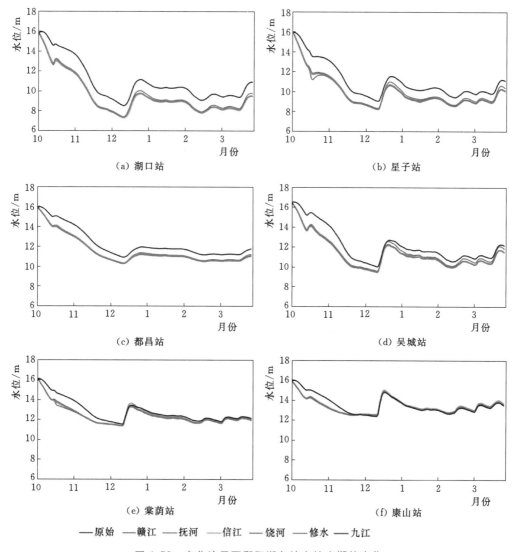

图 4.50 变化流量下鄱阳湖各站点枯水期的水位

期最低水位及不同水平枯水位首次出现的时间和持续时间。结合鄱阳湖枯水期的影响，选取了 3 个特征作为鄱阳湖枯水期优化调度的目标：①枯水期湖泊的最低水位最高；②低枯水位出现的时间最晚；③低枯水位持续的时间最短。

鄱阳湖枯水期的最低水位 Z_D 取自 1965—1975 年鄱阳湖各年的最低水位的平均值，各站点低枯水位分别为：湖口站 8.5m，星子站 9.0m，都昌站 9.5m，吴城站 11.0m，棠荫站 12.0m，康山站 13.0m。

在处理鄱阳湖枯水期优化调度的水安全目标时，利用线性加权组合法将鄱阳湖枯水期最低水位、推迟低枯水位的出现时间和缩短低枯水位的持续时间 3 个水安全目标合并为一个水安全指标值，其值越大，表示越有利于水安全目标的实现。此外，由于发电是三峡水库的重要功能之一，同时也是柘林水库、万安水库的主要功能，因此在研究鄱阳湖枯水期优化调度时，同时将发电量最大作为调度目标之一。

$$f_1 = \max \sum_{i=1}^{T} \gamma_i E_i \tag{4.54}$$

$$f_2 = \max \left(\alpha_1 \frac{Z_D}{Z_{D0}} + \alpha_2 \frac{t_{D1}}{t_{D0}} - \alpha_3 \frac{T_D}{T_{D0}} \right) \tag{4.55}$$

式中：Z_D 为鄱阳湖枯水期的最低水位；t_{D1}、t_{D0} 分别为调度期内湖泊水位第一次、最后一次低于低枯水位的时间指标；T_D 为低枯水位持续时间指标；γ_i 为时段 i 的发电量权重系数，根据实际需要设置；E_i 为时段 i 的发电量；α_1、α_2、α_3 为三个水安全目标的权重系数。

在计算鄱阳湖各站点枯水期 t_{D1} 指标及枯水期低枯水位持续时间指标 T_D 时，以星子站为例，枯水期在低枯水位水平以下的湖泊水位波动情况有不同类型（图4.51）。

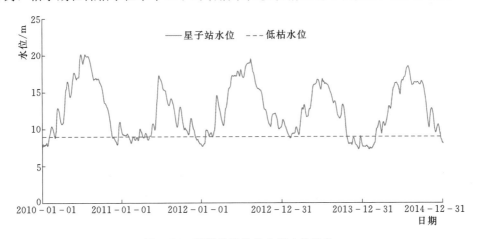

图4.51 不同类型的枯水期水位波动

据分析将湖泊低枯水位的出现时间定为湖泊水位第一次下降到低枯水位以下的日期，将湖泊低枯水位持续时间定为湖泊水位在低枯水位以下的天数之和，具体鄱阳湖各站点所参考的历史时段枯水期水安全优化指标见表4.10。

表 4.10　　　　　　　鄱阳湖各站点所参考的历史时段枯水期水安全优化指标

站点	枯水期最低水位指标 Z_{D0}	低枯水位出现时间指标 t_{D0}	低枯水位持续时间指标 T_{D0}
湖口	6.73	79	72
星子	7.80	84	40
都昌	9.40	92	13
吴城	10.94	83	24
棠荫	11.68	82	33
康山	12.71	83	26

（2）约束条件：水库的防洪、发电和航运等运行目标作为约束条件处理，主要考虑水量平衡约束、水库水位约束、下泄流量约束、水库出力约束。

鄱阳湖枯水期优化调度系统需要的输入数据包括：三峡水库水位—库容关系、水库下泄流量—下游水位关系、水库的入库流量、水库各调度时段初的水位上下限、长江中游各支流的流量（包括清江流量、汉江流量和城陵矶出湖流量）、鄱阳湖五河的入湖流量等。

4.4.3.3 鄱阳湖枯水期优化调度结果分析

在运行鄱阳湖枯水期优化调度系统时，限于输入数据的资料，仅以 2005 年 10 月至 2006 年 3 月实测数据的模型边界为例进行方案分析。其优化调度得到的 30 组 Pareto 最优解如图 4.52 所示，优化调度方案对应的各目标函数值见表 4.11。

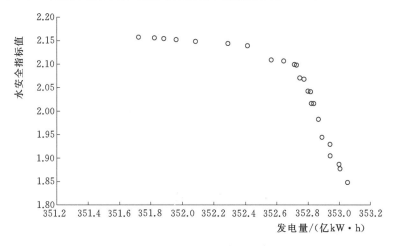

图 4.52　鄱阳湖枯水期优化调度结果

表 4.11　　　　　　　　　　　　　优化调度方案对应的目标函数值

编号	发电量/(亿 kW·h)	水安全指标值	编号	发电量/(亿 kW·h)	水安全指标值
常规调度	348.842	1.793	—	—	—
1	351.723	2.156	16	352.818	2.041
2	351.823	2.156	17	352.821	2.016
3	351.886	2.153	18	352.835	2.015
4	351.961	2.151	19	352.865	1.983
5	352.084	2.147	20	352.887	1.944
6	352.086	2.146	21	352.940	1.930
7	352.290	2.143	22	352.942	1.905
8	352.415	2.139	23	353.000	1.887
9	352.567	2.108	24	353.007	1.875
10	352.646	2.106	25	353.053	1.847
11	352.710	2.099	26	353.058	1.786
12	352.735	2.097	27	353.097	1.786
13	352.743	2.071	28	353.102	1.689
14	352.779	2.067	29	353.111	1.663
15	352.795	2.042	30	353.118	1.601

当水安全目标逐渐降低时，发电量逐渐增大，鄱阳湖枯水期调度的水安全指标最大值可以达到 2.156（常规调度时此值为 1.793），而调度期发电量的最大值为 353.118 亿 kW·h（常规调度为 348.842 亿 kW·h）。所有优化调度方案在发电量目标上均超过常规调度，即使发电量最小的方案 1，也超出常规调度 2.881 亿 kW·h。在枯水期的水安全指标方面，30 组最优解中，有 25 组解的水安全指标值比常规调度有提高。在实际调度中，可以通过不同的方案进行比较，根据具体需要从这些 Pareto 最优解中筛选出合适的方案。

分别选择水安全指标值最大的方案 1 和发电量最大的方案 30，与常规调度进行比较，调度期内水库的水位和下泄流量分别如图 4.53 和图 4.54 所示。从图 4.53 和图 4.54 中可以看出，从 10 月初到 12 月底，三种调度方案十分接近，尤其在 11 月和 12 月，水位都维持在 175m。在 10 月，两种优化调度方案整体比常规调度的水位要高，在上半个月的蓄水速率较快，在下半个月的需水速率减缓，到 10 月 26 日时与常规调度的水位重合。表现在下泄流量上，即优化调度方案在 10 月上半月的下泄流量低于常规调度，下半月则高于常规调度，其中方案 1 和方案 30 基本一致，仅有少数时段存在较小差异。

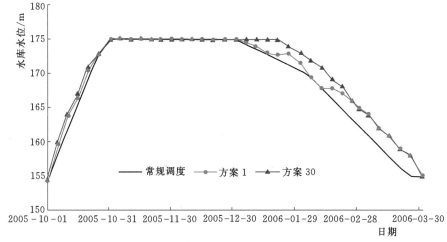

图 4.53　三峡水库水位优化结果

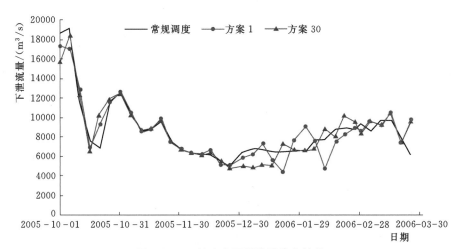

图 4.54　三峡水库下泄流量优化结果

在水库的泄水期，优化调度方案下的水库水位整体上同样比常规调度要高。对于发电量最大的优化调度方案30，水库水位在1月底之前一直持续在175m，其后按照稳定的速率缓慢降至155m。而枯水期水安全指标最大的优化调度方案1，水库水位较贴近常规调度，尤其在1月，几乎与常规调度保持相同。1月下旬到2月中旬，优化调度方案1的水库水位产生波动，表现在下泄流量上也具有较大波动。到2月底，优化调度方案1和优化调度方案30保持一致，水库水位缓慢降低至155m。

在实际调度中，可以通过不同的方案进行比较，根据具体需要从这些Pareto最优解中筛选出合适的方案。

4.4.4 小结

将前文建立的SVR模型和优化调度模型进行结合，界定了保障两湖流域生态安全的水库群优化调控对象，建立了鄱阳湖枯水期优化调度系统。利用线性加权组合法将鄱阳湖枯水期最低水位、推迟低枯水位的出现时间和缩短低枯水位的持续时间3个水安全目标合并为一个水安全指标值，其值越大，表示越有利于水安全目标的实现。优化调度系统运行时，经济效益目标函数值是根据不同调度方案下各时段水库的上下游水位及下泄流量来计算的发电量，水安全目标函数值是根据不同调度方案下鄱阳湖各时段的水位来计算的水安全指标值。

所有优化调度方案在发电量目标上均超过常规调度，在枯水期的水安全指标方面，30组最优解中有25组解的水安全指标值比常规调度提高。由此可知，在常规调度的基础上，蓄水期前期提高蓄水速度，泄水期适当减缓泄水速度，有助于提高三峡水库的综合效益。水库的具体调度方案，可以根据实际需要在优化调度的Pareto最优解集中选取。

以保障洞庭湖、鄱阳湖湿地生态安全为目标，通过科学界定有利于两湖湿地生态安全的水库群优化调控对象，借助基于数据驱动的江湖一体化水情动态模拟方法（SVR模型），提出枯水期最低水位、推迟低枯水位的出现时间和缩短低枯水位的持续时间3个水安全目标，构建了三峡与鄱阳湖入湖河流水库群枯水期优化调度系统，明确了关键水库群调度运行对湖泊湿地生态安全的可调控性。

4.5 保障两湖湿地生态安全的水量调控建议方案

本章重点关注大型水利工程运行对其下游湖泊湿地生态环境的影响，建立了基于数据驱动的江湖一体化水情动态模拟方法，量化了保障通江湖泊湿地生态安全的适宜生态水位及区间和适宜生态流量及区间，构建了以改善湖泊湿地枯水期生态环境为目标的水库群优化调控模型系统，为本书提供了模拟工具、参考区间及调控科学平台。

本章将长江干流三峡水库、洞庭湖和鄱阳湖流域控制性水库群纳入统一调度系统，耦合江湖一体化水情动态模拟模型，量化湖泊月均生态水位及生态流量，构建了以保障湖泊湿地生态安全为目标的水库群优化调度模型，进而结合各水库常规调度规程，提出并推荐合理可行的方案建议，回答了如何通过水库优化调度保障湖泊湿地生态安全的科学问题。同时，加深认识了湖泊湿地生态环境对大型水利工程的响应机制及其脆弱性和适应性，对完善流域生态调控理论基础及其关键技术研发起到了促进作用。

4.5.1 水量调控指标与参数

4.5.1.1 两湖湿地生态水位及生态流量

洞庭湖湖区各站点生态水位区间为 17.86～33.06m，适宜生态水位全年为 19.14～32.09m，且具有明显的季节性特征，汛期各站点的年内适宜生态水位逐渐抬升至最大值；枯水期逐渐下降至最小值。枯水期（11 月至次年 3 月），生态水位区间为 17.86～30.43m，适宜生态水位为 19.14～29.83m。由于地势影响，洞庭湖湖区的适宜生态水位还具有明显的空间差异，自东向西呈逐渐增大的趋势，西洞庭湖的适宜生态水位整体较高（28.16～32.18m），其次是南洞庭湖，杨柳潭站和营田站的各月适宜生态水位为 22.20～31.13m，东洞庭湖的适宜生态水位整体最低，城陵矶站和鹿角站的各月适宜生态水位为 19.14～30.44m。洞庭湖各站点生态水位所对应的生态流量区间范围为 3500～39300m³/s，适宜生态流量全年为 4550～29700m³/s；枯水期生态流量区间为 3500～11500m³/s，适宜生态流量为 4550～9320m³/s。

鄱阳湖湖区各站点生态水位区间为 6.72～21.78m，适宜生态水位全年为 7.50～18.85m，且具有明显的季节性特征；枯水期（11 月至次年 3 月），生态水位区间为 6.72～15.41m，适宜生态水位为 7.50～15.23m。各站点生态流量区间范围为 3500～36600m³/s，适宜生态流量全年为 4480～28800m³/s；枯水期生态流量区间为 3500～14300m³/s，适宜生态流量为 4550～11500m³/s。

4.5.1.2 两湖湿地植被关键水情因子及阈值

鄱阳湖湿地在景观尺度呈现出浅水、草滩、泥滩组成的多类型复合特征，其洲滩湿地由水及陆依次出现 2 个典型的植被景观类型：①苔草-藜草景观带，②南荻-芦苇景观带。鄱阳湖湿地植被年生物量累积量沿淹水历时梯度呈驼峰型曲线，具有高斯分布特征，多年平均湿地最适淹水历时为 63.5 天，约 2.1 个月；其沿初次淹水开始时间的推迟而呈单调增长，与春季淹水开始时间呈显著负相关，多年平均最适初次淹水开始时间为年内第 257.6 天，即为每年的 9 月 14—15 日；沿末次淹水结束时间梯度呈驼峰型曲线，具有高斯分布特征，多年平均最适末次淹水结束时间为年内第 253.6 天，即约为每年的 9 月 10—11 日；沿年均淹水深度梯度的分布呈驼峰型曲线，具有高斯混合分布特征，最适年均淹水深度为 0.98m。

洞庭湖洲滩湿地存在苔草景观带、芦苇景观带和林地景观带三种典型的植被类型。影响东洞庭湖芦苇分布的关键水情因子主要有：丰水期最大水位、退水期平均水位及涨水期平均水位；影响东洞庭湖苔草分布的关键水情因子主要有：大于 26m 水位持续时间和丰水期平均水位。芦苇分布面积随丰水期最大水位及退水期平均水位的增加而减少，涨水期平均水位在 26m 左右，其分布面积较大。苔草群落面积分布与 Dur_{26} 为弱线性关系，与丰水期平均水位呈非线性阈值关系，其最适丰水期平均水位在 29m 左右。

4.5.1.3 长江中游江湖一体化水情动态模拟方法

构建了基于支撑向量回归的水位预测模型（SVR 模型），预测精度高，$RMSE$ 小于 0.091m、R^2 大于 0.9986、MAE 小于 0.061m、MRE 小于 0.0024。讨论了区间降水对

SVR 模型影响，区间降水加入模型输入后不仅能改善模型的严重水位低估，还有利于实现水位低估和高估在幅度及数量上的平衡。将其应用于两湖水位预测，洞庭湖预测误差的绝大部分（92.3%）都在 $-0.1m$ 到 $0.1m$ 的范围内变化，鄱阳湖预测误差的绝大部分（89.8%）都在 $-0.1m$ 到 $0.1m$ 的范围内变化。结果证明 SVR 模型不仅可以用来进行湖泊水位的实时更新预测，还能对未来水位进行连续预测，且水位预测精度高，计算时间短，适合嵌入面向洞庭湖水情改善的水库优化调度模型参与目标函数构建。

4.5.1.4 保障湿地生态安全的水库群优化调控模型

将 SVR 模型和优化调度模型进行结合，界定了保障两湖流域生态安全的水库群优化调控对象，建立了鄱阳湖枯水期优化调度系统。利用线性加权组合法，将鄱阳湖枯水期最低水位 Z_{D0}、低枯水位出现时间 t_{D0}、低枯水位持续时间 $T_{D0}3$ 这个水安全目标，合并为一个水安全指标，其值越大，表示越有利于水安全目标的实现。当水安全目标逐渐降低时，发电量逐渐增大，鄱阳湖枯水期调度的水安全指标最大值可以达到 2.156（常规调度时此值为 1.793），而调度期发电量的最大值为 353.118 亿 kW·h（常规调度为 348.842 亿 kW·h）。本章构建了三峡与鄱阳湖入湖河流水库群枯水期优化调度系统，用于明确关键水库群调度运行对湖泊湿地生态安全的可调控性。

4.5.2 调控策略与方案

针对水利水电工程影响下长江中游通江湖泊洞庭湖和鄱阳湖的湿地生态风险，建立了基于数据驱动的江湖一体化水情动态模拟方法，量化了表征湖泊湿地生态健康的调控目标，即生态水位及生态流量，建立了保障两湖湿地生态安全的水库群优化调控平台，形成了综合调控策略及技术方案建议。

（1）在水情动态模拟方面，开展保障洞庭湖、鄱阳湖湿地生态安全的水量调控技术研究时，首先需要明确湖泊水位对长江及支流来水的响应模式，湖泊水位的快速准确预测即为开展针对性水库优化调度的前提。针对湖泊水位建模潜在的输入高维特性，研发了基于遗传算法的输入变量选择方法，同步优化模型变量时滞及模型参数，实现了对洞庭湖水位的高精度预测，能够合理反映不同河流对湖泊水位变化影响的空间差异性；首次阐明了区间降水对湖泊数据驱动水位预测模型的影响机制，并验证了数据稀缺地区卫星降水产品参与数据驱动水文预测的适用性。

（2）在生态调控目标方面，传统的水库优化调度实践大多以发挥发电和防洪效益为根本目标，但近年来大型水利水电工程对流域生态环境的调控效益得以广泛关注，然而由于机理、技术、数据等现实约束，大多仍停留在定性探讨阶段。本章在传统水库优化调度的基础上，通过开展长时间月均水位序列的分析，量化了表征湖泊湿地生态健康的各月适宜生态水位及区间，继而量化了各月适宜生态流量及区间，对科学制定兼顾发电、防洪、生态等综合效益的优化调度规则起到了推进作用。

（3）在生态调控模型方面，洞庭湖、鄱阳湖水位和流量不仅受江湖水量交换过程和通量的影响，而且还受两湖流域水库群的多重影响。常见水库调度的研究范围大多仅限于单个水库的库区或坝下河段，而针对类似长江中游江湖河交汇复杂系统的水库群调控研究较少。本章以保障洞庭湖、鄱阳湖湿地生态安全为目标，通过科学界定有利于两湖湿地生态安全的水库群优化调控对象，借助基于数据驱动的江湖一体化水情动态模拟方法，提出枯水期最低水位、推迟低枯水位的出现时间和缩短低枯水位的持续时间 3 个水安全目标，构建了三峡与鄱阳湖入湖河流水库群枯水期优化调度系统，明确了关键水库群调度运行对湖泊湿地生态安全的可调控性。

（4）在调控方案建议方面，大型水利工程的建设与运行对其下游湖泊湿地生态环境具有显著的影响，如何通过三峡水库和通江湖泊已建水库水量的联调联控，既兼顾三峡等水库群多种功能的发挥，又能保障通江湖泊防洪、供水和生态要求，是水资源、水环境保护领域的热点和难点科学问题。本书通过三峡水库和两湖已建水库水量的联调联控，定量研究并提出了兼顾三峡等水库群多种功能的发挥、同时又能保障两湖水生态环境保护需水要求的调控方案建议，在研究系统性和实用性等方面均具有显著创新。

第 5 章

基于复杂水流水温调控的长江上游水库群调度模拟

几十年来，国内外对各类水域（河流、湖泊、海洋、水库、河口）的水动力过程及水质变化机理开展了富有成效的研究，出现了各种水动力与水质耦合模型和计算软件。其中代表性的商用软件有：美国国家环境保护局（USEPA）支持开发的 EFDC（Environmental Fluid Dynamics Code）模型、荷兰 Delft 水力学实验室开发的 Delft3D 软件、丹麦水资源与环境研究所（Danish Hydraulic Institute，DHI）开发的 Mike 系列软件、里斯本科技大学海洋与环境科技研究中心（Marine and Environmental Technology Research Center，MARETEC）开发的 MOHID 软件等。

随着海岸河口附近区域工程建设的需要，水动力数学模型得到了很好的发展。李孟国等（2000，2006）、李蓓和张征（1993）、张青玉和张廷芳（1990）、谭维炎和胡四一（1991）分别建立了二维潮流模型，并应用于相应的工程。Song 等（2011）利用二维浅水方程建立了溃坝水流模型。近年来，三维水动力模型成为研究的热点。窦振兴等（1993）对渤海的三维流场进行了模拟；李孟国（1996）利用三维潮流模型对伶仃洋海域进行了研究；POM（Blumberg and Mellor，1987）、FVCOM（Chen et al.，2003）、ROMS（Shchepetkin & McWilliams，2005）等开源模式的出现，使得三维水动力模型在工程中的应用更加广泛。但在实际工程应用中，由于缺少实测资料，同时为减小开边界的反射效应影响，模型范围定义远大于所研究的工程区域。特别是当需要进行三维模拟时，计算耗时将远远超过人们可以接受的预期。近年来，一维、二维耦合模式和二维、三维耦合模式因为计算效率相对较高越来越受到人们的关注。Miglio 等（2005）、Yang 等（2007）、Mahjoob & Ghiassi（2011）、张大伟等（2010）将一维、二维耦合模型应用于河道水流的模拟。王桂芬（1988）提出的二维、三维嵌套数学模型的概念，并成功应用于天津新港抛泥区的潮流计算。Namin 等（2004）和 Zounemat 等（2010）也建立了耦合的二维、三维水动力模型，但是后者耦合方式与前两者有所不同，他将水体表面采用浅水方程二维计算，而深水水体采用三维模型计算。Kilanehei 等（2011）利用二维浅水方程耦合雷诺平均的 NS 方程建立了适用于河道水流计算的水动力模型。一维、二维耦合模式的应用已经十分广泛，而二维、三维耦合模式除上述提及的研究者外，还少有这方面的研究成果，并且现有的二维、三维耦合水动力模型在应用的全面性上有所欠缺，只能适用于特定情况的水流计算。康玲和靖争（2018）在前人的基础上通过 σ 坐标变换和相关定解条件建立三维水动力学-水温耦合模型，并采用有限差分法求解；针对传统模型不足，推导了水深平均的非静压水动力学模型方程组，采用分块并行计算提高计算效率。

5.2　葛洲坝下游水动力模型建模

以葛洲坝下游中华鲟产卵场作为研究区域，根据河流生态水文情势的变化趋势分析，建立三维水动力模型的边界条件并开展水动力模型，对实际的流态进行数值模拟。

5.2.1　研究区域

葛洲坝坝下中华鲟产卵场主要分布在坝下到艾河口约 16km 的河段，近年来逐步压缩到坝下至镇江阁约 4km 的河段，产卵场河床底质多为岩石或卵石。根据长江水利委员会三峡水文局 2003 年的水道地形图，在这 4km 河道范围内，大部分面积的河床高程为 20～35m，平均高程在 30m 左右。根据宜昌水文站 11 月多年月平均水位 41.32m 估算，该地区的大部分水域水深在 10m 左右。这段河道上游来水复杂，断面流速分布极不均匀，有横向环流存在，纵向主流流线基本沿河道弯折。研究区域为葛洲坝工程至庙咀之间的江段，该江段长约 3.8km，面积约 3.6km^2（见图 5.1）。

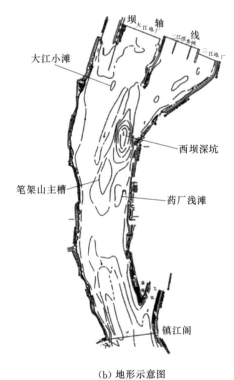

（a）卫星图　　　　　　　　　　　　　（b）地形示意图

图 5.1　中华鲟葛洲坝产卵场示意图

5.2.2 模型原理

三维水动力模型主要用于模拟研究区域的水动力条件空间分布情况。基于质量守恒方程和动量守恒方程，引入 Boussinesq 近似、静水压假设、准三维近似，垂向上采用 σ 坐标系，模型的控制方程组为

（1）连续性方程：

$$\frac{\partial H}{\partial t} + \frac{\partial(uH)}{\partial x} + \frac{\partial(vH)}{\partial y} + \frac{\partial \omega}{\partial z} = Q_H \tag{5.1}$$

（2）动量方程：

$$\frac{\partial(Hu)}{\partial t} + \frac{\partial(Huu)}{\partial x} + \frac{\partial(Huv)}{\partial y} + \frac{\partial u\omega}{\partial z} - fHv = \tag{5.2}$$

$$-H\frac{\partial(p+g\eta)}{\partial x} + \left(-\frac{\partial h}{\partial x} + z\frac{\partial H}{\partial x}\right)\frac{\partial P}{\partial z} + \frac{\partial}{\partial x}\left(\frac{A_v}{H}\frac{\partial u}{\partial z}\right) + Q_u$$

$$\frac{\partial(Hv)}{\partial t} + \frac{\partial(Huv)}{\partial x} + \frac{\partial(Hvv)}{\partial y} + \frac{\partial v\omega}{\partial z} - fHu = \tag{5.3}$$

$$-H\frac{\partial(p+g\eta)}{\partial y} + \left(-\frac{\partial h}{\partial y} + z\frac{\partial H}{\partial y}\right)\frac{\partial P}{\partial z} + \frac{\partial}{\partial z}\left(\frac{A_v}{H}\frac{\partial v}{\partial \sigma}\right) + Q_v$$

其中

$$\frac{\partial P}{\partial z} = -gH\frac{\rho - \rho_0}{\rho_0} \tag{5.4}$$

$$(\tau_{xz}, \tau_{yz}) = \frac{A_v}{H}\frac{\partial}{\partial z}(u, v) \tag{5.5}$$

式中：z 为垂向 σ 坐标，m；u、v、w 分别为 x、y、z 三个方向的速度分量，m/s；t 为时间，s；Q_H 为连续方程的源汇项，m^3/s；f 为科氏力系数；g 为重力加速度，m/s^2；A_v 为垂向涡黏系数；Q_u、Q_v 分别为动量方程的源、汇项，m^3/s；ρ_0 为水体参考密度，kg/m^3；ρ 为水体密度，kg/m^3；P 为附加静水压，N/m；τ_{xz}、τ_{yz} 分别为 x 方向和 y 方向的垂向剪切力，N。

对于复杂水动力数学模型的解析解一般难以精确计算，因此通常采用数值计算的方法进行求解。水动力学模型控制方程的数值求解过程分为计算表面重力长波的外模式和与密度场和垂向流动相关的内模式两部分，采用有限体积和有限差分结合的模式分裂方法求解，在水平和垂直方向上采用六面体交错网格离散。外模式的求解采用半隐格式，由于其计算过程与水体的垂向流动无关，因此可以直接通过垂向积分后的二维方程组计算模型水深和垂向平均的流速。完成外模式方程求解之后，内模式的计算利用外模式得到的水位和垂向平均流速，采用隐格式，考虑垂向扩散求解 σ 坐标系下的动量守恒方程，得到剪切应力和流速的垂向剖面，从而求解得到模型的三维流场。

模型的定解条件分为初始条件和边界条件，是求解水动力模型所必需的条件。初始条

件确定了水体中的初始状态,一般包括初始时刻的流场和水位值。边界条件指边界上所求解的变量或其一阶导数随时间和空间的变化规律,是模型的外部驱动力,在垂向和水平方向上共包括4类:①自由水面边界,主要指定水面上的风向风速对模型的影响;②水底边界,主要指定底部摩擦力对模型的影响;③固壁边界,主要指定岸线边界对内部水体的影响;④开边界,主要指定限定区域与外部的相互作用。

采用干湿网格处理三维模型的动边界,通过定义一个临界水深值,在数值计算的每一个时间步上首先进行判断,如果网格水深高于临界水深,则为被水淹没的湿网格,正常参与模型计算;如果网格水深低于临界水深,则为无水的干网格,不参与模型计算。通过干湿网格可以有效避免模型计算过程中的负水深问题。

5.2.3 模型建立

5.2.3.1 地形与网格划分

处理后的研究区域地形如图5.2所示。通过将1:10000地形图矢量化,获得研究区域的空间拓扑关系。

选取葛洲坝坝下至庙咀断面以上作为三维水动力模型的建模区域,该江段长约为3.8km,面积约为3.6km^2。本章建立的水动力模型水平上采用矩形网格划分,网格大小为20m×20m,总网格数量9104个,如图5.3所示。由于中华鲟为喜居于底层的鱼类,故将模型在垂向上平均分为5层,取底层的模拟结果用于栖息地的研究。

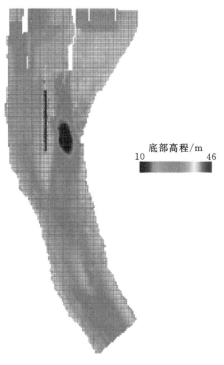

图5.2　处理后的研究区域地形图　　　　图5.3　网格划分后的研究区域地形图

5.2.3.2　确定边界条件

在研究区域上游采用流量作为边界条件，在研究区域的下游采用水位作为边界条件。

计算中采用 2002—2016 年 10—11 月宜昌站的逐日水位和流量实测数据作为模型的边界条件。以 2008 年为例，其实测的水位、流量如图 5.4 所示。

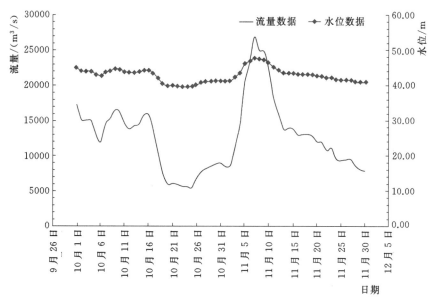

图 5.4　宜昌站实测水位、流量过程（2008 年 10—11 月）

由于大江电厂、二江电厂同时发电，因此大江电厂和二江电厂的装机容量将上游来水流量划分为两个部分，对应的流量入口分别选择大江电厂和二江电厂的尾水出口。其中大江电厂尾水出口处对应 76 个网格，二江电厂尾水出口处对应 35 个网格。

各个单元流量通过以下方式来确定。

大江电厂的单网格流量为

$$q_1 = \frac{Q}{76}\frac{W_1}{W} \tag{5.6}$$

二江电厂的单网格流量为

$$q_2 = \frac{Q}{35}\frac{W_2}{W} \tag{5.7}$$

其中

$$W_1 = 1750\text{MW}, W_2 = 965\text{MW}, W = W_1 + W_2 = 2715\text{MW}。$$

式中：Q 为总流量，m^3/s；W 为总装机容量，MW；W_1 为大江电厂装机容量，MW；W_2 为二江电厂装机容量，MW。

5.2.3.3　时间步长

时间步长，是在利用差分方法来进行数值求解偏微分方程组时引入的概念，是指前后两个时间点之间的差值。在过程模拟中，时间步长越大，计算时间越短，时间步长越小，计算结果越精细，计算时间越长。在模拟系统的时间响应时往往需要设定时间步长，时间步长的大小一般取决于系统属性和模型的目的。

根据追赶法的模型计算机制，时间步长应该满足公式为

$$C_f = 2\Delta t \sqrt{gH\left(\frac{1}{\Delta x^2} + \frac{1}{\Delta y^2}\right)} < 4\sqrt{2} \tag{5.8}$$

式中：C_f 为时间步长临界值，s；Δt 为时间间隔，s；Δx 为 x 方向网格的最小长度，m；Δy 为 y 方向网格的最小长度，m。

由式（5.8）计算得到时间步长应满足稳定条件小于临界值，计算采用的时间步长为1.5s，满足要求。

5.2.3.4 水动力模型验证

模型的建立采用了 2008 年的实测地形资料〔国家自然科学基金重大项目（NSFC：30490234）资料数据库成果〕，利用 2008 年 11 月 13 日和 23 日两次实测的流场数据对水动力模型进行验证，设置了 4 个流速监测断面，各断面的布设位置如图 5.5 所示。

以宜昌站的实测流量、水位、风向、风速资料作为模型的边界条件，采用建立的三维水动力模型对2008 年 11 月 13 日和 23 日进行模拟计算，结果表明研究区域各层水体的流场分布比较一致，其中表层水体的流速最大，底层水体的流速最小，模拟水体不同水深的流场计算结果如图 5.6 和图 5.7 所示。研究区域整体上水流流向沿河道主槽向下，在河道较窄或浅滩处流速明显增大，河道宽阔或深潭处流速则相对较小。模型计算的 11 月 13 日底层水体平均流速值为 0.94m/s，最大流速为 1.95m/s；11 月 23 日底层水体计算的平均流速值为 0.84m/s，最大流速为 1.76m/s。不同相对

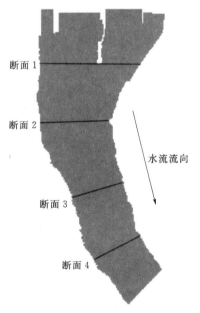

图 5.5　中华鲟产卵场流速监测断面位置示意图

水深（0.8、0.6、0.4、0.2）的水体流态大致相似，浅层水深流速略大于深层水深流速。其中，相对水深等于鱼体水深除以水深。

整体来看，研究区域中有大江泄水区域、二江泄水区域、江心堤和深槽之间三个区域产生了横向环流。

（1）三维水动力模型 2008 年 11 月 13 日模拟计算结果如图 5.6 所示。

（2）三维水动力模型 2008 年 11 月 23 日模拟计算结果如图 5.7 所示。

2008 年 11 月 13 日和 23 日底层流场验证结果如图 5.8 和图 5.9 所示，在地形平整的地方，水体的流速比较稳定，模型计算结果与实测结果基本一致；在地形变化较大的断面上误差稍大，总体上模型能够较好捕捉断面上各点流速的变化过程和趋势。建立的水动力模型可以用于中华鲟产卵场水动力条件的模拟。

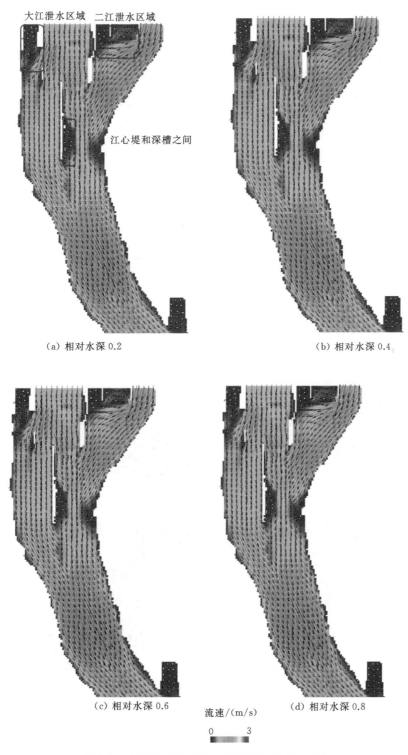

（a）相对水深 0.2　　　　　　　　　（b）相对水深 0.4

（c）相对水深 0.6　　　　　　　　　（d）相对水深 0.8

流速/(m/s)

0　　3

图 5.6　水体流场模拟结果（2008 年 11 月 13 日）

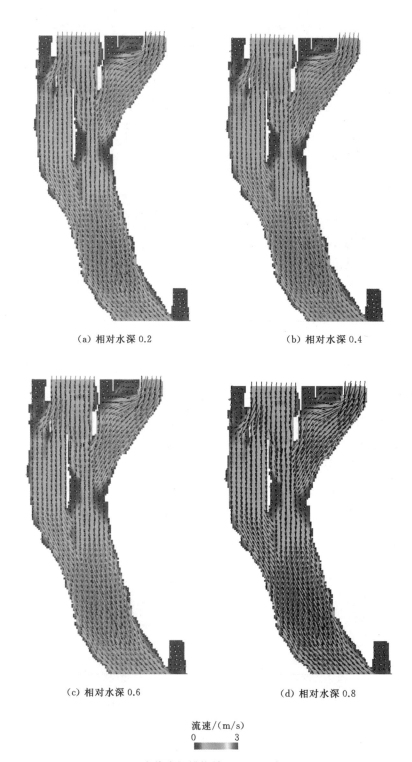

(a) 相对水深 0.2　　　　　　　　　(b) 相对水深 0.4

(c) 相对水深 0.6　　　　　　　　　(d) 相对水深 0.8

流速/(m/s)

0　　　3

图 5.7　水体流场模拟结果（2008 年 11 月 23 日）

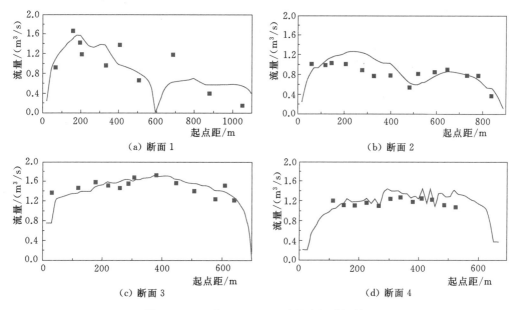

图 5.8　2008 年 11 月 13 日底层流场验证结果

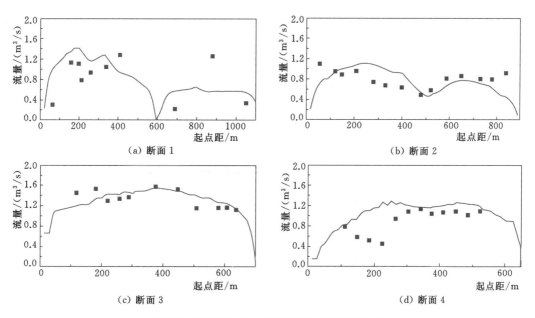

图 5.9　2008 年 11 月 23 日底层流场验证结果

5.2.3.5　三维流场模拟与分析

考虑中华鲟为底层分布鱼类的生活习性，只研究相对水深 0.8 处流场，并将葛洲坝的下泄流量按照 5000m³/s、7000m³/s、9000m³/s、11000m³/s、13000m³/s、15000m³/s、18000m³/s、21000m³/s、24000m³/s、27000m³/s、29000m³/s 进行划分，将上述流量作为水动力模型的输入条件，得到的模拟结果如图 5.10 所示。

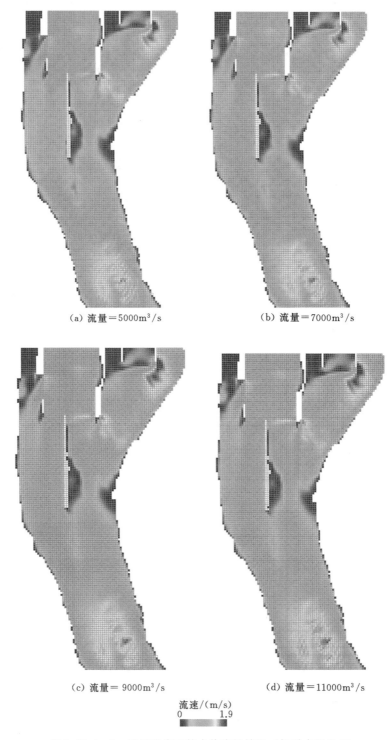

(a) 流量＝5000m³/s　　　　　　(b) 流量＝7000m³/s

(c) 流量＝9000m³/s　　　　　　(d) 流量＝11000m³/s

流速/(m/s)
0　　　　1.9

图 5.10 (一)　不同泄流下的水体流场结果 (相对水深 0.8)

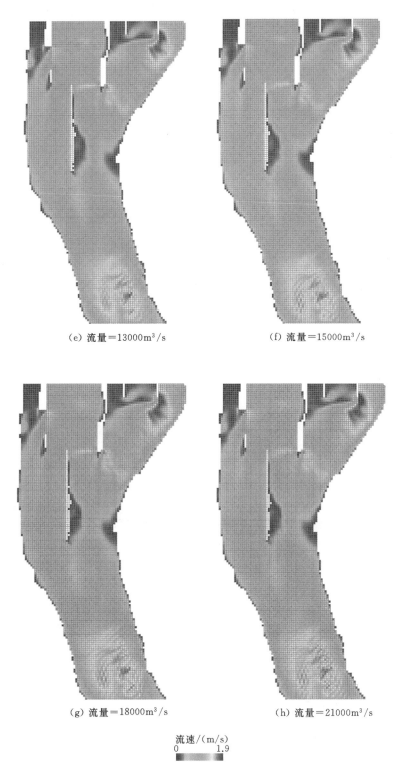

（e）流量＝13000m³/s　　　　　　　　（f）流量＝15000m³/s

（g）流量＝18000m³/s　　　　　　　　（h）流量＝21000m³/s

流速/(m/s)
0　　　　1.9

图 5.10（二）　不同泄流下的水体流场结果（相对水深 0.8）

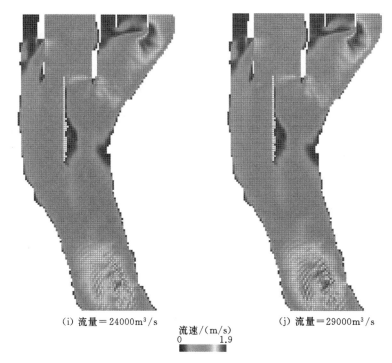

（i）流量＝24000m³/s　　　　　　（j）流量＝29000m³/s

流速/（m/s）
0　　　　1.9

图 5.10（三）　不同泄流下的水体流场结果（相对水深 0.8）

5.3　葛洲坝下游河段水温过程的遥感反演

传统的河流水温测量方法，是在河道上选取数个测点进行温度的实地测量，最后再根据需要，对目标点进行插值计算，以得到某点的水温数据。而研究中普遍使用的水温资料，一般是由固定的水文测站定期记录的测点水温，这种方式测量出来的水温在实测点处较精确，但不能准确地代表整个水面区域的水温，且目前水温测量站点较少，已有的实测资料不足，因此难以准确地获得水温的空间分布变化规律。随着遥感技术的不断发展，利用热红外遥感数据反演地球表面温度，获得了广泛关注。使用热红外遥感反演水面温度的方法，能够得到研究区域水温的时空分布特征，有利于研究三峡建坝前后河流水温的变化对中华鲟造成的影响。

以葛洲坝下游中华鲟产卵场为研究区，使用 Landsat ETM＋数据，对研究区进行水温反演，并与宜昌站实测水温资料进行比较，结果表明该方法具有较高精度，且与传统方法相比，该法可以得到整个河面上的温度值。

5.3.1　热红外遥感数据源选择

随着空间信息技术的不断发展，各国发射了大量携带不同种类遥感传感器的卫星，因此可供热红外遥感反演的数据源种类很多。常用的遥感影像数据来源的热红外通道分辨率和发射年份，见表 5.1。

表 5.1   常 用 传 感 器 对 比

传感器	AVHRR	MODIS	ASTER	TM	ETM+
分辨率/m	1100	1000	90	120	60
发射年份	1979	1999	1999	1982	1999

通过表 5.1 可以看出，Landsat ETM＋数据具有如下的特点：

（1）热红外通道的空间分辨率高。ETM＋第六波段为热红外波段，高达 60m 的分辨率，高于 ASTER，远高于 AVHRR 和 MODIS，可以准确捕捉河流横向的空间特性。

（2）可见光波段空间分辨率更高。除热红外波段的空间分辨率为 60m 外，ETM＋的可见光波段的分辨率均为 30m，对图像的水体提取和目视识别都非常适合。

（3）技术成熟，数据较新。ETM＋是 TM 的改进增强版本，数据处理和操作与 TM 基本相同，而 TM 影像的应用范围和相关算法都比较完善，因此 ETM＋也有相对成熟的技术支持。ETM＋本身是 1999 年投入使用，运行至今，数据较新，也符合时间要求。

（4）扫描宽度为 185km，覆盖周期为 16 天，影像尺度小，适合于小范围定点研究。

本次将要研究的是三峡大坝蓄水前后，葛洲坝下 5km 范围内中华鲟产卵场的水温变化趋势，三峡下游河段的河流宽度为 200m～1000m，因此较高的空间分辨率十分重要。综上考虑，选择 Landsat ETM＋数据作为本次的研究数据源。

5.3.2　研究区域选择

研究针对三峡水库蓄水对下游河道水温产生的影响展开，目的是研究下游河流水温变化趋势，以及对中华鲟可能产生的影响。中华鲟的主要产卵区域在葛洲坝电站至庙咀约 4km 的江段范围（陶江平等，2009），宜昌水文站是长江上游的出口控制站，有实测的水温资料，可用于遥感反演水温结果验证。综合考虑，选择研究区域为葛洲坝坝下至宜昌断面约 6km 的范围，该区域包含了中华鲟主要产卵场，如图 5.11 所示。

图 5.11　研究区域图

根据近年《长江水资源质量公报》的统计显示，研究区域内的水质保持在Ⅱ～Ⅲ类，水质情况良好，因此水温是影响鱼类繁殖、生存的重要因素。

5.3.3 研究时间选择

本次研究主要目的是通过遥感反演河流表面温度，研究水温变化趋势，分析三峡—葛洲坝梯级水库运行对下游河流水温可能造成的改变，以及水温变化对鱼类产卵可能产生的影响，所以合理选择不同时间点的遥感影像资料十分重要。已有研究表明，三峡—葛洲坝梯级水库对下游河流水温的影响主要是由三峡水库蓄水引起，因此主要的时间要求为：①影像时间覆盖鱼类的产卵期，以此保证反演结果的有效性；②影像时间应该包括三峡水库 2003 年蓄水运行前后，以便分析水温整体变化趋势。

中华鲟一般在每年的 10 月中旬至 11 月中旬在葛洲坝下 5km 范围内产卵。因其产卵周期短，故资料较少，选取三个年份 11 月初的三幅影像，包括 2000 年 11 月 6 日、2004年 11 月 1 日、2006 年 11 月 7 日。所选资料时间满足前述要求，覆盖三峡蓄水前后。影像云量均较低，干扰较小，有较强的代表性。

5.3.4 遥感反演原理与方法

1. 普朗克定律与亮度温度

黑体的概念是 1859 年由基尔霍夫提出，作为研究热辐射的标准对象，是一个理想化的模型。黑体是一个能够吸收外来一切辐射且不会产生任何的反射和透射的物体，其吸收率不随波长而改变，始终为 1（李艳青 等，2014）。绝对黑体在自然界并不存在，但是在理论研究上有重要的价值。普朗克定律就是研究绝对黑体辐射随波长变化的光谱发射特性，其计算公式为

$$E_{\lambda,T} = \frac{2\pi c^2 h}{\lambda^5}(e^{\frac{ch}{k\lambda T}} - 1)^{-1} = \frac{c_1}{\lambda^5}(e^{\frac{c_2}{\lambda T}} - 1)^{-1} \tag{5.9}$$

式中：$E_{\lambda,T}$ 为辐射出射度，$W/(m^2 \cdot \mu m)$；c 为光速，$c = 2.99793 \times 10^8 m/s$；$h$ 为普朗克常量，$h = 6.626 \times 10^{-34} J \cdot s$；$k$ 为玻尔兹曼常数，$k = 1.3806 \times 10^{-23} J/K$；$\lambda$ 为波长，m；c_1 和 c_2 为常量，$c_1 = 2\pi hc^2 = 3.7418 \times 10^{-16} W \cdot m^2$，$c_2 = hc/k = 14388\mu m \cdot K$。

同时，绝对黑体都是符合朗伯定律的，故其辐射亮度与辐射出射度的关系如下：

$$B_{\lambda,T} = \frac{E_{\lambda,T}}{\pi} \tag{5.10}$$

普朗克定律给出了绝对黑体的辐射亮度、黑体温度与辐射波长的关系，即当黑体的温度确定时，可以得到辐射亮度与辐射波长关系的黑体光谱。所以根据热红外遥感去探测得到的地物热辐射，可以通过普朗克函数转化得到其相应的黑体温度，这个温度就叫作亮度温度。对于自然界中的真实物体，由转换得到的亮度温度要低于物体的实际温度值，因为实际物体的辐射能力比黑体的辐射能力要弱，所以如果要在卫星传感器上接收到相同的辐射能量，物体的实际温度必须要比黑体温度高。因此，为了将物体实际温度与描述黑体的亮度温度联系起来，需要引入比辐射率的概念。

2. 比辐射率

如前所述，为了描述亮度温度与实际温度之间的关系，引入物体的辐射出射度与相同

温度、相同波长下黑体的辐射出射度的比值，即比辐射率：

$$\varepsilon = \frac{E_{S\lambda,T}}{E_{B\lambda,T}} \tag{5.11}$$

式中：$E_{S\lambda,T}$ 为物体在温度为 T、波长为 λ 时的辐射出射度；$E_{B\lambda,T}$ 为黑体在温度为 T、波长为 λ 时的辐射出射度。

比辐射率表征了实际物体的热辐射与黑体热辐射的接近程度，其值为 0~1，是一个无量纲，仅表示物体辐射能力的量。比辐射率与物体的介电常数、温度、波长、表面粗糙程度及观测角度等有关，因此，不同物体之间的比辐射率是有较大差别的。表 5.2 给出了常见土地分类下计算得到的黑体温度与地物实际温度对比（覃志豪 等，2004）。

表 5.2 黑体温度与地物实际温度对比表

土地类型	比辐射率 ε	黑体温度/K	实际温度/K
城市建筑	0.970	300	291.0
土壤	0.972	300	291.6
植被	0.986	300	295.8
水体	0.995	300	298.5

可以清楚地看出，当地表温度在常温范围时，比辐射率每相差 0.01，计算得到的地物温度与实际温度大约相差 3K，所以在温度反演中，比辐射率是一个不可忽略的重要参数。在比辐射率的概念下，若不考虑大气热传输和地表热相互作用，地物的实际温度值可以根据比辐射率，通过普朗克函数计算得到的亮度温度直接转换而来。但在实际中，大气层对热辐射的作用，使得传感器接收到的辐射产生了复杂的变化，所以若想通过卫星传感器接收到的信息反演地表温度，必须消除大气的影响。

3. 热辐射传输方程

在进行卫星遥感影像反演地表温度时，必须同时考虑地表与大气的双重影响，热辐射传输方程为

$$A_\lambda = B_\lambda(T_s)\varepsilon_\lambda\tau_\lambda + L_\lambda\uparrow + (1-\varepsilon_\lambda)L_\lambda\downarrow\tau_\lambda \tag{5.12}$$

式中：A_λ 为卫星传感器接收到的波长为 λ 的热辐射强度，$W/(m^2 \cdot sr \cdot \mu m)$；$B_\lambda(T_s)$ 为地表黑体辐射强度，$W/(m^2 \cdot sr \cdot \mu m)$；$\varepsilon_\lambda$ 为波长为 λ 时的地表比辐射率；τ_λ 为大气透射率；$L_\lambda\uparrow$ 和 $L_\lambda\downarrow$ 分别为波长为 λ 时的大气上行和下行热辐射强度，$W/(m^2 \cdot sr \cdot \mu m)$。

根据公式可以看出，若想通过卫星传感器热红外通道反演得到地表温度，就必须考虑大气状态，通过消除大气的影响，才能得到准确的反演结果。这些大气状态的未知变量，主要与大气水汽含量、大气温度、大气气压等因素有关，并且随着大气的空间分布变化而不断变化，在实际操作中，很难获取到大量精确的边界条件和实际观测值，因此在地表温度反演过程中，一般采用了可靠的经验公式、经验系数、标准大气剖面假设等，使操作过程变得可行且简化。

4. 遥感反演算法

不同的遥感数据和各种不同的假设及使用情况，有着不同的遥感反演算法。根据使用

的热红外通道数量，一般分为多通道算法、分裂窗算法和单通道算法三类方法。多通道算法和分裂窗算法均是针对有 2 个以上的热红外通道的传感器采用的方法。单通道算法适用于只有一个热红外通道的传感器，是处理 Landsat TM 和 ETM＋数据的常用方法。

一般单通道算法分为热辐射传输方程法和单窗算法。热辐射传输方程法，根据式（5.12）计算，这个方法原理上是可行的，但是需要得到精确实时的大气轮廓线，包括不同高度下大气的气压、水汽含量、二氧化碳、温度等关键信息，这些信息难以获取，加上这种方法本身计算复杂，在实际中较少使用。

单窗算法是覃志豪等（2001）根据热辐射传输方程建立的适用于 Landsat TM6 反演地表温度的算法，经研究表明，同样适用于 Landsat ETM＋6 的反演，其计算公式为

$$T_s = a(1-C-D) + [b(1-C-D)+C+D]T_6 - DT_a \qquad (5.13)$$

式中：T_s 为地表温度，K；T_6 为传感器热红外波段的亮度温度，K；T_a 为大气平均作用温度，K；a 和 b 为常量，在地表温度为 $0\sim70℃$ 时，$a=-67.355351$，$b=0.458606$；C 和 D 为中间变量，由地表发射率和大气透射率计算得到。

其中 C 和 D 的值计算公式为

$$C = \varepsilon\tau \qquad (5.14)$$

$$D = (1-\tau)[1+(1-\varepsilon)\tau] \qquad (5.15)$$

式中：ε 为波段范围内地表比辐射率；τ 为波段范围内大气透射率。

对比热传输辐射方程式（5.12）可以看出，单窗算法的优点在于仅仅需要 3 个基本的参数：大气平均作用温度、地表比辐射率和大气透射率，就可以通过星上观测数据计算得到地表温度。

根据表 5.2，可以得到水体的比辐射率大约为 0.995。在式（5.13）中，T_6 表示传感器热红外波段的亮度温度，但卫星给用户的遥感影像数据，其数值是 DN 值，也就是像元的灰度值，灰度值的取值范围为 $0\sim255$。要进行遥感反演，必须先进行辐射定标，将图像灰度值转化为亮度温度，也就是相应的黑体辐射温度，这个过程一般分为两步。

第一步，要将图像灰度值（DN_6）转换为辐射亮度值 L_b，其转换公式如下：

$$L_b = L_{\min} + \frac{L_{\max}-L_{\min}}{255} \times DN_6 \qquad (5.16)$$

式中：$L_{\min}$ 和 $L_{\max}$ 为传感器所探测到的最小辐射亮度和最大辐射亮度，可以在遥感影像的头文件查询获得。对于 ETM＋数据，第 6 波段（热红外波段）在高增益时，$L_{\min}=3.2$，$L_{\max}=12.65$；在低增益时，$L_{\min}=0.0$，$L_{\max}=17.04$。

第二步，根据辐射亮度值 L_b 推求地表相对温度，即亮度温度 T_6，计算公式如下：

$$T_6 = \frac{K_2}{\ln(K_1/L_b+1)} \qquad (5.17)$$

式中：K_1 和 K_2 为常量，$K_1=666.09\text{W}/(\text{m}^2 \cdot \text{sr} \cdot \mu\text{m})$，$K_2=1282.71\text{K}$。

在热红外遥感反演地表温度的过程中，大气参数的计算也会对结果产生显著的影响。

为了消除反演过程中的大气影响，还需要对大气参数进行估计。

5. 大气参数估计方法

大气参数是地表温度反演单窗算法中至关重要的参数，但是由于计算过程非常复杂，加上实时的大气剖面数据难以获取，所以一般采用经验公式和原理结合的方法估算各类大气参数。上面介绍的大气透射率 τ 和大气平均作用温度 T_a 可以根据实时的大气轮廓线数据进行计算，但观测和计算复杂，因此根据经验公式进行推求，需要知道近地面的气温观测值和近地面的大气水汽含量。大气平均作用温度 T_a 能够很好地解决没有实时大气廓线的情况，并能够极大简化热传输方程的复杂积分问题。经研究，大气平均作用温度与近地面气温存在着线性关系，根据经验统计，形成了几个标准大气廓线的经验公式。在中纬度地区，常用大气平均作用温度公式如下：

$$夏季大气平均作用温度：T_a = 16.0110 + 0.9262 T_0 \tag{5.18}$$

$$冬季大气平均作用温度：T_a = 19.2704 + 0.9118 T_0 \tag{5.19}$$

式中：T_0 为近地面气温，K。

由以上公式，只需要研究区域的近地面气温，就可以通过经验公式得到所需的大气平均作用温度。Jiménez-Muñoz 等（2008）利用模拟数据对算法进行了评价，发现当大气水汽含量为 $0.5 \sim 2 \text{g/cm}^2$ 时，能取得最好的效果，误差为 $1 \sim 2\text{K}$，但当大气水汽含量大于 3g/cm^2 时，算法误差较大。因此给出大气透射率在 $0.5 \sim 3\text{g/cm}^2$ 时的经验计算公式，见表 5.3。

表 5.3　　　　　　　　　　大气透射率经验公式

大气剖面	水汽含量 $w/(\text{g/cm}^2)$	大气透射率公式
高气温（35℃）	$0.5 \sim 1.6$	$\tau = 0.974290 - 0.08007w$
	$1.6 \sim 3.0$	$\tau = 1.031412 - 0.11536w$
低气温（18℃）	$0.5 \sim 1.6$	$\tau = 0.982007 - 0.09611w$
	$1.6 \sim 3.0$	$\tau = 1.053710 - 0.14142w$

大气水汽含量，是地面以上、对流层以下任一单位截面积大气柱中的水汽质量，也是一个复杂的自下而上的积分问题，也可由气温与大气湿度推求。先考虑在一定高度下，大气绝对湿度与水汽压之间的关系。大气绝对湿度指每立方米湿空气中所含水汽的质量，其与水汽压之间的关系如下：

$$A = 217 \frac{e}{T} \tag{5.20}$$

式中：A 为大气绝对湿度，g/m^3；e 为水汽压，kPa；T 为大气温度，K。

同时，空气中的水汽压量存在一个最大饱和值，称之为饱和水汽压，计算饱和水汽压的马格努斯公式如下：

$$E = E_0 \times 10^{\frac{7.5T}{237.3+T}} \tag{5.21}$$

式中：E 为饱和水汽压，kPa；E_0 为 0℃时的饱和水汽压，$E_0 = 0.61078\text{kPa}$；T 为大气温度，℃。

实际中，气象数据给出的湿度往往是空气相对湿度 RH_0，相对湿度是表征空气干湿程度的量，为空气水汽压与相同温度下饱和水汽压的比值，没有量纲，其计算公式如下：

$$RH_0 = \frac{e}{E} \times 100\% \tag{5.22}$$

根据式 (5.20)、式 (5.21)、式 (5.22)，可以推出近地面大气绝对湿度（水汽含量）A_0 与近地面空气相对湿度 RH_0 之间的关系如下：

$$A_0 = \frac{217 \times RH_0 \times E_0 \times 10^{\frac{7.5t_0}{237.3+t_0}}}{t_0 + 273.15} \tag{5.23}$$

式中：t_0 为近地面空气温度，℃。

通过近地面水汽含量，可由标准大气剖面数据计算大气水汽含量 w，计算公式如下：

$$w = 0.1 \frac{A_0}{R_0} \tag{5.24}$$

式中：R_0 为近地面大气水汽占大气水分总含量的比率，可以通过标准大气剖面数据查得。

5.3.5　研究区域水温反演的实现

5.3.5.1　反演过程

选取 2000 年 11 月 6 日遥感影像资料为例，运用单窗算法反演河流水面温度，资料的 RGB 真彩色合成影像如图 5.12 所示。

研究对象为水体，而遥感影像中非水体部分，如土地、植被、城镇等背景，会对结果造成一定的影响，因此需要将水体从背景中提取出来。常用的方法有阈值法、谱间关系法和水体指数法（席晓燕 等，2009）。阈值法通过人工观察影像上的水体亮度值与其他地物亮度值范围的差别，设置阈值提取水体，因为存在阴影与水体亮度相近的问题，提取结果误差较大；谱间关系法中最简单、最稳定的方法由杨存健等（1988）提出，采用水体具有（TM2＋TM3）＞（TM4＋TM5）的特征提取水体，但是这个方法会造成部分城镇居民地的误提；归一化水体指数（NDWI）由 Mcfeeters 提出，其公式如下：

$$NDWI = \frac{Green - NIR}{Green + NIR} \tag{5.25}$$

式中：$Green$ 为绿光波段亮度；NIR 为近红外波段亮度。

水体具有归一化水体指数大于 0 的特性，

图 5.12　研究区域遥感影像真彩色合成图（2000 年 11 月 6 日）

采用此方法能将水体全部提出，但会误提部分土壤和建筑。

采用归一化水体指数与阈值法结合的方法，通过先计算研究区域影像的 $NDWI$ 值，再根据观察影像全域的 $NDWI$ 值差异，人工设置阈值，提取水体。首先，计算研究区域 $NDWI$ 值，结果如图 5.13 所示。

从图 5.13 中可以看出，河流水体与其他环境的亮度值明显存在很大的区别，但是江边的城市居民区却和水体亮度近似，因此如果直接提取水体，会造成一些误提，通过观察和测试，设置合适的水体 $NDWI$ 阈值，使得提取结果较好，漏提和误提较少。研究区域水体提取结果如图 5.14 所示。

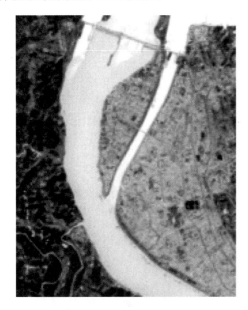 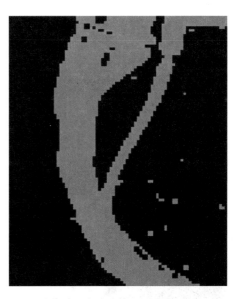

图 5.13　研究区域 $NDWI$ 值　　　　　图 5.14　研究区域水体提取结果

研究区域中心坐标约为 $30°43'20.56''$N、$111°16'15.10''$E，查询气象资料可得到卫星过境时段，区域内近地面平均气温 T_0 为 15.90℃，近地面平均相对湿度 RH 约为 55.90%。

气温转换为开氏温度后，根据式（5.23）可以得到近地面大气水汽含量 A_0 为 10.4432g/cm^3。

标准大气剖面数据有夏季和冬季的区别，宜昌属于中纬度地区，影像时间为 11 月，所以选用中纬度冬季剖面，此时 R_0 的值取 0.400124，根据式（5.24）可以得到区域内的大气水汽含量为 2.61g/cm^2。

大气透射率 τ 通过与 w 相关的经验公式给定，查询表 5.3，选择在低气温下，大气水汽含量为 1.6～3.0 的公式计算，得到 τ 的值为 0.684604。

河流表面为水体，从表 5.2 中可查得，水体比辐射率 $\varepsilon = 0.995$。

大气平均作用温度 T_a 同样使用中纬度冬季大气平均作用温度公式计算，得 T_a 的值为 282.82619K。

单窗算法中：$C = \varepsilon\tau = 0.681181$；$D = (1-\tau)[1+(1-\varepsilon)\tau] = 0.316475$。

影像选用第 6 波段低增益，$L_{min}=0.0$，$L_{max}=17.04$，根据式（5.16）、式（5.17），将图像原始灰度值（DN_6 值）影像转化为辐射亮度影像，再将辐射亮度影像转化为亮度温度 T_6。

将 a、b、C、D 和大气平均作用温度 T_a 的值代入单窗算法式（5.13）中，输入亮度温度影像，经过温度转换就可以得到整个研究区域水体的河流表面温度反演结果，即河流表面的实际温度影像，如图 5.15 所示。

为了更直观展示反演结果与河流温度分布，将图像经过渲染处理，根据水面温度区间等级划分，得到研究区域 2000 年 11 月 6 日的水体表面温度分布图如图 5.16 所示。

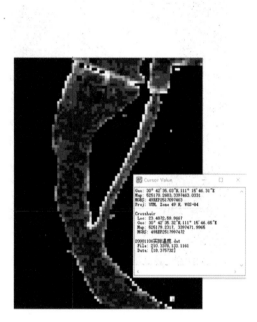

图 5.15 研究区域实际温度影像
（2000 年 11 月 6 日）

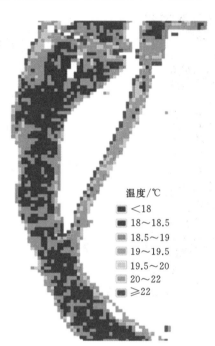

温度/℃
■ <18
■ 18～18.5
■ 18.5～19
■ 19～19.5
■ 19.5～20
■ 20～22
■ ≥22

图 5.16 江段表面温度分布图
（2000 年 11 月 6 日）

5.3.5.2 反演结果

中华鲟产卵时间一般在 10 月中旬至 11 月中旬，处于秋、冬季节，通过查询气象数据资料，得到每幅影像相对应的卫星过境期间近地面气温与近地面相对湿度数据，见表 5.4。

表 5.4 影像对应时间的气象数据

日 期	近地面气温/℃	近地面相对湿度/%
2000 年 11 月 6 日	15.90	55.90
2004 年 11 月 1 日	14.95	59.20
2006 年 11 月 7 日	15.00	48.05

为了验证热红外遥感反演水温模型的精度，将反演结果与宜昌站实测水温进行比较，在宜昌断面随机选出大致均匀的 10 个考察点，这 10 个点的经纬度坐标见表 5.5。

根据表 5.5 的考察点坐标，在 3 张遥感影像反演结果图上获取相应的河流表面温度值，计算其平均值，结果见表 5.6。

表5.5		考察点坐标
序号	经度/(°)	纬度/(°)
1	111.275864	30.69583
2	111.275144	30.69539
3	111.274992	30.69506
4	111.274233	30.69454
5	111.273778	30.69402
6	111.273247	30.69356
7	111.272489	30.69298
8	111.271883	30.69252
9	111.271200	30.69180
10	111.270442	30.69115

表5.6　影像在考察点的反演结果　单位：℃

序号	2000年 11月6日	2004年 11月1日	2006年 11月7日
1	19.742767	20.658661	21.895905
2	19.060791	19.298035	20.631278
3	19.060791	19.298035	20.631287
4	18.375732	18.613007	20.631287
5	18.375732	19.298035	19.994629
6	18.375732	18.613007	19.994629
7	17.687317	19.298035	19.355103
8	18.375732	18.613007	19.994629
9	19.060791	18.613007	19.994629
10	18.375732	18.613007	19.994629
平均值	18.6491117	19.0915836	20.3118005

将上述反演结果的平均值与当日宜昌站实测水温（其中，2000年11月6日实测水温缺少）进行比较，见表5.7。由表5.7可以看出，2004年11月1日和2006年11月7日的反演结果其误差均在2%以内，表明通过遥感反演水温具有较高的精度。由此，可用遥感反演水温的方法补充缺少的2000年11月6日的实测水温值，并通过遥感技术来分析三峡水库蓄水后对下游水温的影响。

表5.7　　　　　　　　　　遥感反演水温模型验证

影像日期	实测水温/℃	反演水温/℃	误差/%
2004年11月1日	18.80	19.09	1.5510
2006年11月7日	20.10	20.31	1.0537

至此，所有得到结论所需要的数据资料，都已借助热红外遥感反演完成了获取。同时也证明了使用热红外遥感反演水面温度的时空分布特性的有效性。

5.3.5.3　结果分析

由于中华鲟产卵时间短，能获取到的满足条件且相匹配的遥感影像资料有限，因此只选择了3个不同年份同一时间段的遥感资料。影像资料时间皆为11月上旬，属于秋冬季节降温期。此

表5.8　气温与水温的比较分析　单位：℃

日期	气温	水温
2000年11月6日	15.90	18.65
2004年11月1日	14.95	19.09
2006年11月7日	15.00	20.31

时，理论上库水下泄温度要比天然河道的水温较高。同样的，对三峡水库建成蓄水前后同时段的产卵场反演水温与当日的日平均气温进行对比，见表5.8。

由表5.8可以看出，三峡水库2003年建成蓄水后，2004年和2006年河流水温在11月上旬均高于三峡水库建成前2000年的同期水温。与此同时，表5.8中显示2000年11月6日与2006年11月7日相比气温是降低的，因此可以推断三峡水库蓄水后河道水温的升高主要是受到上游水库下泄水温的影响。

再对 3 个时间的反演结果采用统一的温度图例标准进行渲染，渲染图结果对比如图 5.17 所示，可以非常直观地看出在中华鲟产卵时间区间内不同年份相近日期的河流温度差异，即 2006 年与 2004 年的河段整体的平均温度分布明显高于 2000 年河段温度。

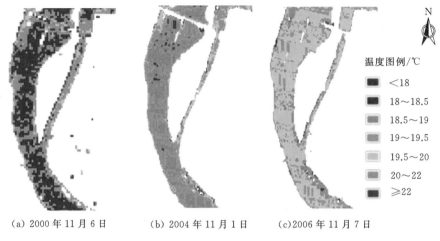

温度图例/℃
■ <18
■ 18～18.5
■ 18.5～19
■ 19～19.5
■ 19.5～20
■ 20～22
■ ≥22

(a) 2000 年 11 月 6 日　　(b) 2004 年 11 月 1 日　　(c) 2006 年 11 月 7 日

图 5.17　渲染结果对比图

在葛洲坝下至庙咀的中华鲟主要产卵场区域内，再随机均匀地选定 20 个观测点，计算其平均温度，得到 2000 年 11 月 6 日、2004 年 11 月 1 日和 2006 年 11 月 7 日这三个时间产卵场区域的平均温度分别为 18.55℃、18.96℃ 和 20.36℃。对比分析得到，2004 年相对于 2000 年，场区内平均温度增加了 0.41℃，2006 年相比 2000 年，场区内平均温度增加了 1.81℃。

三峡大坝位于葛洲坝上游 40km 处，于 2003 年 6 月 1 日下闸蓄水，6 月 10 日蓄水至 135m，2006 年 10 月蓄水至 156m，至 2010 年 10 月，三峡水库试验性蓄水首次到 175m 最终水位。由图 5.17 可以看出，自三峡水库 2003 年开始初期蓄水后，其下游宜昌河段 11 月降温期的河流平均温度，相比蓄水前均显著升高，说明三峡水库下泄水对下游宜昌段水温在这一时段有较强的影响。有研究资料表明（Chang et al.，2017），从 2003 年三峡水库蓄水以来，已经开始影响并改变水库下游河段的水温过程，但在三峡工程建设初期，滞温效果还不明显，随着时间推移，滞温效果会逐渐显著。此时段水温的显著升高，会明显影响中华鲟的产卵活动。中华鲟的产卵温度为 18～20℃，超出这一范围则产卵频次会显著下降。因此可以推测，2006 年中华鲟的产卵时间相对于 2000 年会有所推迟。

根据宜昌站 10 月和 11 月的日实测水温（图 5.18），可以看出，在三峡水库蓄水前 2002 年的水温在 10 月下旬降至 20℃，在三峡水库蓄水初期即 2003 年和 2004 年滞温效果还不显著，随着时间的推移，滞温效果逐渐显著，2006 年水温在 11 月下旬才降至 20℃，达到中华鲟产卵适宜水温值，这与遥感反演结果相符。影响中华鲟产卵的因素很多，单从水温这一角度分析，可以认为三峡水库蓄水之后，出现滞温效应，使得中华鲟产卵时间推迟。

综上所述，遥感反演河流水面温度具有良好的精度，运用遥感技术研究三峡-葛洲坝梯级电站下游长江宜昌段水温，具有有效性。通过遥感反演水面温度研究水温变化趋势，

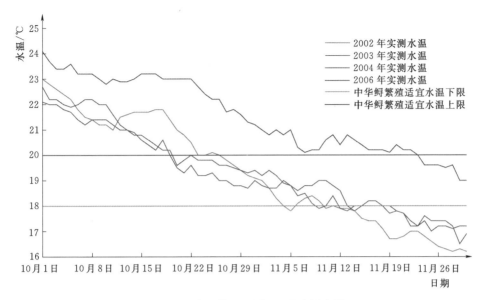

图 5.18　宜昌站 10 月和 11 月实测水温

可以得到研究河段的水温时空分布，分析其时空变化趋势，结果也更加直观，是对实测资料的补充，同时也为资料匮乏的地区开展水温研究提供了新方法。

5.4　中华鲟物理栖息地适宜度分析

　　中华鲟是长江流域重要的旗舰物种，其成熟体生活在长江口外的近岸海域，每年 10 月和 11 月沿长江洄游至上游产卵繁殖。由于葛洲坝水利枢纽对于中华鲟洄游产卵的阻断，中华鲟产卵栖息地不得不由长江上游的金沙江江段，迁移至葛洲坝—庙咀江段。

　　本章以中华鲟为指标物种，围绕其产卵繁殖所需要的栖息地适宜面积，研究变化环境对河流水生态环境的影响。研究适宜栖息地面积的研究方法有多种，本研究采用的方法是基于 IFIM（Instream Flow Incremental Methodology）方法建立流量和有效栖息地面积的相关曲线，结合水动力的模拟结果，通过适宜度面积研究中华鲟栖息地产卵场适宜度，分析变化环境对中华鲟产卵场的影响。

5.4.1　基于 IFIM 方法的适宜栖息地面积

　　IFIM 方法是美国在西部大建设时期，为保护鱼类不受到工程建设的影响，生物学家提出的一种保护方法。随着研究方法的深入，栖息地模型随之发展起来。

　　根据对目标物种栖息地的水文监测数据，以 0～1 之间的数值表示该水文条件下生物的适宜程度，可以绘制相应的栖息地适宜度曲线（Habitat Suitable Curve，HSC）。栖息地模型就是利用各影响因子的栖息地适应度曲线结合水动力学模型评价栖息地各网格单元的综合适宜度（Combined Suitability Factor，CSF），最终评价栖息地整体适宜性，从而得到适宜栖息面积（Weighted Usable Area，WUA），其计算公式如下：

$$WUA = \sum_{i=1}^{n} CSF(V_{1i}, V_{2i}, \cdots, V_{mi}) A_i \tag{5.26}$$

式中：V_{1i}，V_{2i}，$\cdots$，V_{mi}为 m 个评价因子；$CSF(V_{1i}，V_{2i}，\cdots，V_{mi})$ 为各单元评价因子的栖息地综合适宜度值；A_i 为第 i 个评价单元的面积。

乘积法可以体现各评价因子共同作用下的结果，计算公式如下：

$$CSF_i = V_{1i} V_{2i} \cdots V_{mi} \tag{5.27}$$

式中：V_{1i}，V_{2i}，$\cdots$，V_{mi}为 m 个评价因子；CSF_i 为第 i 个单元评价因子的栖息地综合适宜度值。

5.4.2 中华鲟适宜度曲线

对于中华鲟，其产卵繁殖行为受到诸多因子的影响，其影响方式和程度也有所区别。当前研究表明，流速和水深是与河道流量紧密相关的两个水动力变量，也是对中华鲟栖息繁殖具有重要影响力的水文条件，其中流速对中华鲟繁殖的影响主要体现在促进中华鲟的性腺发育、保护鱼卵的受精环境和维持水体的溶解氧水平等，而水深对中华鲟繁殖的影响主要在于提供其产卵所需的涨落水过程。同时，中华鲟的产卵需要在一定的水温范围内进行，当水温低于或高于临界值时，中华鲟的产卵行为会停止或滞后。因此，本章选取中华鲟产卵场的流速、水深（以及相对水深）和水温作为生态影响因子展开栖息地模型的研究。

适宜度曲线反映了中华鲟对于水文条件的偏好性，对于栖息地模型模拟的结果起到非常重要的作用。根据水利部中国科学院水工程生态研究所提供的 1998—2002 年的中华鲟实测位置检测数据（见表5.9）。经计算，相对水深为 0.38～0.97，其中 77％的中华鲟产卵位置的相对水深为 0.6～1.0，大致符合中华鲟的相对水深在 0.8 左右的结论。位置流速是通过建立的三维水动力模型计算所得。

表 5.9　　　　　　　　　1998—2002 年的中华鲟实测位置检测数据

探测日期	鱼体水深/m	水深/m	相对水深	流速/(m/s)	水温/℃
1998 年 10 月 2 日	12	13.8	0.87	0.90	20.1
1998 年 10 月 2 日	14	15.2	0.92	1.48	20.1
1998 年 10 月 2 日	14	19.5	0.72	1.29	20.1
1998 年 10 月 2 日	9	10.9	0.83	1.11	20.1
1998 年 10 月 2 日	10	18.9	0.53	1.47	20.1
1998 年 10 月 2 日	18	22.2	0.81	1.43	20.1
1999 年 10 月 1 日	12	16.3	0.74	1.72	21.4
1999 年 10 月 1 日	10	14.0	0.71	0.84	21.4
1999 年 10 月 1 日	20	22.6	0.88	1.63	21.4
1999 年 10 月 1 日	9	23.4	0.38	1.99	21.4
1999 年 10 月 1 日	21	21.5	0.98	1.36	21.4

续表

探测日期	鱼体水深/m	水深/m	相对水深	流速/(m/s)	水温/℃
1999 年 11 月 1 日	9	11.9	0.76	2.00	17.6
1999 年 11 月 1 日	10	16.7	0.60	1.64	17.6
2000 年 10 月 2 日	9.3	12.0	0.78	0.96	19.2
2000 年 10 月 2 日	12.3	22.4	0.55	1.85	19.2
2000 年 10 月 2 日	19.8	22.5	0.88	1.62	19.2
2000 年 10 月 2 日	14.6	23.1	0.63	1.82	19.2
2000 年 10 月 2 日	8.2	22.7	0.36	1.16	18.8
2001 年 10 月 2 日	9	14.5	0.62	1.33	20.2
2001 年 10 月 2 日	9.2	21.2	0.43	2.10	20.0
2002 年 10 月 1 日	7.2	10.3	0.70	1.59	21.7
2002 年 11 月 3 日	15.8	16.3	0.97	1.11	18.3
2002 年 11 月 3 日	11.2	15.9	0.70	1.35	18.3
2002 年 11 月 3 日	13.1	15.7	0.83	1.24	18.3
2002 年 11 月 4 日	15.1	20.5	0.74	1.05	18.0
2002 年 11 月 4 日	7	16.5	0.42	1.51	18.0
2002 年 11 月 4 日	13.5	16.8	0.80	1.48	18.0

考虑到葛洲坝坝下 2005—2006 年的河势整治工程，水下地形发生了较大的改变，而所采用的地形数据为 2008 年测量得到，因此本章运用三维水动力模型模拟计算 2007—2012 年间 10 月和 11 月逐日流速和水深的时空分布特性。

由上述条件得知，中华鲟产卵最适宜的产卵水温为 18～20℃，最适宜的产卵流速为 1～1.5m/s，中华鲟所在位置的水深为 7～20m。本章综合相关文献的研究成果，选定的产卵适宜度曲线如图 5.19 所示。

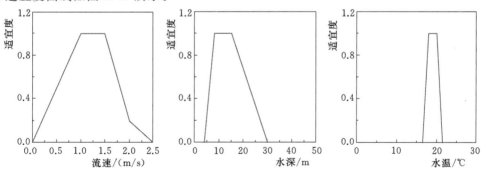

图 5.19 中华鲟产卵场流速、水深和水温的适宜度曲线

5.4.3 中华鲟产卵场适宜栖息面积

结合上述中华鲟的流速、水深、水温适宜性曲线，采用乘积法综合建立中华鲟自然繁

殖的水温和水动力模型［式（5.27）］，综合考虑这些要素的共同作用及对中华鲟和繁殖的协同影响。选取中华鲟繁殖季节（10—11 月）的逐日水位、水温为模拟参数，建立多要素协同下中华鲟适宜栖息地面积的逐日变化特征（见图 5.20）。

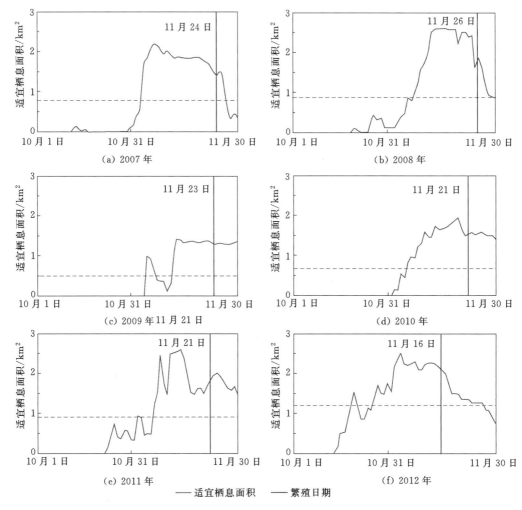

图 5.20　中华鲟产卵场适宜栖息面积逐日变化过程（2007—2012 年）

2007—2012 年的模拟结果表明，繁殖季节内（10—11 月）中华鲟在产卵场江段的适宜栖息面积年际间存在一定差异。2009 年和 2010 年的适宜栖息面积相对最小，2012 年的适宜栖息面积最大，6 年平均适宜栖息面积为 0.84km²，占研究区域总面积的 23.2%。同时，中华鲟适宜栖息面积呈现锯齿状的上升趋势，在每年的 10 月底至 11 月初开始急剧上升，在经历一段持续的高峰值之后于 11 月底逐步下降，适宜栖息面积最高值出现在每年的 11 月中旬。其中 10 月的适宜栖息面积最小（2007—2010 年当月的适宜栖息面积近似为 0，2011 年当月的适宜栖息面积小于 1km²；2012 年当月的适宜栖息面积小于 1.5km²）；11 月适宜栖息面积最大（各年度的最大值均超过 1.5km²，繁殖当日最大值超过 2.5km²）。图 5.20 同时显示了中华鲟适宜栖息面积逐日变化和中华鲟自然繁殖行为发生时间之间的关系。在中华鲟适宜栖息面积经历了 5～10d 的持续高峰值之后，中华鲟发生了自然繁殖行为，且繁殖日前后的适宜栖息面积均超过 1.5km^2。

上述成果综合分析了中华鲟栖息繁殖对流量、水温及分布水深的综合需求，描述了中华鲟适宜栖息面积的逐日变化特征。相关成果与中华鲟自然繁殖行为进行对比分析的结果表明，该适宜栖息面积的模拟与中华鲟自然繁殖行为发生之间存在直接的关联关系。相关成果验证了该模型模拟结果的可靠性，并指出了中华鲟繁殖季节内产卵场流量和水温的关联过程是影响中华鲟自然繁殖的关键要素。

图 5.21 提取了单一水温过程、单一流量过程及水温流量两要素共同作用下，中华鲟适宜栖息面积的逐日变化特征。通过 3 种适宜度栖息面积变化来剖析中华鲟繁殖季节的水温、流量过程对中华鲟适宜栖息地的影响程度。结果表明，中华鲟适宜栖息面积在 10 月的变化趋势与水温适宜度的变化趋势一致；而在 11 月中下旬的变化趋势与流量适宜度的变化趋势一致。因此，中华鲟适宜栖息面积在 10 月受限于水温的适宜性，在 11 月中下旬受限于流量的适宜性。

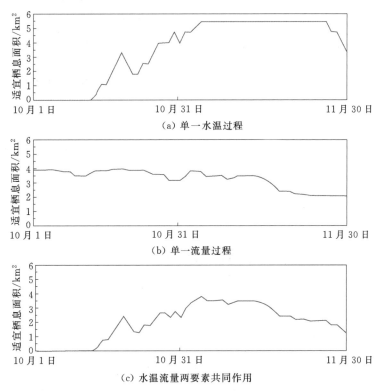

图 5.21　单一流量过程、单一水温过程及其相互作用下
中华鲟适宜栖息面积变化特征

结合长江水文站宜昌站各年度的水温数据可知，2007 年、2009 年和 2010 年中华鲟产卵场江段的水温在每年的 11 月 15—20 日进入中华鲟繁殖的适宜水温区间（$T \leqslant 20℃$），故而在此时段之前中华鲟的适宜栖息面积极小（近似为 0），适宜栖息面积随着水温的下降而逐步增加。同时，由于 2012 年水温进入 20℃ 以内的时间为 11 月 2 日，相比其他 5 个

年份要早 2 周左右。因此该年度中华鲟在繁殖季节内进入适宜栖息地的时间比其他 5 个模拟年份要早，同时获得的适宜栖息面积最大（见图 5.20 和图 5.21）。鉴于 2012 年水温进入 20℃ 以内的时间相比其他 5 个年份提前，获得的适宜栖息面积更大，且持续时间更长，中华鲟在 2012 年发生了 2 次自然繁殖（分别在 11 月 16 日和 12 月 2 日），其他年份均为 1 次。

根据中华鲟繁殖季节内产卵场江段流量及水温变动的边界条件，分析了流量和水温梯度变化与中华鲟适宜栖息面积的关系，实现最优栖息面积的流量及水温条件及阈值范围的求解（见图 5.22）。图 5.22 显示了水温由 16.5℃ 递增至 21.5℃，以及流量由 5000m³/s 递增至 30000m³/s 范围内中华鲟适宜栖息面积的变化特征，获得了中华鲟适宜栖息面积与水温、流量的梯度矢量关系及不同水温、流量范围内适宜栖息面积的二维等值线。

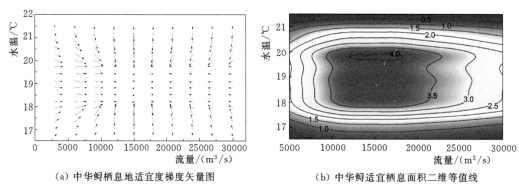

（a）中华鲟栖息地适宜度梯度矢量图　　　　　　（b）中华鲟适宜栖息面积二维等值线

图 5.22　流量及水温梯度变化与中华鲟适宜栖息地面积的关系

当水温和流量同时满足条件一（水温区间：19.5～19.8℃，流量区间：13000～17000m³/s）可获得最优适宜栖息面积（约 4km²）；当水温和流量同时满足条件二（水温区间：17.8～20.0℃，流量区间：8000～22000 m³/s）可获得较优适宜栖息面积（约 3.5 km²）。当水温高于 20.5℃ 或低于 17.0℃，同时流量高于 25000m³/s 或低于 6000m³/s，该水温和流量范围内中华鲟适宜栖息面积不足 1km²，该水温和流量范围不适宜于中华鲟的栖息和繁殖。

5.4.4　小结

通过建立的三维水温水动力模型实现了中华鲟葛洲坝产卵场复杂水流、水温条件的模拟计算，分析了三峡-葛洲坝联合运行导致的水温及流量变化过程对中华鲟适宜栖息面积的影响。基于水温、流量和中华鲟栖息适宜水深三要素乘积法开展的水温水动力模拟结果表明，中华鲟适宜栖息面积与中华鲟自然繁殖行为发生之间直接关联，并指出了中华鲟繁殖季节内产卵场的流量和水温过程是影响中华鲟自然繁殖的关键要素。同时，繁殖季节内的水温对中华鲟适宜栖息面积的影响相比于流量的权重更大，影响介入的时间更早。最后，基于流量和水温梯度变化与中华鲟适宜栖息面积的关系，求解了获得中华鲟最优栖息面积的流量及水温阈值范围。相关成果为促进中华鲟自然繁殖的生态调度参数制定提供了参考。

第 6 章

面向生态安全的长江上游水库群多目标调度技术

国外在 20 世纪 30 年代便关注针对水利工程建设和运行带来的生态环境问题并开展了研究。其发展基本可以分为认识问题和解决问题两个方面。认识问题方面经历了从物种关键生活史完成、栖息地保护到生态系统完整性保护的需求等几个阶段，期间将水文学方法、水力学方法、栖息地法及综合法等广泛应用于其中，建立了鱼类等水生生物的栖息地模型和生态流量模型。基于对河流连通性整体认识，在北美、欧洲和澳洲都开展了河流的生态环境恢复工程，在欧洲提出了河流再自然化的理念。同时结合经济发展需要开展了环境流量的研究及水库的再调度的试点（Baumgartner，et al.，2014）。从环境流量到生态调度经历许多技术、观念和理论的更新。在解决问题方面，生态调度首先是作为水库的再调度被提出，即在水库原有调度规程中，增加针对生态与环境保护的内容，形成新的调度规程。针对水库调蓄引起的河流水温、溶解气体、河流物理结构、水文过程变化等方面，国外学者建立了水文过程变化和生态过程响应的假设模型，耦合分析了河流物理、化学变化和河流生态系统变化之间关系，根据生态目标的水文需求，在多个水库的调度中进行了实验（Richter et al.，1996）。

针对水环境改善、生态环境修复等河流生态安全方面的需求提出生态调度。国内外学者进行了大量的基础研究和应用实例。水库水体富营养化及水华防控问题，一直是影响水利水电可持续发展的关键生态安全问题，备受国内外学者的广泛关注；而通过水库调度来防控水华也被认为是改善水库水质的最直接、最有效的方法之一，主要体现在 3 个方面：①大坝建设诱发水华机理研究方面，公认为大坝等水利工程引起了河流的水文、信息流、生物群落等因子在时间及空间上的不连续性，打破了原有的生态平衡，使水库的生境条件更类似于湖泊，进而导致水体富营养化及藻类水华，水质下降；②通过水库调度改善水库水质可行性方面，认为以生态水力学为基础的水库调度管理是水库水华防治的一个重要手段，并在澳大利亚、美国、乌克兰等国家部分水库进行了实验，并取得了很好的效果；③通过水库调度改善水库水质的理论方法上，逐渐形成了临界层理论、中度扰动理论、CSR 理论等基本理论体系，提出了通过打破水体分层、促进生境中度扰动、保障水库浮游植物多样性等来抑制有害藻类水华的机制等。在澳大利亚、美国、乌克兰等国家部分水库进行了实验，并取得了一定的成效（Reynolds，2006）。

在维护关键生物种群繁殖方面，针对鱼类对水库下泄水温变化的响应，认识到大坝调度导致的水温积温的延迟对鱼类的影响（Zydlewski et al.，2005）；鱼类群落结构对大坝不同调度模式下所造成的流量和水温改变的响应，研究得出了流量和水温改变会对下游河段的鱼类群落物理栖息地改变产生累积效应（Bestgen et al.，2006）。美国、南非、法国和加拿大等国家针对河流生态系统，比较系统地开展了关于鱼类生长繁殖、产量与河流流量关系的研究（Minshall et al.，1985；Barbour et al.，1999）。同时，从保护生物多样性、维护河流生态系统完整性的多目标角度出发，美国大自然保护协会和陆军工程兵团联合开展了改善大坝调度方式以修复下游河流生态的研究项目，该项目在美国选择了 11 条河流上的 26 个大坝作为生态调度试验的示范点，制定大坝下游的环境水流，采用适应性管理的方法进行生态调度试验。

水利工程建设和运行对区域生态安全的影响同样受到国内学者的普遍关注。生态调度作为修复水环境与水生态的主要途径得到广泛的研究。围绕水库水华防控、改善水库水质，保护重要生物种群（例如四大家鱼和中华鲟）、修复通江湖泊湿地等生态安全等关键问题进行大量研究，以长江中下游地区的成果最为丰富和集中。针对长江中下游湖泊建闸节制的阻隔导致的渔业资源下降，提出了灌江纳苗等措施（陈宜瑜和常剑波，1995）。有关三峡工程建设和运行对四大家鱼的不利影响，早在 1991 年完成的《长江三峡水利枢纽工程环境影响报告书》中，即提出了采取"人造洪峰"的调度措施予以减缓。该两项措施应该是我国最早针对水利工程调度运行对水生生物的不利影响提出的生态调度的措施之一。董哲仁等（2007）将生态因素作为水库调度的一个重要目标来考虑，提出了水库多目标生态调度的措施。同时，国内学者借用国外的水文学、水力学和栖息地模型和算法，将生态因素作为模型约束条件提出了下游河段的生态需水量，从宏观上提出了针对不同生态目标的调度需求（王俊娜 等，2013）。

以维护健康长江、促进人水和谐为基本宗旨，统筹防洪、兴利与生态等目标，运用先进的调度技术和手段，在满足下游生态保护和库区水环境保护要求的基础上，充分发挥梯级水库的防洪、发电、灌溉、供水、航运、旅游等各项功能，使三峡水库对坝下游生态和库区水环境造成的负面影响控制在可承受的范围内，并逐步修复生态与环境系统。在前述章节研究成果的基础上，本章围绕水华防控、关键水生生物物种保护、通江湖泊湿地生态安全等相关生态目标，探究不同生态调度目标间竞争与协同关系的触发条件和响应程度，建立水库群联合生态调度模型，通过多种径流情景下上游水库群生态补偿调度数值模拟和反演分析，构建面向流域生态环境保护的长江上游水库群调控模式。

6.2 多生态目标的水库群调度模型构建

水库调度模型是水库运行过程的完整数学描述，由反映优化准则的目标函数和约束方程共同组成。由于不同区域的不同水库其主要功能有一定差异，并且在不同调度时期的目标也不尽相同，导致构建水库调度模型时可能有很大差别。因此，本节主要介绍现有多目标调度模型，同时对模型求解方法及梯级水库调度规则方法进行介绍，在 6.3 节和 6.4 节将在长江上游梯级水库群的不同调度期，针对具体经济、生态目标构建模型并求解。

6.2.1 多目标模型构建

6.2.1.1 目标函数

水库群调度目标确切地表达了管理者的意图，关系到发电效益、防洪职能、航运作用、生态效益等多个领域的综合效益。经过多年发展，国内外研究人员调度目标主要有以下几种。

1. 发电调度目标

水力发电具有效率高、无污染、可持续、成本低、效益回收快等特点。当下能源越来越珍贵，能源危机越来越严重。水力发电对未来经济发展起到重要作用，因此，在进行水库调度时，使得水电站发电状态最优是相关学者重点关注的问题。由于具体研究中调度函数不同，概化形式如下：

$$\max F_1 \tag{6.1}$$

式中：F_1 可代表总发电量、总发电效益、最小出力等相关目标。

2. 防洪调度目标

水电站水库不仅可以调节河川径流在丰枯期分布的不均匀性、保证枯水期有足够的发电用水外，在汛期还必须拦截洪水，通过控制水库泄流对入库洪水进行调蓄，以保障上、下游防护对象的安全，并尽可能使水库取得最大的综合效益。因此，在水资源防洪系统调度中，水库起着十分重要的作用。水库在入汛前需要消落水位以实现腾出并预留防洪库容、调节汛期洪水过程、拦蓄洪水等。由于具体研究中调度函数不同，概化形式如下：

$$\min F_2 \tag{6.2}$$

式中：F_2 可代表总弃水量、坝前最高水位、下游防护点最大流量等相关目标。

3. 航运目标

船舶对航道有一定的要求，而上游水库的拦截蓄水，使得流域航运状况发生了明显变化，因此研究通航的条件至关重要。水库航运调度应满足涉及范围内航道、港口和通航建筑物等航运设施的最高与最低通航水位、最大与最小通航流量、流速等安全运用的要求。由于具体研究中调度函数不同，概化形式如下：

$$\max F_3 \tag{6.3}$$

式中：F_3 可代表所有站点断面航运流量保证度等相关目标。

4. 生态调度目标

传统水库调度过于强调水资源对经济发展的促进作用而忽视了水库调节对生态环境的负面影响，导致河道生态系统保护和水资源开发利用之间的矛盾日益凸显，生态调度目标也从早期的河流生态需水量逐渐趋于多元化。由于具体研究中调度函数不同，概化形式如下：

$$\max F_4 \tag{6.4}$$

式中：F_4 可代表当前常见的生态目标，如水量、水质、泥沙生境和鱼类等生物资源多种目标。

6.2.1.2 约束条件

水库调度应满足防洪、航运、生态及水轮机出力限制等条件，具体约束条件如下。

（1）水量平衡约束：

$$V_{t+1} = V_t + (I_t - Q_t)\Delta t \tag{6.5}$$

式中：I_t 为时段平均入库流量；Δt 为时段长度；V_t 为时段的初库容。

（2）水位约束：

$$Z_t^{\min} \leqslant Z_t \leqslant Z_t^{\max} \tag{6.6}$$

式中：$Z_t^{\min}$、$Z_t^{\max}$ 分别为时段最低、最高运行水位。

（3）水位变幅约束：

$$|Z_t - Z_{t+1}| \leqslant \Delta Z \tag{6.7}$$

式中：ΔZ 为最大时段间的水位变幅。

（4）出力约束：

$$N_t^{\min} \leqslant N_t \leqslant N_t^{\max}(H_t) \tag{6.8}$$

式中：$N_t^{\max}$ 为时段的最大出力能力，最大出力由电站机组动力特性、电站外送电力限制、机组预想出力等综合确定；$N_t^{\min}$ 为时段的保证出力。其中，$N_t^{\min} \leqslant N_t$ 约束（保证出力约束）为柔性约束，在径流特枯水电站消落至最低水位尚不能满足保证出力需求时，可适当降低保证出力值，或不考虑保证出力约束。

（5）流量约束：

$$Q_t^{\min} \leqslant Q_t \leqslant Q_t^{\max} \tag{6.9}$$

式中：$Q_t^{\max}$ 为时段的最大下泄流量；$Q_t^{\min}$ 为时段的最小下泄流量。最大、最小下泄流量一般由大坝泄流能力、河道航运行洪需求和不同时期河道生态、供水等综合用水需求决定。

（6）梯级水量平衡约束：

$$I_{i,t} = Q_{i-1,t} + r_{i,t} \tag{6.10}$$

式中：$Q_{i-1,t}$ 为 t 时刻电站的上游电站 $i-1$ 的出库流量；$r_{i,t}$ 为 t 时刻电站 $i-1$ 和 i 电站之间的区间流量。

6.2.2 多目标优化算法

6.2.2.1 多种群连续域蚁群算法

水库群联合调度模型包含多个生态调度目标，为解决多目标调度问题，提出了一种基于多种群蚁群和小生境搜索策略的多目标多种群连续域蚁群算法。在原始的单目标连续域蚁群算法的基础上通过引入基于非支配排序的信息素集合、多种群策略和小生境搜索策略，提出了多种群连续域蚁群算法。

1. 基于非支配排序的信息素集合

相比与原始单目标连续域蚁群算法的信息素集合，基于非支配排序的信息素集合采用了 NSGA-Ⅱ 相同的非支配排序方法，并运用逐次添加的方式更新信息素集合。

a. 非支配排序

非支配排序主要分为两个步骤。首先，根据解的非支配关系，将解集中的解分为若干个等级。等级高的解支配等级低的解，等级相同的解保持非支配关系，相关步骤可参考 NSGA-Ⅱ。其次，计算同一等级解的拥挤距离，具体计算公式为

$$\begin{cases} c_i = \sum_{n=1}^{N_{obj}} (o_n^{S_{i-1}} - o_n^{S_{i+1}})^2 & i \in [2, R-1] \\ c_1 = \sum_{n=1}^{N_{obj}} 2(o_n^{S_1} - o_n^{S_2})^2 & i = 1 \\ c_R = \sum_{n=1}^{N_{obj}} 2(o_n^{S_{R-1}} - o_n^{S_R})^2 & i = R \end{cases} \tag{6.11}$$

式中：c_i 为解 S_i 的拥挤距离；$o_n^{S_{i-1}}$ 和 $o_n^{S_{i+1}}$ 分别为解 S_{i-1} 和 S_{i+1} 在第 n 维目标上的归一化后的值；N_{obj} 为目标函数的数量；R 为同一等级中解的数量。

为了保证处在 Pareto 前沿端点的解不被淘汰，在端点上解的拥挤距离还应按照如下公式进行修正：

$$c_i = \begin{cases} 0.5(c^{\max} - c^{\min}) + c^{\min}, c_i < 0.5(c^{\max} - c^{\min}) + c^{\min} \\ c_i \qquad\qquad\qquad\qquad 其他 \end{cases} \quad i \in \{1, R\} \tag{6.12}$$

式中：$c^{\max}$ 和 $c^{\min}$ 分别为同一等级解中的最大和最小的拥挤距离。

b. 信息素集的逐次更新方式

传统的方法在更新信息素集时是将 N 个解同时加入信息素集，排序后再同时将 N 个最差的解淘汰。而在多目标领域，此种方法易导致信息素更新无效，如图 6.1 所示。因此，考虑采用将生成的 N 个解，逐次更新信息素集，如图 6.2 所示。

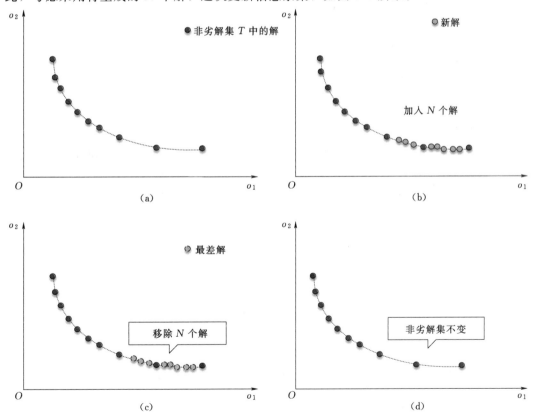

图 6.1　传统的信息素集更新方式

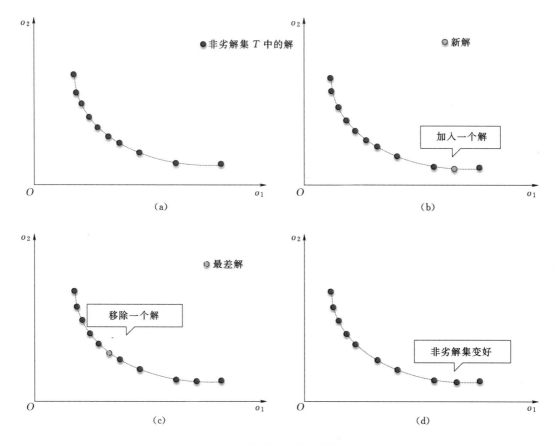

图 6.2　逐次更新信息素集的方式

2. 多种群蚁群策略

传统的连续域蚁群算法只有一种蚁群指导个体生成，难以在保证收敛速度的同时兼顾收敛精度。因此，提出了一种多种群蚁群策略，包括：精英蚁群和普通蚁群。精英蚁群按照原始算法的方法指导新个体的生成，保证算法的收敛速度；普通蚁群则在一个更大的范围内搜索，保障算法能够跳出局部最优解，提高算法的收敛精度。普通蚁群指导生成新个体按照式（6.13）和式（6.14）生成。

$$\begin{cases} G_n^i(x) = \dfrac{1}{\sigma_{i,n}\sqrt{2\pi}} e^{-\frac{(x-\mu_{i,n})^2}{2\sigma_{i,n}^2}} \\ \mu_{i,n} = \overline{s_i} = \sum_{k=1}^{K} s_{i,k} \end{cases} \tag{6.13}$$

式中：$G_n^i(x)$ 为第 n 维上的组合高斯概率密度函数；$\mu_{i,n}$ 为种群中第 i 维解的均值；$\sigma_{i,n}$ 为种群中第 i 维度解的方差，其计算公式为

$$\sigma_{i,N} = \xi_N \sum_{e=1}^{K} \frac{|s_{i,e} - \overline{s_i}|}{K-1} \tag{6.14}$$

3. 基于小生境的局部搜索策略

为提高 Pareto 前沿上的非劣解的分布性，提出了一种小生境的局部搜索策略，通过高斯函数在 Pareto 前沿上某拥挤距离较大的非劣解附近进行搜索，并基于前述提出的信息素集更新策略，提高 Pareto 前沿上，非劣解集的分布性。具体步骤如下。

（1）确定小生境。选取拥挤距离最大的几个解（一般选 3 个）作为小生境，如图 6.3 中的灰色圆圈。

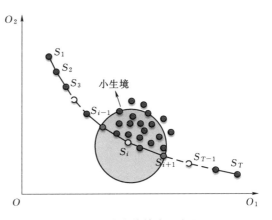

图 6.3　小生境搜索示意图

（2）生成新的解。依据小生境中解的信息，按照式（6.15），生成 N 个新的解：

$$\begin{cases} g_{\text{nic}}^{j}(x) = \dfrac{1}{\sigma_j \sqrt{2\pi}} e^{-\frac{(x-\overline{s_{j,i}})^2}{2\sigma_j^2}} \\ \sigma_j = \displaystyle\sum_{n=1}^{N} \dfrac{(s_{j,n}-s_{j,i})}{N-1} \end{cases} \quad (6.15)$$

式中：$g_{\text{nic}}^{j}(x)$ 为第 j 维上辅助生成新解的高斯函数；$s_{j,i}$ 为小生境中第 i 个解在第 j 维上的值；σ_j 为小生境中 j 维上值的标准差。

（3）信息素集的更新。按照步骤前述信息素集更新方法，更新信息素集。

6.2.2.2　NSGA-Ⅱ算法

生态调度模型为多目标优化调度，在多目标优化问题的求解中，当不同目标之间相互冲突时，很难找到一个真正意义上的最优解，而是同时存在一系列可行解，称之为非支配解（Pareto 解），其特点为至少存在一个目标优于集合之外所有的解，这些可行解的集合即为 Pareto 最优解集。多目标优化调度的核心就是平衡各个目标之间的关系，找出使得所有目标都尽可能达到较优的解集。

NSGA-Ⅱ算法是一种 NSGA 算法框架下基于快速非占优支配、精英保留策略和拥挤距离的非支配排序遗传算法。采用 NSGA-Ⅱ算法对上述模型进行求解，为保证寻优结果的可行性、提高算法的搜索效率，在搜索过程中融入约束处理策略。具体步骤如下。

（1）初始种群 pop 生成，种群规模为 popSize。对实际水库调度问题而言，随机生成的初始解很难满足多种约束条件，因此，为保证初始种群中个体可行，对水位进行正逆序遍历得到水位约束廊道，在水位廊道范围内进行初始化得到可行初始个体。

（2）交叉和变异算子生成子代种群。

（3）种群更新：将父代群体和交叉变异群体混合组成一个新的种群 R，计算种群中每个个体的适应度，根据非支配排序方法确定 R 中的对各非支配等级 $F_1, F_2, \cdots, F_t$，计算每个个体的拥挤距离，将种群 R 按非支配等级由小至大，拥挤距离由大至小排序，取出前 popSize 个个体，作为下一代种群 pop。

（4）判断当前进化次数是否达到最大进化代数，若达到，输出最优解；否则跳至步骤（2）。

研究采用 NSGA-Ⅱ算法计算旬尺度多目标模型，得到 Pareto 最优解集。将 Pareto 最优解中梯级电站发电量、中华鲟物理栖息地加权可用面积、洞庭湖最小生态需水满足度目标值归一化，加权平均作为总目标，选出总目标值最大的解进行日尺度优化调度计算。由选出的折中解得到各电站的大致水位过程，固定各电站调度期初、末水位，以梯级电站发电量最大、中华鲟物理栖息地加权可用面积最大、洞庭湖最小生态需水满足度最大进行日尺度优化计算，采用 DPSA＋POA 算法进行求解，算法步骤如下。

（1）从 Pareto 解集中选取折中解，将该解旬水位过程线性插值得到日水位过程，将该日水位过程作为各个水库的初始过程线 $\{Z_0^i(0), Z_1^i(0), Z_2^i(0), \cdots, Z_{T-1}^i(0), Z_T^i(0)\}$ $(i=2,3,\cdots,N)$。

（2）从梯级电站发电量、中华鲟物理栖息地加权可用面积、洞庭湖最小生态需水满足度三个目标中随机选取一个"优化目标"（与上一次循环优化目标不同），另外两个目标作为"约束目标"，计算"约束目标"值 obj _ constraint。

（3）固定第 1 个水库至第 T 个水库的水位过程线，使用 POA 算法对第一个水库进行按"优化目标"优化调度，同时保证"约束目标"不劣于约束值 obj _ constraint，得到第一个水库的水位过程线：$\{Z_0^1(0), Z_1^1(0), Z_2^1(0), \cdots, Z_{T-1}^1(0), Z_T^1(0)\}$。

（4）将第一个水库第一次优化后的调度线固定，同时固定第 3 个水库至第 T 个水库的水位过程线，使用 POA 算法对第二个水库进行优化调度，优化准则同步骤（3），得到第二个水库的水位过程线：$\{Z_0^2(0), Z_1^2(0), Z_2^2(0), \cdots, Z_{T-1}^2(0), Z_T^2(0)\}$。

（5）重复步骤（4），遍历优化所有的梯级水库，得到梯级所有水库的水位过程线：$\{Z_0^i(0), Z_1^i(0), Z_2^i(0), \cdots, Z_{T-1}^i(0), Z_T^i(0)\}$ $(i=1,2,\cdots,N)$。

（6）判断是否达到最大迭代次数，如果满足则停止计算，输出梯级各水库的状态变化过程；否则回到步骤（2）继续迭代计算。

6.2.3 梯级水库生态调度规则提取

水库水电站优化调度研究兴起于 20 世纪 50 年代，迄今在调度模型上已取得了一系列丰硕的理论成果。然而，尽管优化调度理论带来了可观的综合效益，其方法和成果在国内外水电站实际运行中均较少应用，实际调度水平与优化调度理论之间的鸿沟普遍存在。优化调度模型对实际运行中的各种不确定性因素考虑不足，不符合运行实际，例如：在对径流过程的处理方式上，确定性优化理论将水电站径流过程看做已知，得到的优化调度过程是面向过去的；而在实际运行中，径流预报精度和预见期水平均有限。因此，确定性优化调度方法和成果无法直接指导水库水电站实际运行。

为在实际运行中尽可能实现确定性优化调度所能达到的效益，基于确定性优化调度成果，对水库水电站各时段的调度决策进行提取，从而指导水库水电站实际运行。项目采用支持向量机（Support Vector Machine，SVM）对确定性优化调度结果进行调度规则提取，并运用该调度规则指导梯级水电站群实际运行。

6.2.3.1 调度规则提取模型 SVM 原理

支持向量机是 Cortes 等于 1995 年首先提出的建立在统计学习理论的 VC 维理论和结

构风险最小原理基础上的一种机器学习算法，其根据有限的样本信息在模型的复杂性（即对特定训练样本的学习精度）和学习能力（即无错误地识别任意样本的能力）之间寻求最佳折中，以求获得最好的推广能力，它在解决小样本、非线性及高维模式识别中表现出许多特有的优势，可以分析数据、识别模式，用于分类和回归分析。

支持向量机最初是用来做分类的，为了能够解决回归估计问题，需要借助 ε -不敏感损失函数来实现，首先考虑用线性回归函数 $f(\boldsymbol{x}) = \boldsymbol{w} \cdot \boldsymbol{x} + b$ 估计训练样本集 $\mathbf{D} = \{(\boldsymbol{x}_i, y_i)\}, i = 1, 2, \cdots, n, \boldsymbol{x}_i \in \mathbf{R}^d, y_i \in \mathbf{R}$。假设所有训练数据在精度 ε 下无误差地用线性函数拟合，即

$$\begin{cases} y_i - \boldsymbol{w} \cdot \boldsymbol{x}_i - b \leqslant \varepsilon \\ \boldsymbol{w} \cdot \boldsymbol{x}_i + b - y_i \leqslant \varepsilon \\ i = 1, 2, \cdots, n \end{cases} \tag{6.16}$$

则优化目标为

$$\min \frac{1}{2} \| \boldsymbol{w}^2 \| \tag{6.17}$$

考虑到允许拟合误差情况，引入松弛变量 $\xi_i \geqslant 0$ 和 $\xi_i^* \geqslant 0$，则式（6.16）变为

$$\begin{cases} y_i - \boldsymbol{w} \cdot \boldsymbol{x}_i - b \leqslant \varepsilon + \xi_i \\ \boldsymbol{w} \cdot \boldsymbol{x}_i + b - y_i \leqslant \varepsilon + \xi_i^* \\ i = 1, 2, \cdots, n \end{cases} \tag{6.18}$$

式（6.17）的优化目标变为

$$y = \min \left[\frac{1}{2} \| \boldsymbol{w}^2 \| + C \sum_{i=1}^n (\xi_i + \xi_i^*) \right] \tag{6.19}$$

式中：括号里第一项是为了提高学习的泛化能力；括号里第二项则为减少误差；常数 $C > 0$ 对两者做出折中，表示对超出误差 ε 的样本的惩罚程度。为求解上述问题，构造拉格朗日函数：

$$L(\boldsymbol{w}, \xi_i, \xi_i^*) = \frac{1}{2} \| \boldsymbol{w} \|^2 + C \sum_{i=1}^n (\xi_i + \xi_i^*) - \sum_{i=1}^n \alpha_i^* (\xi_i^* + \varepsilon + y_i - \boldsymbol{w} \cdot \boldsymbol{x}_i - b)$$
$$- \sum_{i=1}^n \alpha_i (\xi_i + \varepsilon - y_i + \boldsymbol{w} \cdot \boldsymbol{x}_i + b) - \sum_{i=1}^n (\xi_i \gamma_i + \xi_i^* \gamma_i^*) \tag{6.20}$$

求解得到回归函数为 $f(\boldsymbol{x}) = \boldsymbol{w} \cdot \boldsymbol{x} + b = \sum_{i=1}^n (\alpha_i^* - \alpha_i^*)(\boldsymbol{x}_i \cdot \boldsymbol{x}) + b \tag{6.21}$

对于非线性问题，可通过非线性变换转化为某个高维空间中的线性问题，即用核函数 $K(\boldsymbol{x}_i, \boldsymbol{x}_j)$ 替代原来的内积运算 $(\boldsymbol{x}_i, \boldsymbol{x}_j)$，就可以实现非线性函数拟合：

$$f(\boldsymbol{x}) = \boldsymbol{w} \cdot \phi(\boldsymbol{x}) + b = \sum_{i=1}^n (\alpha_i^* - \alpha_i^*) K(\boldsymbol{x}_i \cdot \boldsymbol{x}) + b \tag{6.22}$$

核函数 $K(\boldsymbol{x}, y)$ 的形式有多种，常用的有径向基核函数、多项式核函数、Sigmoid 感知核函数和多二次曲面核函数等。

6.2.3.2 变量选取与模型参数优选

调度决策和自变量因子构成了调度计划的框架，良好的调度决策和自变量因子不仅能够增强调度计划的可操作性和可解释性，也为调度计划优化模型奠定了良好的数据基础。

因此，调度决策与自变量因子的选取对调度计划的优化性起着至关重要的作用。

水库水电站调度中较为直观的决策包括水库下泄流量、时段末水位及时段发电出力等。研究中蓄水期生态调度既要考虑发电效益、又要考虑中华鲟栖息、洞庭湖补水的生态目标。生态目标主要以流量为导向，故选取时段出库流量为调度决策。在考虑水文预报预见期及相关参数可获取性的前提下，水库运行过程中的所有状态参数都可被纳入待选自变量系列，但并非所有参数都与决策有明确的相关关系。自变量应尽可能全面、直接地反映水库各方面的特征指标，同时，各参数之间应有一定的独立性。通过分析水库调度运行机理，挑选对水库时段出库流量影响较大的因子作为输入变量，构建调度规则提取模型，进而指导水库实际调度运行。调度规则提取模型输入变量为：当前天数、当天水库初水位、入库流量、出库流量、下一日预报入库流量；输出变量为：下一日水库出库流量。

由 SVM 的求解原理可以看出，惩罚因子 C 的作用是调和模型的训练精度和泛化能力，对模型效果起着至关重要的作用。而惩罚因子 C 可取值范围较大，需进行多次试验后确定。目前对于惩罚因子 C 的参数选取尚无严格的理论指导，一定程度上依赖于使用者的经验。SVM 核函数选择径向基核函数，核函数参数 gamma 难以确定。采用以训练误差平方和最小为目标，对给定范围内的惩罚因子 C 和核函数参数 gamma 进行优选，通过交叉验证及网格搜索确定合适的惩罚因子 C 及核函数参数 gamma，以更好地实现模型的训练能力。

6.3　面向生态安全的长江上游水库群蓄水期调度

随着乌东德、白鹤滩等长江上游大型梯级水库陆续建成运行，标志着长江上游控制性水利枢纽工程初步形成，未来长江流域水资源的开发利用效率将大幅度提高，梯级水库将在长江流域的防洪、发电、供水、航运、生态等诸多方面发挥关键性作用，进而实现流域水资源配置、水资源综合利用等方面更加科学合理，保障长江经济带健康安全发展。同时，大型水利枢纽建成后也使得河道边界及河流水文过程等自然特性发生较大改变。

水库兴利库容在发挥水库防洪、发电、供水、调节径流等方面发挥关键作用。随着水库数量增加，使得长江上游水库群的兴利库容占流域年均径流量的比例大幅提高，对流域生态等方面产生了诸多不利影响，汛末蓄水对河道天然水流的影响程度显著增强，上游水库蓄水和下游需水的矛盾日益凸显。特别是当后续来水不足，水库蓄至正常蓄水位难度加大，将直接影响水库兴利目标的实现。同时，蓄水时段使得长江中下游等地区存在明显的减水过程，由此给流域抗旱和生态等公益性调度带来能力不足等问题。因此，必须对长江上游水库群蓄水期进行优化调度研究，统筹协调流域水库群的经济、生态、社会效益，最大程度发挥长江上游水库群的功能效益，实现真正的人水和谐。

6.3.1　蓄水期优化调度模型

6.3.1.1　最大蓄能调度

不同来水情况下，水库的可蓄水量情况不一致，各水库不一定能蓄满，故需计算不同来水情况下各电站的最高蓄水位，以梯级电站蓄能最大为目标进行计算，得到的梯级蓄能

最大解的各电站末水位即为各电站的最高蓄水位，其目标表达式为

$$\max f_1 = \max \sum_{i=1}^{N} ES_{i,T} = \max \sum_{i=1}^{N} \frac{V_{i,T} + WT(i)}{\eta_i} \tag{6.23}$$

$$WT(i) = \sum_{k=1}^{K_i} (V_{U_i(k),T} + WT(U_i(k))) \tag{6.24}$$

式中：N 为梯级电站数；T 为调度时段总数；$ES_{i,T}$ 为水库 i 在调度期末 T 的蓄能值；$V_{i,T}$ 为水库 i 在调度期死水位以上蓄水量；$WT(i)$ 为水库 i 全部上游水库调度期末死水位以上蓄水量；K_i 为水库 i 的直接上游水库数目；U_i 为水库 i 的直接上游水库编号，对应龙头水库有 $U_i = \varnothing$。

水库调度应满足的约束条件见 6.2.1.2 节。

6.3.1.2 多目标生态调度

开展金沙江下游-三峡梯级电站蓄水期生态调度时，以梯级电站发电量最大、中华鲟物理栖息地加权可用面积最大、洞庭湖最小生态需水满足度最大为调度目标，在确定性来水预报条件下，其目标函数的数学表达式如下。

（1）梯级电站发电量最大：

$$\max f_1 = \sum_{i=1}^{N} \sum_{t=1}^{T} K_i H_{i,t} Q_{i,t} \Delta t = \max \sum_{i=1}^{N} \sum_{t=1}^{T} N_{i,t} \Delta t \tag{6.25}$$

（2）栖息地加权可用面积最大：

$$\max f_2 = \max \frac{1}{T} \sum_{t=1}^{T} WUA(Q_{gzb,t}) \tag{6.26}$$

（3）洞庭湖最小生态需水满足度最大：

$$\max f_3 = 1 - \frac{W_s}{W_E} \tag{6.27}$$

式中：N 为梯级电站数；T 为调度时段总数；K_i 为电站 i 的出力系数；$H_{i,t}$、$Q_{i,t}$、$N_{i,t}$ 分别为电站 i 第 t 时段的发电引用流量、水头和时段平均出力；Δt 为时段长度；$Q_{gzb,t}$ 为葛洲坝电站第 t 时段的出库流量；$WUA(Q_{gzb,t})$ 为根据 WUA 法计算得到的中华鲟栖息地加权可用面积；W_E 为湖泊生态需水量；W_s 为湖泊生态缺水量。

设湖泊最小生态需水量过程为 $W_{e,t}$，湖泊实际蓄水量为 W_t，湖泊调度期内生态环境需水量 W_E 为

$$W_E = \int W_{e,t} dt \tag{6.28}$$

假定出现 N 个湖泊最小生态环境缺水时段 $T_1, T_2, \cdots, T_N$，湖泊的蓄水量 W_t 小于湖泊最小生态需水量 $W_{e,t}$，调度期内湖泊生态环境缺水量为

$$W_S = \sum_{i=1}^{N} \int_{T_i} (W_{e,t} - W_t) dt \tag{6.29}$$

水库调度应满足的约束条件见 6.2.1.2 节。

6.3.2 长系列计算与分析

6.3.2.1 最大蓄能调度计算分析

以 9 月中旬至 11 月下旬为研究时段，以旬为时间尺度，相关运行约束见表 6.1。按表 6.1 约束条件进行蓄水期长系列生态调度计算，极端枯水情况，放宽电站流量约束，如表 6.1 中"流量约束"栏"枯水"情况。

表 6.1 金沙江下游—三峡梯级电站运行约束表

参 数	乌东德	白鹤滩	溪洛渡	向家坝	三峡	葛洲坝
初水位/m	952	785	560	370	150	64.5
末水位约束/m	965~975	815~825	590~600	375~380	160~175	64.5
K 值	8.8	8.8	8.8	8.8	8.8	8.5
水位日变幅/m	1.5	1.5	1.5	1.5	1	3
水位约束/m	952~975	785~825	560~600	370~380	145~175	64.5~64.5
流量约束 /(m³/s)	900~50513	1260~50513	1700~50513 枯水： 1260~50513	1700~50513 枯水： 1260~50513	9月： 10000~98000 10月： 8000~98000 11月： 6000~98000 枯水： 6000~98000	9月： 10000~98000 10月： 8000~98000 11月： 6000~98000 枯水： 6000~98000
出力约束/万 kW	229~1020	550~1600	379~1260	200.9~600	499~2250	104~308.2

以梯级电站蓄能最大为目标进行计算，得到 1959—2010 年的各电站调度期末最高蓄水位，长系列各电站最高蓄水位特征值见表 6.2。

表 6.2 长系列各电站最高蓄水位特征值

特征值	水 位/m				
	乌东德	白鹤滩	溪洛渡	向家坝	三峡
最大值	975.00	825.00	600.00	380.00	175.00
平均值	974.98	824.97	599.83	379.91	174.13
最小值	974.50	823.63	591.96	376.46	159.00

由表 6.2 可以看出，乌东德、白鹤滩水电站在绝大部分情况下都能蓄至正常蓄水位，溪洛渡、三峡电站在来水较枯情况下无法蓄至正常蓄水位，原因为：根据目标函数可知，上游电站的蓄水不仅是上游电站的蓄能，还是其下游所有电站的蓄能，故优先保证上游电站蓄能能保证梯级蓄能值最大。

6.3.2.2 生态调度计算分析

1. 长系列数据信息

为进行长系列生态调度计算，不仅需要屏山站、宜昌站长系列数据资料，还需洞庭湖入湖流量、城陵矶水位等信息，由于已有数据资料长度不一致，需对长系列数据进行处理，已有数据情况见表6.3。

根据已有数据信息选取 1959—2010年数据进行调度计算，对津市站、高坝洲站流量进行延长，处理方式如下：将已有数据处理为旬数据，计算已有数据各旬平均值，得到一个年平均流量过程，将该年平均数据作为缺失年份数据，从而实现数据延长。洞庭湖入湖流量为澧水、沅江、资水、湘江"四水"流量之和。屏山站和宜昌站蓄水期多年平均流量过程如图6.4和图6.5所示，城陵矶蓄水期多年初水位过程如图6.6所示，洞庭湖蓄水期多年平均入湖流量过程如图6.7所示。

表 6.3　　　长 系 列 数 据 情 况

类　别	站　点	数据起止时间
长江	屏山	1940—2010 年
	宜昌	1940—2010 年
洞庭湖入湖	湘潭	1959—2019 年
	桃江	1959—2019 年
	桃源	1959—2019 年
	津市	2016—2018 年
洞庭湖水位	城陵矶	1947—2019 年
清江	高坝洲	2003—2019 年

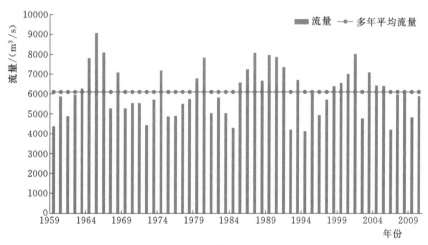

图 6.4　屏山站蓄水期多年平均流量过程

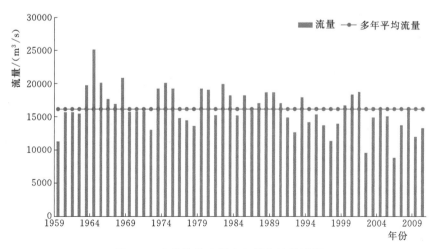

图 6.5　宜昌站蓄水期多年平均流量过程

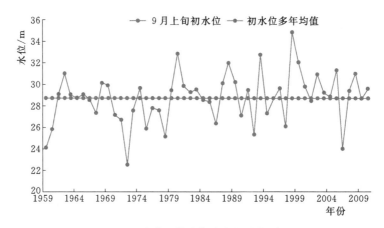

图 6.6　城陵矶蓄水期多年初水位过程

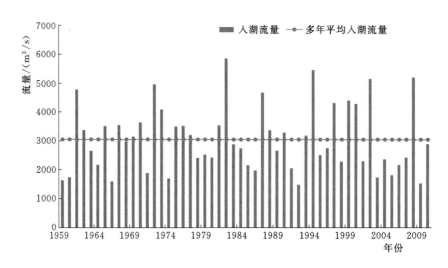

图 6.7　洞庭湖蓄水期多年平均入湖流量过程

2. 实例分析

研究以 9 月中旬至 11 月下旬作为研究的时段，分别以旬、日为时间尺度，各电站末水位设定为最大蓄能模型确定的电站末水位，其余约束及调度参数与 6.2.5.1 节设置相同，进行调度计算。分别将 1959—2010 年共 52 年调度期 9 月 10 日至 11 月 30 日内屏山站平均流量、宜昌站平均流量、洞庭湖平均入湖流量、调度期初城陵矶水位数据进行排频。选取宜昌站频率为 10%、50%、90% 共 3 个典型年的调度计算结果进行分析。流域上下游丰枯水情况对应的年份不一致，即同年不同频。典型年宜昌站流量、屏山站流量、洞庭湖入湖流量、城陵矶初水位信息见表 6.4。

a. 1982 年

1982 年宜昌站、屏山站流量频率分别为 10.0%、57.7%，流域来水较丰，洞庭湖入湖流量频率为 1.9%，城陵矶水位频率为 46.2%，洞庭湖"四水"入湖流量充足，调度期

表 6.4　　　　　　　　　　　　典型年调度期输入条件信息表

年份	宜昌站		屏山站		洞庭湖入湖		城陵矶	
	流量 /(m³/s)	频率 /%	流量 /(m³/s)	频率 /%	流量 /(m³/s)	频率 /%	初水位 /m	频率 /%
1982	20032	10.0	5825	57.7	5851	1.9	29.23	46.2
1971	15945	50.0	5547	65.4	1901	84.6	26.77	82.7
1992	12718	90.0	4206	98.1	1488	100.0	25.33	92.3

初城陵矶水位较高。旬尺度生态调度 Pareto 解集中洞庭湖生态满足度恒定为 1，WUA 与梯级电站总发电量呈负相关，如图 6.8 所示。发电量最优解与 WUA 最优解对应的电站运行过程如图 6.9 所示，发电量最优解迅速抬高水位，充分发挥电站发电水头效应，增大发电量；WUA 最优解水位上升速度则相对较缓，梯级电站联合运行使得三峡出库流量较为平均，尽量较长时间维持在适合中华鲟栖息的流量范围内。

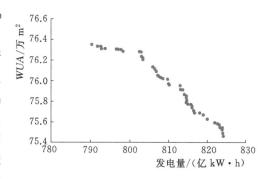

图 6.8　1982 年 Pareto 解集发电量与 WUA 散点图

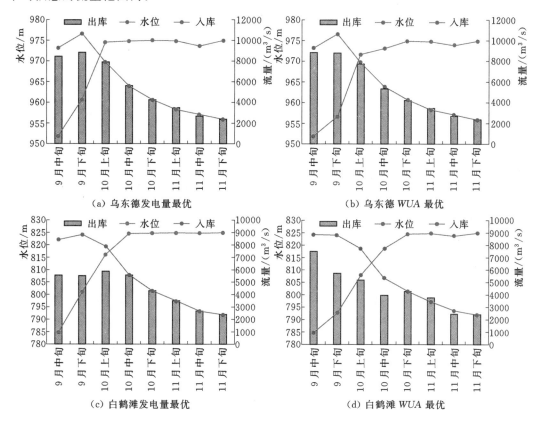

（a）乌东德发电量最优

（b）乌东德 WUA 最优

（c）白鹤滩发电量最优

（d）白鹤滩 WUA 最优

图 6.9（一）　1982 年 Pareto 不同目标最优解对比图

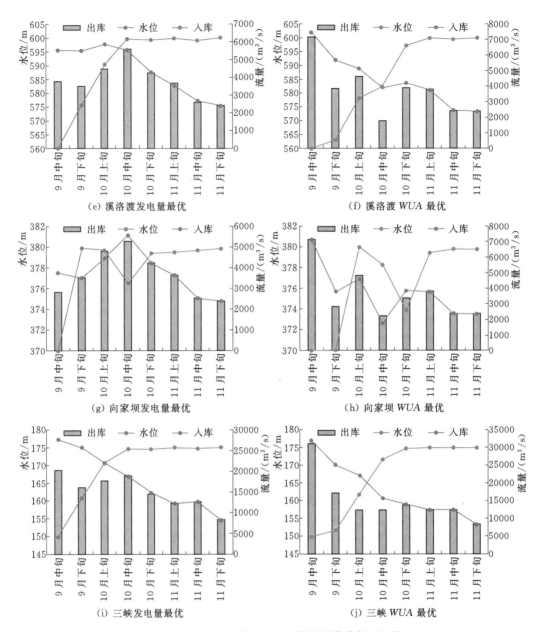

图 6.9（二） 1982 年 Pareto 不同目标最优解对比图

日尺度生态调度是在旬尺度生态调度折中解的基础上进行进一步优化计算，既保证梯级电站发电量，又保证中华鲟栖息，各电站运行过程如图 6.10 所示，梯级电站总发电量为 799.22 亿 kW·h，中华鲟栖息地加权平均面积为 75.21 万 m²，洞庭湖生态需水满足度为 1.0。

b. 1971 年

1971 年宜昌站、屏山站流量频率分别为 50.0%、65.4%，流域来水较平，洞庭湖入湖流量频率为 84.6%，城陵矶水位频率为 82.7%，洞庭湖"四水"入湖流量较枯，调度

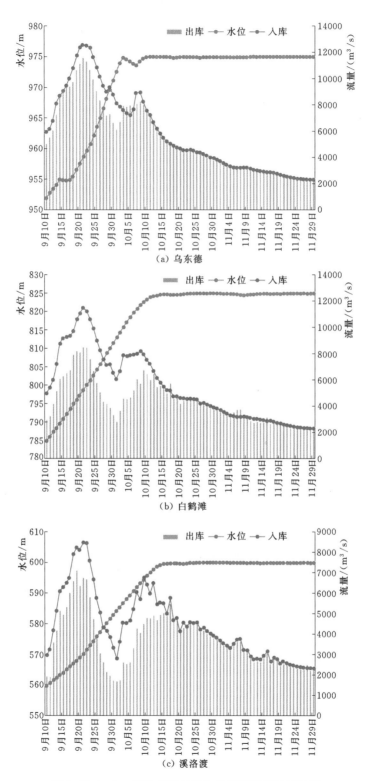

图 6.10（一） 1982 年日尺度生态调度电站运行过程

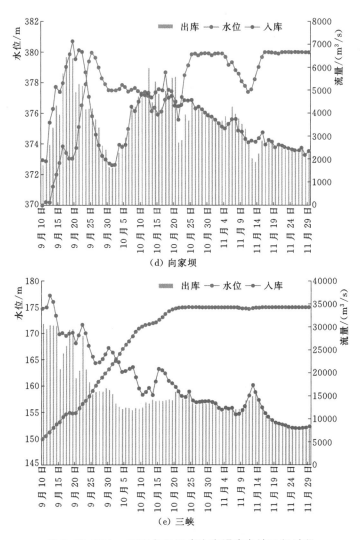

图 6.10（二） 1982 年日尺度生态调度电站运行过程

期初城陵矶水位较低。旬尺度生态调度 Pareto 解集中洞庭湖生态需水满足度与梯级电站发电量、WUA 呈负相关，WUA 与梯级电站发电量之间无明显关系，如图 6.11～图 6.13所示。发电量最优解、WUA 最优解与生态需水满足度最优解对应的电站运行过程如图6.14 所示，发电量最优解迅速抬高水位，充分发挥电站发电水头效应，增大发电量；WUA 最优解水位上升速度则相对较缓，梯级电站联合运行使得三峡出库流量较为平均，尽量较长时间维持在适合中华鲟栖息的流量范围内；生态需水最优解则在洞庭湖生态需水较多的需水初期通过梯级联合调度维持较大的下泄流量，延缓洞庭湖进入枯水期的速度。

　　日尺度生态调度是在旬尺度生态调度折中解的基础上进行进一步优化计算，同时使得梯级电站发电量、WUA、洞庭湖生态需水达到较优水平，各电站运行过程如图 6.15 所示，梯级电站总发电量为 696.05 亿 kW·h，中华鲟栖息地加权平均面积为 80.51 万 m²，洞庭湖生态需水满足度为 0.91。

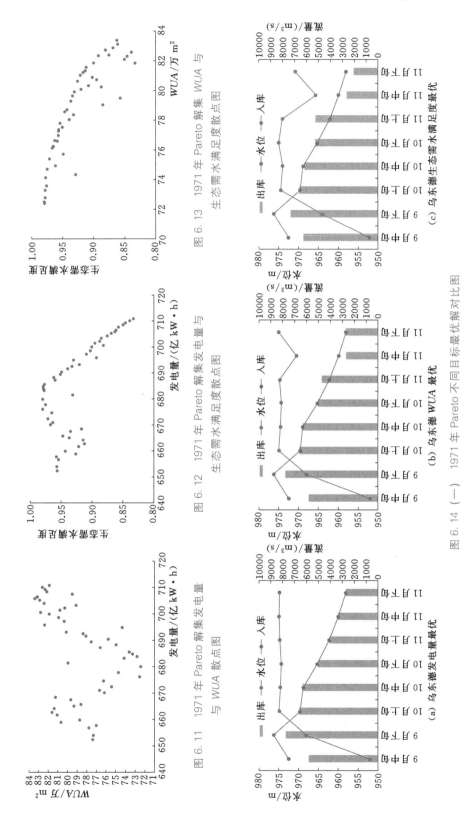

图 6.11 1971 年 Pareto 解集发电量
与 WUA 散点图

图 6.12 1971 年 Pareto 解集发电量与
生态需水满足度散点图

图 6.13 1971 年 Pareto 解集 WUA 与
生态需水满足度散点图

(a) 乌东德发电量最优

(b) 乌东德 WUA 最优

(c) 乌东德生态需水满足度最优

图 6.14 (一) 1971 年 Pareto 不同目标最优解对比图

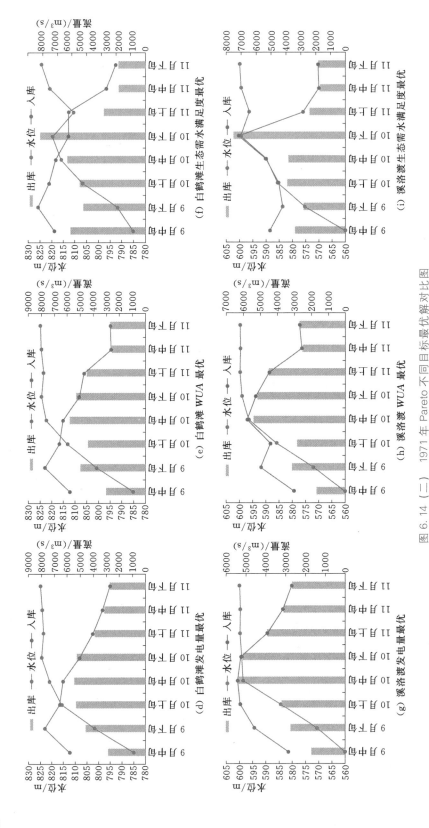

图 6.14（二） 1971 年 Pareto 不同目标最优解对比图

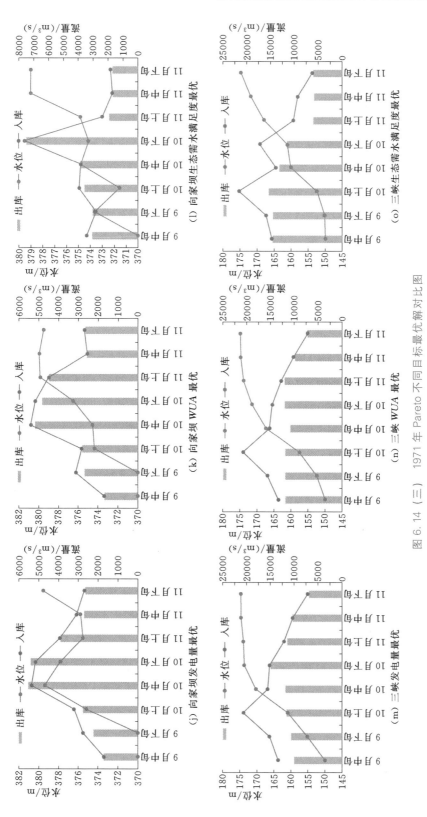

图 6.14（三）　1971 年 Pareto 不同目标最优解对比图

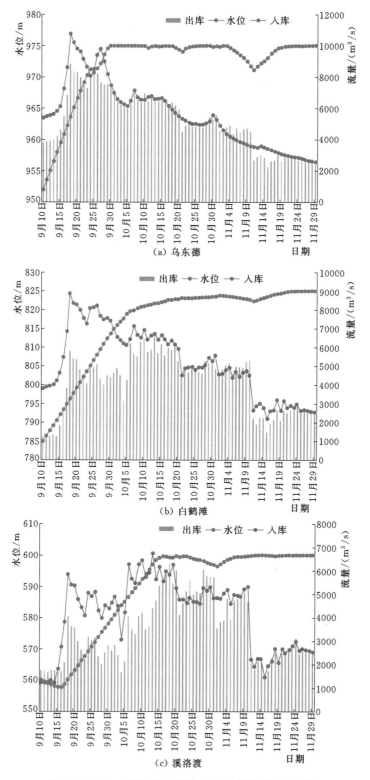

图 6.15（一） 1971 年日尺度生态调度电站运行过程

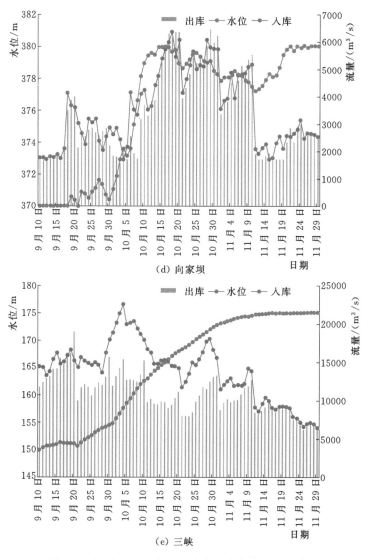

图 6.15（二） 1971 年日尺度生态调度电站运行过程

c. 1992 年

1992 年宜昌站、屏山站流量频率分别为 90.0%、98.1%，流域来水较枯，洞庭湖入湖流量频率为 100%，城陵矶水位频率为 92.3%，洞庭湖"四水"入湖流量极枯，调度期初城陵矶水位较低。旬尺度生态调度 Pareto 解集中洞庭湖生态需水满足度与梯级电站发电量、WUA 呈负相关，WUA 与梯级电站发电量之间无明显关系，如图 6.16～图 6.18 所示。发电量最优解、WUA 最优解与生态需水满足度最优解对应的电站运行过程如图 6.19 所示，发电量最优解迅速抬高水位，充分发挥电站发电水头效应，增大发电量；WUA 最优解水位上升速度则相对较缓，梯级电站联合运行使得三峡出库流量较为平均，尽量较长时间维持在适合中华鲟栖息的流量范围内；生态需水满足度最优解则在洞庭湖最枯蓄水时进行补水调度，延缓洞庭湖进入枯水期的速度。

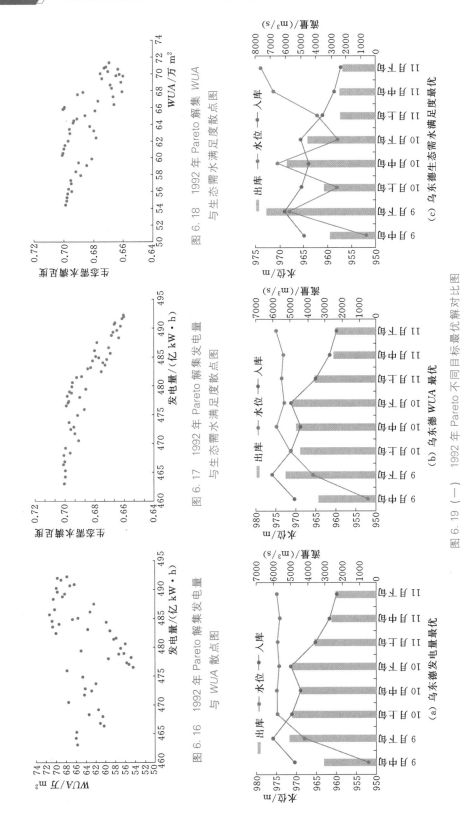

图 6.16　1992 年 Pareto 解集发电量与 WUA 散点图

图 6.17　1992 年 Pareto 解集发电量与生态需水满足度散点图

图 6.18　1992 年 Pareto 解集 WUA 与生态需水满足度散点图

（a）乌东德发电量最优

（b）乌东德 WUA 最优

（c）乌东德生态需水满足度最优

图 6.19（一）　1992 年 Pareto 不同目标最优解对比图

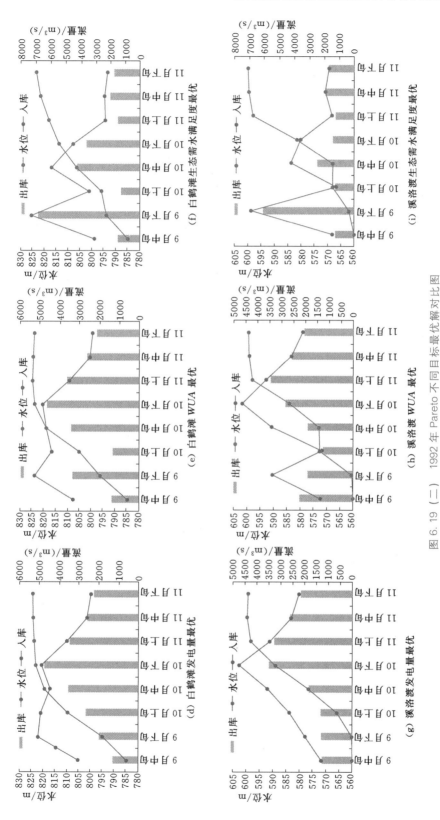

图 6.19（二） 1992 年 Pareto 不同目标最优解对比图

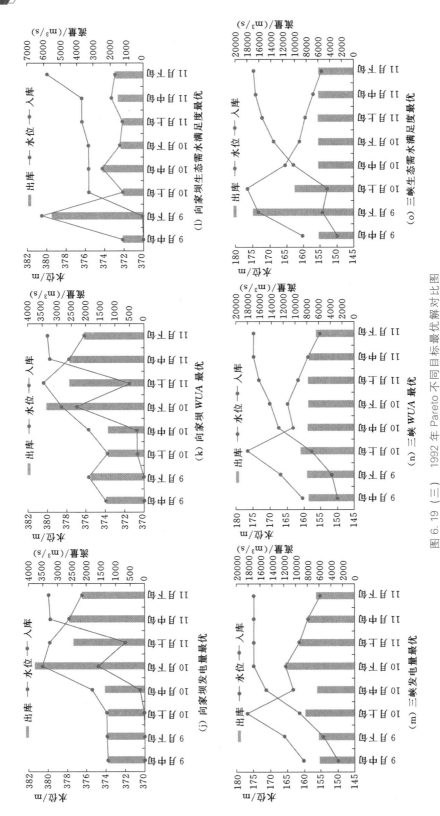

图 6.19（三）　1992 年 Pareto 不同目标最优解对比图

日尺度生态调度是在旬尺度生态调度折中解的基础上进行进一步优化计算，同时使得梯级电站发电量、WUA、洞庭湖生态需水达到较优水平，各电站运行过程如图 6.20 所示，梯级电站总发电量为 484.06 亿 kW·h，中华鲟栖息地加权平均面积为 68.94 万 m²，洞庭湖生态需水满足度为 0.67。

综合分析不同来水情况下的结果，可以得出：洞庭湖生态需水满足度与梯级电站发电量、WUA 呈负相关，WUA 与梯级电站发电量之间无明显关系；洞庭湖生态蓄水满足度决定因素较多，由三峡出库流量、洞庭湖入湖流量、洞庭湖初期水位共同决定，在来水较枯年份梯级电站可通过联合调度适当缓解洞庭湖生态蓄水紧缺。

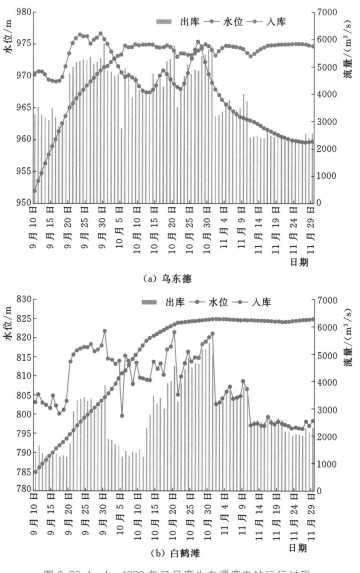

图 6.20 （一）　1992 年日尺度生态调度电站运行过程

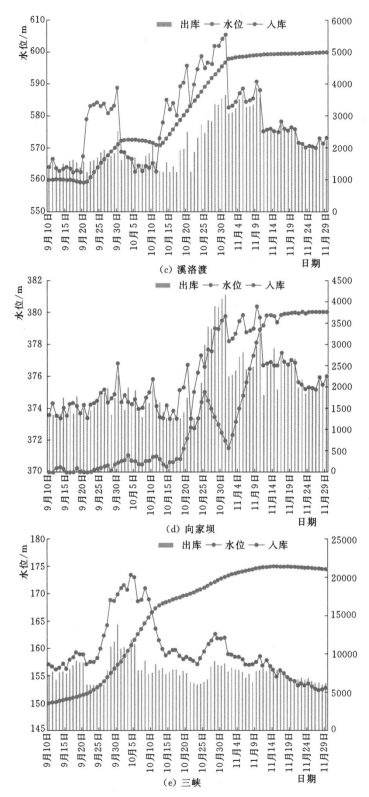

图 6.20 （二）　1992 年日尺度生态调度电站运行过程

6.3.3 蓄水期调度规则提取与验证

基于 1959—2010 年金沙江下游—三峡梯级电站蓄水期日尺度生态优化调度结果，选取 1959—2000 年数据进行训练，2001—2010 年数据进行验证，验证期流域来水包含丰水年、平水年和枯水年，数据选取合理。分别对乌东德、白鹤滩、溪洛渡、向家坝、三峡等电站进行 SVM 训练，参数优选结果见表 6.5。

表 6.5　　　　　　　　　　　　各电站 SVM 训练参数优选结果

电站	乌东德	白鹤滩	溪洛渡	向家坝	三峡
惩罚系数 C	5.66	45.25	16	5.66	64
核函数系数 γ	2	0.71	4	1.41	1

选取均方根误差、平均相对误差、确定性系数、合格率指标对训练结果进行评价，各电站检验结果统计见表 6.6，各电站优化调度与模拟调度出库流量过程对比如图 6.21～图 6.25 所示。由表 6.6 可以看出，乌东德、白鹤滩、溪洛渡、向家坝、三峡等电站提取的调度规则确定性系数分别为 0.98、0.96、0.96、0.94、0.95，决策变量出库流量的平均相对误差分别为 0.05、0.06、0.06、0.07、0.06，出库流量模拟合格率分别为 97%、94%、93%、91%、94%，其中向家坝水库因库容较小，水库调节能力较低，出库流量受

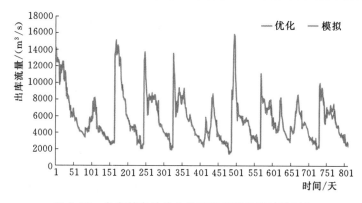

图 6.21　乌东德电站优化出库和模拟出库过程对比

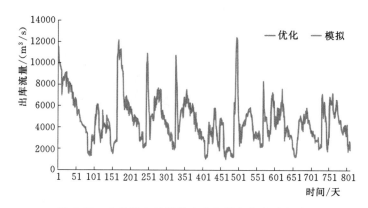

图 6.22　白鹤滩电站优化出库和模拟出库过程对比

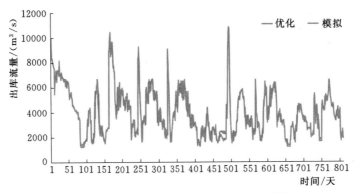

图 6.23　溪洛渡电站优化出库和模拟出库过程对比

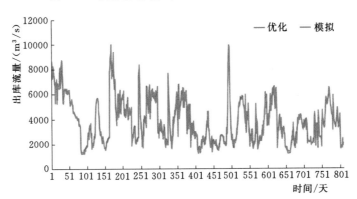

图 6.24　向家坝电站优化出库和模拟出库过程对比

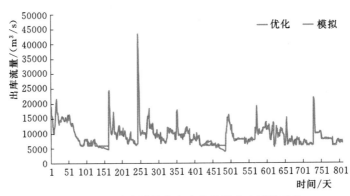

图 6.25　三峡电站优化出库和模拟出库过程对比

表 6.6　　　　　　　　　　各电站检验结果统计表

电站	均方根误差	平均相对误差	确定性系数	合格率/%
乌东德	390.71	0.05	0.98	97
白鹤滩	398.94	0.06	0.96	94
溪洛渡	347.7	0.06	0.96	93
向家坝	422.71	0.07	0.94	91
三峡	750.4	0.06	0.95	94

上游电站出库影响较大，故模拟合格率相对偏低。由图 6.21～图 6.25 可以看出，模拟的电站出库流量过程与优化的出库流量过程吻合较好，说明训练结果精度较高，训练所得调度规则可用于指导实际调度。

6.4 面向生态安全的长江上游水库群消落期调度

受季风气候影响，我国绝大多数流域径流年内分布极不均匀，汛期水量占全年 70% 以上，且径流年际变化较大，存在典型的丰水期和枯水期。针对我国水资源时间分配严重不均匀的问题，我国绝大多数流域控制性水电站多设计为"高坝大库"，且一般按照如下方式运行：汛期维持在汛限水位按防洪调度方式运行，汛末开始拦蓄洪水，水电站蓄水完成后（一般蓄至正常蓄水位，但也存在径流偏枯蓄不满的情况），在枯水期动用兴利库容进行水量补偿调度，以满足发电、供水、生态、航运和灌溉等综合用水需求，并在汛期来临前有序消落至汛限水位。

随着三峡水库蓄水长江黄金水道的形成，航运对三峡水库枯水期保持高水位运行和葛洲坝下游航深保障要求越来越高；长江中下游工农业生态用水供水标准也越来越高；对长江中下游的应急补水、刺激四大家鱼产卵生态调度试验和水华防控则是消落期水库调度出现的新任务和目标。此外，随着向家坝、溪洛渡电站投产运行，乌东德、白鹤滩电站即将蓄水运行，流域梯级电站在消落期如何联合优化运行，最大限度发挥梯级水库发电、供水、生态等综合效益成为亟须解决的难题。

6.4.1 面向长江下游补水的消落期调度

6.4.1.1 面向补水的生态调度模型

为满足梯级水库发电、生态等综合用水需求，研究以梯级电站发电量最大、洞庭湖最小生态需水满足度为目标建立多目标优化调度模型，目标函数如下。

（1）梯级电站发电量最大：

$$\max f_1 = \sum_{i=1}^{N}\sum_{t=1}^{T}K_i H_{i,t}Q_{i,t}\Delta t = \max\sum_{i=1}^{N}\sum_{t=1}^{T}N_{i,t}\Delta t \tag{6.30}$$

（2）洞庭湖最小生态需水满足度最大：

$$\max f_3 = 1 - \frac{W_s}{W_E} \tag{6.31}$$

约束条件与 6.2.1.2 节约束条件相同。

6.4.1.2 长江上游水库消落期补水分析

研究选取 3 月上旬至 6 月上旬为调度期，向家坝、三峡电站航运、供水等综合应用需求为：①向家坝电站下游通航水位不低于 265.8m，相应出库流量不小于 1700m³/s；②三峡电站下游航运要求庙咀水位不低于 39m，下游供水要求三峡出库流量 6000m³/s；③三峡水库 5 月 25 日降至不高于 155m，6 月 10 日降至汛限水位 145m；④三峡水库消落期间，考虑地质灾害治理工程安全及库岸稳定对水库降水位速率的要求，水库水位日下降幅度一般按 0.6m 控制，设置调度参数及约束条件见表 6.7。

表 6.7   金沙江下游—三峡梯级消落期电站调度参数及约束条件

参　数	乌东德	白鹤滩	溪洛渡	向家坝	三峡	葛洲坝
初水位/m	975	825	600	380	175	64.5
末水位/m	952	785	560	370	145	64.5
K 值	8.8	8.8	8.8	8.8	8.8	8.5
水位日变幅/m	2	2	2	2	0.6	3
水位约束/m	952～975	785～825	540～600	370～380	三月上旬至5月中旬：145～175 5月下旬至6月上旬：145～155	64.5～64.5
流量约束/(m³/s)	900～50513	1260～50513	1700～50513	1700～50513	6000～98000	6000～98000
出力约束/万 kW	229～1020	550～1600	379～1260	200.9～600	499～2250	104～308.2

选取 1959—2010 年共 52 年 3 月上旬至 6 月上旬屏山站、宜昌站的流量数据进行计算，其中屏山站流量作为龙头电站乌东德的入库流量，宜昌站与屏山站同时段流量差值作为三峡电站区间入库流量，其余电站不考虑区间流量。根据计算结果发现，在三峡电站满足出库流量 6000m³/s 条件下，洞庭湖最小生态需水满足度 1959—2010 年所有来水情况下均能达到 100%。

对调度前后屏山站（向家坝出库）、宜昌站流量进行对比分析（见表 6.8 和表 6.9）。由表 6.8 可知，水库运行进行调度计算后向家坝出库流量比屏山站流量平均增大 1760m³/s，其中 3 月上旬、中旬调度后最小流量大于调度前最大流量，4 月、5 月上旬、6 月上旬调度后最小流量大于调度前平均流量。由表 6.9 可知，水库运行进行调度计算后宜昌站流量比调度前平均增大 4260m³/s，其中 3 月、4 月上旬、5 月调度后最小流量大于调度前平均流量，宜昌站流量增大除三峡水库自身外，还包括上游水库消落放水作用。由此可以看出，金沙江下游—三峡梯级水库运行后，在消落期能较大地增加长江流量，能较好地发挥对下游的供水作用，使得洞庭湖水量始终能够达到生态需求。

表 6.8   屏山站（向家坝出库）调度前后流量特征值   单位：m³/s

时　间	最小值		平均值		最大值	
	调度前	调度后	调度前	调度后	调度前	调度后
3 月上旬	1134	2275	1403	3222	1977	4057
3 月中旬	1078	1971	1392	2684	1965	3797
3 月下旬	1078	1767	1384	2574	2018	3632
4 月上旬	1120	2149	1450	3013	2162	4136
4 月中旬	1133	2160	1527	3592	2423	5331
4 月下旬	1185	2115	1665	3214	2641	5019
5 月上旬	1225	2047	1937	3364	2634	4906
5 月中旬	1233	1828	2227	3655	3212	6188
5 月下旬	1379	1709	2618	5013	4710	6699
6 月上旬	1566	3459	3353	6206	5850	7001

表 6.9　　　　　　　　　　宜昌站调度前后流量特征值　　　　　　　　　　单位：m³/s

时　间	最小值		平均值		最大值	
	调度前	调度后	调度前	调度后	调度前	调度后
3 月上旬	2848	6000	4220	6271	6244	7892
3 月中旬	2906	6000	4399	6215	7037	7417
3 月下旬	3181	6000	4747	6415	8314	8725
4 月上旬	3097	6000	5368	6882	9131	11572
4 月中旬	3274	6000	6827	9021	14110	17072
4 月下旬	4459	7303	7986	14865	14240	19553
5 月上旬	5642	12654	9542	16682	14420	20510
5 月中旬	6373	12699	11493	17878	21110	26854
5 月下旬	7385	14665	13111	19607	25436	28786
6 月上旬	4255	10910	14870	21317	23050	29412

6.4.1.3　消落规律分析

长江流域面积辽阔，大流域与其内部子流域的来水情况会出现"同年不同频"的情况，为分析不同来水情况下金沙江下游—三峡梯级电站的消落规律，首先将 1959—2010 年共 52 年调度期 3 月 1 日至 6 月 10 日内屏山站、宜昌站平均流量进行排频，并以宜昌站为基准划分丰水年（小于 25%）、平水年（25%～75%）、枯水年（大于 75%），选取流域上下游丰平枯不同组合共 9 种情况进行分析，选取各典型年平水频率见表 6.10，各典型年电站不同来水情况消落过程如图 6.26～图 6.28 所示。

表 6.10　　　　　　　　　　典 型 年 来 水 频 率 表

类　别	丰水年			平水年			枯水年		
	2005 年	1985 年	1963 年	1961 年	1965 年	1962 年	2001 年	1980 年	1986 年
屏山站频率/%	11.5	51.9	94.2	23.1	57.7	80.8	9.6	67.3	84.6
宜昌站频率/%	19.2	21.2	23.1	50.0	59.6	55.8	76.9	86.5	82.7

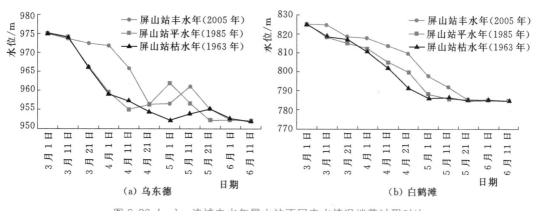

图 6.26（一）　流域丰水年屏山站不同来水情况消落过程对比

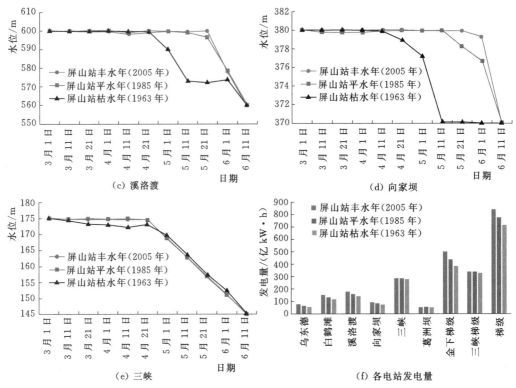

图 6.26（二）　流域丰水年屏山站不同来水情况消落过程对比

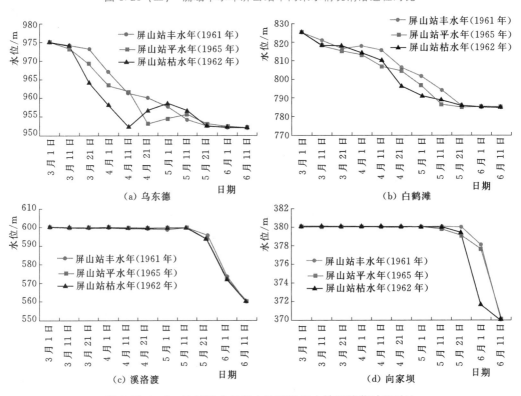

图 6.27（一）　流域平水年屏山站不同来水情况消落过程对比

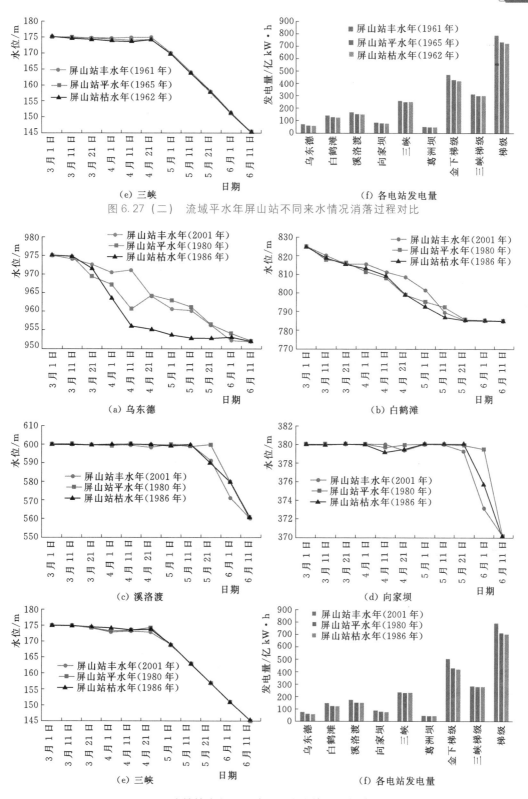

图 6.27（二） 流域平水年屏山站不同来水情况消落过程对比

图 6.28 流域枯水年屏山站不同来水情况消落过程对比

由电站各年消落过程可以看出，乌东德、白鹤滩电站最先开始消落，三峡电站其次，溪洛渡、向家坝电站最后开始消落，这与 K 值判别式［式（6.32）］所得结论相符，上游电站先放水、下游电站保持高水位运行，上游电站放水不仅能在上游电站发电，还能增加下游电站的发电流量，且下游电站保持高水位，这样充分发挥了梯级电站运行的水头、水量效益，最大限度地挖掘梯级电站的发电潜力，提高梯级电站发电量。

$$K = \frac{W + \sum V}{F \sum H} \tag{6.32}$$

式中：W 为某一时刻至消落期末的天然来水量；$\sum V$ 为上游水库累计可供水量；F 为水库水面面积；$\sum H$ 为本电站及其下游电站的累计水头。

此外，乌东德、白鹤滩电站来水越枯，消落越快，最先开始发挥梯级电站供水作用；溪洛渡、向家坝电站在绝大部分来水情况下在 5 月中旬开始消落，只有在极端枯水情况下才提前 1 旬消落，这样能够充分发挥电站的水头效益，提高梯级发电量；在宜昌站不同来水情况下，三峡电站的消落过程基本相同，3 月上旬至 4 月中旬保持高水位运行，主要靠上游电站对长江下游进行补水，为在汛前消落至汛限水位，4 月下旬开始按最大消落限制 0.6m 快速消落。

6.4.2 面向三峡水库水华防控的消落期调度

6.4.2.1 水华防控研究

一般认为，充足的营养盐、适宜的光照、合适的水温和缓慢的水流是藻类水华暴发的必要条件。而三峡水库蓄水前后营养盐浓度、自然光照条件及水温高低变化不大，因此，三峡水库蓄水导致的支流库湾水文水动力变化应是水华暴发的主要诱因。有关水华生消机理的研究从早前一维水动力研究的临界流速、水体滞留时间等理论，发展到三维水动力的临界层理论。刘德富等（2016）在临界层理论的基础上，提出了适合三峡水库支流库湾水华生消的判定模式，即水体混合层深度（Z_m）、光补偿深度（Z_c）和临界层深度（Z_{cr}）三者的相互关系决定藻类水华的生消，即：①当 $Z_m \geqslant Z_{cr}$ 时，藻类负增殖，水华不会暴发，或暴发风险很小；②当 $Z_c \leqslant Z_m < Z_{cr}$ 时，藻类开始增殖，水华开始发展，水华风险产生；③当 $Z_m \leqslant Z_c$ 时，藻类迅速繁殖，水华暴发，水华风险最大，并通过多次实验验证了判定模式的有效性。

从水华形成机理出发，结合临界层理论和中度扰动理论（Intermediate Disturbance Theory），相关学者提出了防控支流水华的三峡水库潮汐式生态调度方法，即通过水库短时间的水位抬升和下降来实现对生境的适度扰动、增大干支流间的水体交换、破坏库湾水体分层状态、增大支流泥沙含量等机制来抑制藻类水华。

6.4.2.2 潮汐式生态调度方法

根据前述消落期研究，在乌东德、白鹤滩水库投产运行的条件下，三峡水库在 3 月上旬至 4 月中旬能一直保持高水位运行。若三峡水库长时间保持高水位，干流高水位对支流的持续顶托将减缓支流水流流量，使得泥沙迅速沉降导致水体透明度增大，临界层变深，此外，倒灌异重流持续携带干流营养盐对库湾水体进行补给，增大支流中藻类可利用的营养盐浓度，三峡水库支流库湾极易暴发水华且水华不易消失。三峡水库消落期长期保持高水位运行虽然能提高梯级电站的发电量，但不利于三峡水库支流水华防控，支流库湾会极易暴发水华。水华的频繁暴发，对库区人民日常生活造成负面影响，也对相关区域工农业用水及水库的正常运行构成了威胁。因此，为保护库区水环境，在消落期三峡水库水位应适时适当抬高和下降，进行潮汐式生态调度，抑制藻类水华。

消落期三峡水库进行潮汐式生态调度，需遵守如下调度规则：

（1）三峡水库1—4月在保证下泄流量不低于$6000\text{m}^3/\text{s}$，同时满足葛洲坝下游航运补水标准（庙咀水位不低于39m）的前提下，水库偏高控制水位，一般年份4月底，水库水位不低于枯期消落最低水位155m，只有遇到设计枯水年或特枯水年，水库允许消落到155m以下，但不得低于145m。

（2）5月水库根据情况加大出力逐步降低水库水位，一般情况下，5月25日水位不高于155m，6月上旬视中下游来水情况均匀消落水库水位，一般情况下于6月10日消落到防洪限制水位浮动范围内。

（3）消落期间，考虑地址灾害治理工程安全及库岸稳定对水库降水位速率的要求，水库水位日下降幅度一般按0.6控制。

结合梯级水库消落期发电优化调度结果，三峡水库从4月下旬开始按最大消落速度进行消落，满足5月25日水位不高于155m。为尽量减小潮汐式生态调度对梯级水库发电量的影响，且三峡水库满足库岸稳定要求，选择3月上旬至5月中旬进行潮汐式调度，拟定以下两种工况进行计算分析（见表6.11）。

表6.11 潮汐式调度工况设置表

工况	涨水幅度/m	涨水次数
1	4	2
2	7	1

不同工况下三峡水库潮汐式调度过程如图6.29所示，红线为梯级发电优化调度多年平均水位过程线，蓝线为潮汐式生态调度过程线。在乌东德、白鹤滩水库投产运行后，三峡水库消落期入库流量将进一步增大，通过梯级联合调度对金沙江下游下泄流量进行调控，在实现三峡水库潮汐式调度的基础上尽可能发电。

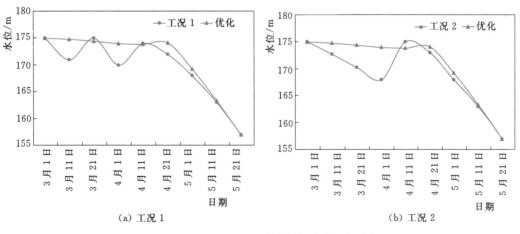

（a）工况1　　　　　　　　　　（b）工况2

图6.29　不同工况下三峡水库潮汐式调度过程

6.4.2.3　潮汐式生态调度对梯级电站发电量影响分析

为分析三峡水库防控水华进行潮汐式调度对梯级水库发电量的影响，选取丰水年 2005 年（屏山站频率 11.5%、宜昌站频率 19.2%）、平水年 1965 年（屏山站频率 57.7%、宜昌站频率 59.6%）、枯水年 1986 年（屏山站频率 84.6%、宜昌站频率 82.7%）3 个典型年进行计算分析，根据前述消落期发电优化调度研究确定末水位，各电站末水位设置见表 6.12。调度计算流量、出力约束设置与前述计算相同，将三峡水库给定工况水位过程记为 $Z(t)$，将此水位过程适当放宽作为三峡潮汐式调度的水位约束：$Z(t)_{min} = Z(t) - 0.5$，$Z(t)_{max} = Z(t) + 0.5$，采用动态规划（DP）算法进行计算，计算所得结果如图 6.29～图 6.31 所示，各电站发电量如表 6.32 所示。

表 6.12　　　　　　　　　　各电站末水位设置表　　　　　　　　　　单位：m

年份	末　水　位					
	乌东德	白鹤滩	溪洛渡	向家坝	三峡	葛洲坝
2005	955	785	590	380	157	64.5
1965	952	785	593	380	157	64.5
1986	952	785	590	380	157	64.5

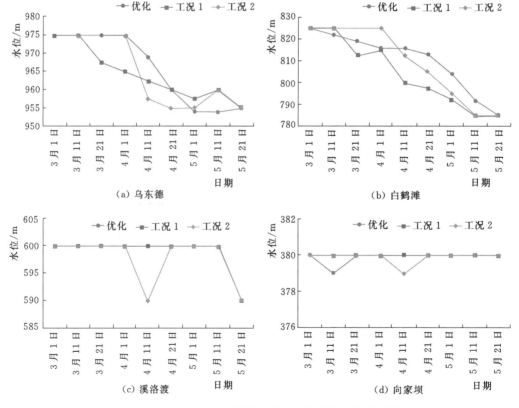

图 6.30（一）　丰水年 2005 年不同工况下电站运行过程

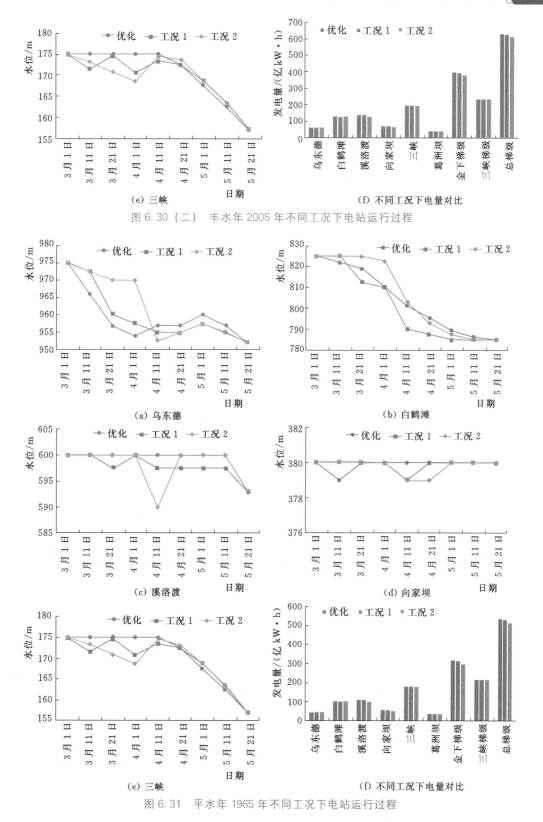

图 6.30（二）　丰水年 2005 年不同工况下电站运行过程

图 6.31　平水年 1965 年不同工况下电站运行过程

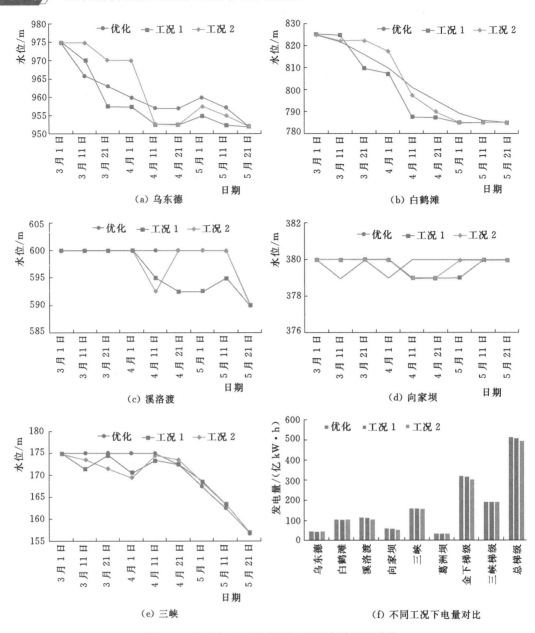

图 6.32　枯水年 1986 年不同工况下电站运行过程

由图 6.32 可以看出，不考虑水华防控情况，3—4 月主要由乌东德、白鹤滩电站对下游进行补水，其下游电站保持高水位进行发电；工况 1 三峡电站进行小幅多次涨水过程，三月中旬和 4 月上旬三峡水库有小幅涨水过程，为达到涨水的来水需求，乌东德、白鹤滩电站在这两个时段快速消落，加大下泄流量；工况 2 三峡电站进行大幅单次涨水过程，由于 3 月三峡电站持续消落可为下游进行补水，故乌东德、白鹤滩可在前期保持较高水位运行，4 月上旬三峡水库有大幅涨水需求时，乌东德、白鹤滩、溪洛渡电站同时快速消落，提供三峡水库涨水需求流量。

由表 6.13 可以看出，①不同工况下，三峡梯级电站的发电量减少幅度很小，最大减少 1 亿 kW·h，原因为：虽然相比于优化调度，潮汐式调度下三峡水库的水位有所降低，但在水位较高时三峡的发电流量较大，水位较低时发电流量较小（见图 6.33），水头效应和水量效应相互平衡，故三峡梯级在不同工况下发电量变化不大；②金沙江下游梯级在工况 1 下各电站发电量有小幅减少，在工况 2 下乌东德、白鹤滩电站发电量变化幅度不大，溪洛渡、向家坝电站发电量大幅减少，原因为：两种工况下为对满足三峡水库涨水需求，金沙江下游梯级各水库均加大下泄，从而偏离最优水位过程，而工况 2 涨水幅度大，所需来水较多，乌东德、白鹤滩大量下泄，溪洛渡电站也加大下泄从而导致溪洛渡、向家坝电站产生大量弃水，发电量降低。

表 6.13　　　　　　　不同水平年各工况下电站发电量　　　　　　单位：亿 kW·h

类别		电站发电量								
		乌东德	白鹤滩	溪洛渡	向家坝	三峡	葛洲坝	金沙江下游梯级	三峡梯级	总梯级
丰水年	优化	61.2	128.2	136.6	70.0	193.6	38.5	396.0	232.1	628.0
	工况 1	60.7	125.1	136.5	69.8	193.2	39.0	392.2	232.2	624.4
	工况 2	60.2	127.4	127.0	64.1	192.8	38.9	378.7	231.6	610.3
平水年	优化	44.1	104.3	111.9	57.6	180.5	36.5	317.9	217.0	534.9
	工况 1	44.3	102.6	110.7	56.9	180.0	36.8	314.5	216.8	531.3
	工况 2	44.3	103.9	99.0	49.9	179.4	36.6	297.2	216.0	513.1
枯水年	优化	44.9	104.3	114.4	58.8	158.8	33.3	322.4	192.1	514.5
	工况 1	44.1	102.7	112.8	57.4	158.4	33.6	316.9	192.0	508.9
	工况 2	44.8	103.5	104.3	52.6	158.4	33.4	305.2	191.3	496.5

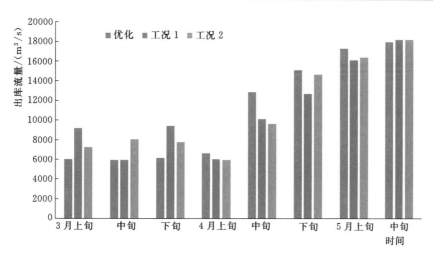

图 6.33　丰水年 2005 年各工况下三峡水库出库过程

在丰水年，工况 1 条件下梯级电站发电量减少 0.6%，工况 2 条件下梯级电站发电量减少 2.8%；在平水年，工况 1 条件下梯级电站发电量减少 0.7%，工况 2 条件下梯级电站发电量减少 4.1％；在枯水年，工况 1 条件下梯级电站发电量减少 1.1％，工况 2 条件下梯级电站发电量减少 3.5％。由此可以得出，为对三峡水库水华进行防控并尽量减少其对梯级电站发电量的影响，可选择小幅多次水位升降的潮汐式生态调度策略。

6.4.3　保护四大家鱼繁殖的消落期调度

6.4.3.1　四大家鱼生态调度

三峡水利工程在防洪、发电、供水和航运等方面发挥着重大作用，产生了巨大的经济效应与社会效应。但是水库的运行调度改变了流域的天然水文情势，水库下泄流量均一化，缺乏刺激四大家鱼繁殖活动的洪水过程。据《长江三峡工程生态与环境监测公报》，三峡工程实现蓄水、通航和发电三大目标的同时，给四大家鱼产卵繁殖造成了不利影响，三个江段四大家鱼鱼苗径流量均有不同程度降低：2003 年 5—6 月，监利江段四大家鱼鱼苗径流量为 4.06 亿尾，为 2002 年的 21.3％；云阳江段四大家鱼鱼苗径流量为 2.90 亿尾，为 2002 年的 81.5％；武穴江段鱼苗径流量为 5.25 亿尾，为 2002 年的 23.6％。三峡工程运行后，四大家鱼繁殖期鱼苗径流量锐减，2009 年监利江段 5—7 月四大家鱼鱼苗径流量仅为 0.42 亿尾，为历史最低值，是蓄水前（1997—2002 年）平均值的 1.7％，鱼汛过程不明显。

四大家鱼产卵活动一般伴随涨水过程进行，江水涨水持续时间越长，鱼类产卵持续时间相应延长，且卵苗数量与水温、江水涨水持续时间及日上涨率等水文条件密切相关。监测及研究成果表明，长江干流四大家鱼主要自然繁殖时间为 5 月中旬至 6 月下旬。据四大家鱼卵苗监测结果及统计水文指标，目前四大家鱼繁殖的水文指标范围为：水温稳定在 18℃ 以上（建议持续 7 天以上），最适水温范围为 20～24℃，适宜流量范围为 10000～25000m³/s，流量日上涨率为 1000～2000m³/(s·天)，持续涨水天数 4 天以上。为促进四大家鱼自然繁殖，三峡水库自 2011 年起，开始开展生态调度试验，通过 3～7 天持续增加下泄流量的方式，人工创造了适合四大家鱼繁殖所需的洪水过程，2011—2017 年三峡水库生态调度试验情况见表 6.14。

表 6.14　　　　　　　　三峡水库生态调度试验情况（2011—2017 年）

年份	调度时间	起涨流量 /(m³/s)	流量日均涨幅 /[m³/(s·天)]	涨水持续时间 /天	宜都断面平均水温 /℃
2011	6 月 16 日至 6 月 19 日	12000	1650	4	23.6
2012	5 月 25 日至 5 月 31 日	18300	590	4	20.5
	6 月 20 日至 6 月 27 日	12600	750	4	22.3
2013	5 月 7 日至 5 月 14 日	6230	1130	9	17.5
2014	6 月 4 日至 6 月 6 日	14600	1370	3	20.3
2015	6 月 7 日至 6 月 10 日	6530	3140	4	21.6
	6 月 25 日至 7 月 2 日	14800	1930	3	22.5
2016	6 月 9 日至 6 月 11 日	14600	2070	3	21.8
2017	5 月 21 日至 5 月 25 日	11200	1320	5	20.9
	6 月 4 日至 6 月 9 日	11200	1400	6	23.2

6.4.3.2 保护四大家鱼生态调度分析

长江干流四大家鱼主要自然繁殖时间为 5 月中旬至 6 月下旬，且四大家鱼繁殖的适宜水温为 20～24℃。相关水文数据显示，三峡水库蓄水后，水温达到 18℃、21℃、24℃的时间逐渐推迟，分别推迟到 5 月中上旬、5 月下旬至 6 月上旬、6 月下旬至 7 月上旬，为保证三峡水库生态试验的有效性，选择 5 月 21 日至 6 月 10 日进行生态调控。对 1959—2002 年宜昌站流量资料进行分析，对每年 5 月 21 日至 6 月 10 日这个时段内，统计流量在 8000～25000m³/s 且持续增加 3 天以上的过程。根据统计，在这共 44 年的时间里，流量持续增长 3 天以上的洪水过程共 47 次，平均持续涨水时间为 4.4 天，平均日增加流量为 1750m³/s。

由上述分析及三峡生态调度试验可知，为刺激四大家鱼繁殖，金沙江下游至三峡梯级电站可根据来水情况适时营造一场持续 4 天以上的涨水过程，且 5 月 21 日至 6 月 10 日正是金沙江下游至三峡梯级水库关键消落期，在此期间进行生态调度试验正当其时，可以兼顾消落与生态功能。选定 2005 年、1986 年、1965 年分别为典型丰水年、平水年、枯水年进行模拟调度计算，根据发电优化调度确定各电站初水位（表 6.12 末水位即为四大家鱼生态调度初水位）。首先按均匀消落进行调度计算，得到三峡水库出库流量过程（如图 6.34～图 6.36 所示），综合考虑水位

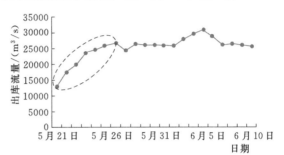

图 6.34　丰水年 2005 年均匀消落三峡水库出库流量过程

约束、水位变幅约束等，确定进行生态调度的时机及过程。各典型年生态调度三峡出库过程参数见表 6.15。

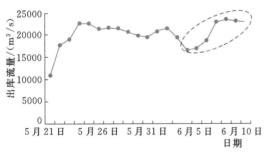

图 6.35　平水年 1986 年均匀消落三峡水库出库流量过程

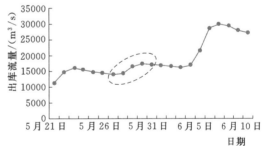

图 6.36　枯水年 1965 年均匀消落三峡水库出库流量过程

表 6.15　　　　　　　　　各典型年生态调度三峡出库过程参数表

年份	起始时间	持续时间/天	起始流量/(m³/s)	日均流量涨幅/[m³/(s·天)]
2005	5 月 21 日	6	14000	2000
1986	6 月 5 日	6	18000	1150
1965	5 月 27 日	5	12000	1100

　　确定生态调度参数后，进行以梯级电站发电量最大的优化调度计算，除常规约束条件外，还有生态调度约束：记设计的生态调度流量过程为 $Q(t)$，将此流量过程进行修正改动后作为生态调度期间的流量约束：$Q(t)_{min}=(1-3\%)Q(t)$、$Q(t)_{max}=(1+3\%)Q(t)$。经调度计算后，各典型年三峡水库的水位、出库流量过程如图 6.37～图 6.39 所示。从结果可以看出，从 5 月 21 日至 6 月 11 日，三峡水库水位由 157m 下降为 145m 汛限水位，日最大消落深度不超过 0.6m，满足三峡水库岸坡稳定要求；三峡水库的出库流量有持续 4 天以上的涨水过程，且涨水期出库流量在适合四大家鱼繁殖的流量范围内，满足四大家鱼产卵的持续涨水刺激需求。

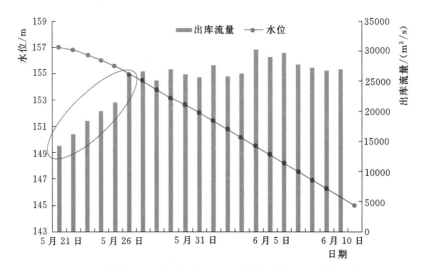

图 6.37　丰水年 2005 年生态调度三峡水库水位及出库流量过程

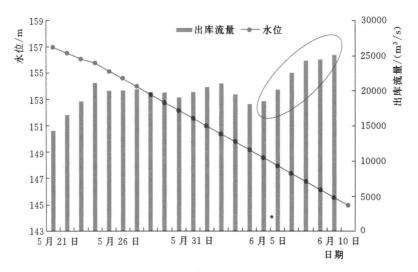

图 6.38　平水年 1986 年生态调度三峡水库水位及出库流量过程

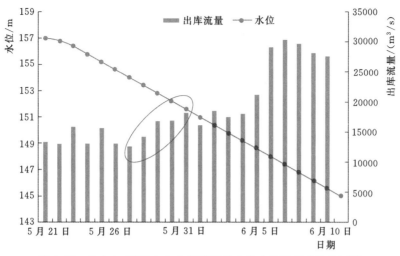

图 6.39　枯水年 1965 年生态调度三峡水库水位及出库流量过程

梯级水库均匀消落调度、发电优化调度及生态优化调度三种不同调度方式下梯级电站的发电量，如表 6.16 所示。常规优化调度及生态优化调度都比均匀消落调度发电量大，说明优化调度后电站的发电量均有一定增加，不过从数据可看出，因处于水库消落的关键期，部分水库消落压力较大，优化调度空间有限；考虑四大家鱼繁殖需求的生态优化调度比常规优化调度梯级电站发电量稍微小一些，但相差不大，说明适时采取适合四大家鱼繁殖的生态调度并不会造成明显的发电损失。

表 6.16　　　　　　　　　　不同调度方式下梯级电站发电量　　　　　　　单位：亿 kW·h

年份	发　电　量		
	均匀消落调度	发电优化调度	生态优化调度
2005	211.63	212.18	212.01
1986	189.70	190.04	189.90
1965	196.97	197.41	197.32

6.5　面向生态安全的长江上游水库群综合调度建议方案

前述研究成果分别针对三峡以上库区、长江中下游干流、沿江通江湖泊等区域出现的支流水华防控、长江中游典型鱼类自然繁殖、两湖（洞庭湖、鄱阳湖）湿地生态保护等问题进行了深入研究。从水文过程、物理化学过程、地形地貌过程和生物过程等角度分析生态需求及生态目标对水库运行调度的响应情况，构建了面向生态安全的长江上游水库群综合调度方案，使现有调度准则更加科学合理，更好地指导长江上游水库群日常调度工作。

6.5.1　面向生态安全的长江上游水库群综合调度方式拟定

6.5.1.1　防控支流水华的水库群运行准则

1. 短期应急调度

当支流出现叶绿素 a 浓度不小于 $400 \mu g/L$ 时，根据水华发生季节，采取不同变幅的应急调度，不断降低藻华浓度，具体为：春季水华；夏季水华；秋季水华。

4—5 月，若三峡水库有支流发生藻类水华，且表层水体叶绿素 a 浓度超过 $400\mu g/L$ 的水域面积超过 $2km^2$ 时，实施水库群应急调度。当三峡水库水位不低于 165m 时，首先按 0.6m/天降低三峡水库水位，持续 5 天，然后再按最低流量下泄并日抬升水位 1.5m，持续 3 天，反复进行，直至表层水体叶绿素 a 浓度超过 $100\mu g/L$ 的水域面积低于 $0.5km^2$ 为止；若此时三峡水库入库流量不足时，利用溪洛渡、向家坝两级水库进行联合调度补水；但 4 月末库水位不低于 155m，5 月 25 日不高于 155m。

5 月 25 日至 6 月 10 日，属于三峡水库汛前加速泄水期，此段时间较短，不考虑水华应急调度。

6 月 10 日至 8 月 31 日，若三峡水库有支流发生藻类水华，且表层水体叶绿素 a 浓度超过 $400\mu g/L$ 的水域面积超过 $2km^2$ 时，实施水库群应急调度。在保证防洪安全条件下，若以 145m 为起始水位，首先日抬升 2.0m，持续 5 天，然后稳定 2 天，再日降低水位 1.8m，持续 5 天，反复进行，直至表层水体叶绿素 a 浓度超过 $100\mu g/L$ 的水域面积低于 $0.5km^2$ 为止；若以 150m 为起始水位，首先日抬升水位 2.0m，持续 3 天，稳定 2 天，然后日降低水位 1.5m，持续 2 天，直至表层水体叶绿素 a 浓度超过 $100\mu g/L$ 的水域面积低于 $0.5km^2$ 为止。如遇特枯水年份，三峡水库流量不足时，利用溪洛渡、向家坝两级水库进行联合调度补水。

9—10 月，若三峡水库有支流发生藻类水华，且表层水体叶绿素 a 浓度超过 $400\mu g/L$ 的水域面积超过 $2km^2$ 时，实施水库群应急调度，前 3 日按不低于 2m/天的幅度抬升水位，后期逐步抬升水位，直至表层水体叶绿素 a 浓度超过 $100\mu g/L$ 的水域面积低于 $0.5km^2$ 为止；若三峡水库入库流量不足，利用溪洛渡、向家坝两级水库进行联合调度补水。

2. 中长期水库群运行准则

（1）枯水期：11—12 月、1—3 月，三峡水库支流一般无藻类水华，三峡水库在综合考虑航运、发电和供水及下游水生态等需求的条件下逐步消落，无须考虑防控水华目标。水库下泄最小流量按不低于 $6000m^3/s$ 控制。

（2）春季水华期：4—5 月是三峡水库支流春季水华的主要暴发时期，此时三峡水库调度应考虑防控支流水华目标，实施潮汐式调度。4 月初，当水位不低于 165m 时，开始加大泄水量，水位降幅按不大于 0.6m/天控制，持续 7 天，降低水位 4m 以上，然后再按允许最小流量 $6000m^3/s$ 下泄，使水位逐步抬升，抬升水位 3m 以上，以上过程反复进行。三峡水库水位涨落期调度目的的实施，可以通过有效联合调度溪洛渡、向家坝及三峡三个水库的水电站发电流量实现，但要保证 4 月末库水位不低于 155.0m，5 月 25 日不高于 155.0m。

（3）5 月 25 日至 6 月 10 日，属于三峡水库汛前加速泄水期，此段时间较短，不考虑防控水华目标。

（4）6 月 10 日至 8 月 31 日，是三峡水库支流水华暴发期，分为两种情况：①考虑防控支流水华目标的调度，在满足沙市站水位在 41.0m 以下、城陵矶站（莲花塘站，下同）水位在 30.5m 以下，且三峡水库入库流量小于 $50000m^3/s$ 时，实施潮汐式调度。

具体调度方式为：以 145m 为起始水位，日抬升 2.0m，持续 4 天，然后稳定 2 天，再日降低水位 1.6m，持续 5 天，反复进行；若以 150m 为起始水位，日抬升水位 2.0m，持续 3 天，稳定 2 天，然后日降低水位 1.5m，持续 4 天。②不考虑防控支流水华目标的调度，当三峡水库入库流量大于 50000m³/s 时，以防洪安全调度为主要目标，按照三峡水库防洪调度规程执行。考虑地质灾害治理工程安全及库岸稳定对水库水位下降速率的要求，汛期最高允许抬升的水位降至汛限水位（145m）所需的时间，不得大于洪水预报期天数的 2 倍。

（5）9—10 月，三峡水库支流仍然存在水华风险，此时三峡水库调度需要考虑水华防控目标。9 月，实施"分期提前蓄水方案"，前 3 日按不低于 2m/天的幅度抬升水位，后期按 10000m³/s 下泄并逐步抬升水位，三峡水库入库流量不足的，利用溪洛渡、向家坝两级水库进行联合调度补水；同时，保障三峡水库在 9 月底不高于 165m。10 月，当来水流量大于 8000m³/s 时，开展第二阶段蓄水，直至蓄水至 175m；当水库来水流量低于 8000m³/s 时，可按来水流量下泄。考虑地质灾害治理工程安全及库岸稳定对水库水位上升速率的要求，三峡水库蓄水最大速率要求不超过 3m/天。

6.5.1.2 促进长江中游典型鱼类自然繁殖的生态调度方案

促进长江中游典型鱼类自然繁殖的生态调度的主要对象是河海洄游性鱼类中华鲟以及江湖洄游鱼类四大家鱼，这两类物种分别为我国的珍稀特有物种和主要经济物种。通过研究，实施生态调度的要求如下。

实施时间：每年的 5—7 月，开展促进四大家鱼自然繁殖的生态调度；每年的 10—11 月，开展维持中华鲟产卵场栖息生境的调度。

调度实施前提：5—7 月，水温上升至 18℃以上；10—11 月，水温下降至 20℃以下。

调度频次：针对四大家鱼的调度，每年至少开展 1 次；针对中华鲟的调度，根据来水的水温情况开展。

四大家鱼和中华鲟的自然繁殖对水文条件有明确的需求。其中长江中游的四大家鱼对流量过程有明确需求，在每年的 5—7 月繁殖，繁殖水温需达到 18℃以上，通过涨水过程的刺激，才能实现四大家鱼的自然繁殖；宜昌站持续涨水 3～7 天、初始流量 13800～20000m³/s、水位日涨率大于 0.43m、流量日上涨率大于 1500m³/s、前后洪峰间隔（2 次涨水过程或 2 次生态调度过程的时间间隔）时间大于 6 天。

中华鲟自然繁殖对水温过程有明确的需求，在每年的 10—11 月（中华鲟繁殖季节），中华鲟自然繁殖需要在 11 月 20 日之前将宜昌站水温下降至 20℃以下，水温日降幅为 0.2～0.8℃，降温过程维持 5 天左右。该方案如果无法实施，可采取替代方案：维护中华鲟产卵场的栖息地生境，在中华鲟繁殖季节（10—11 月）宜昌下泄流量维持在 10000～15000m³/s。

6.5.1.3 保障洞庭湖、鄱阳湖湿地生态安全的生态调度方案

洞庭湖与鄱阳湖湿地生态安全的调度对象主要是两湖湖区特征站点的生态水位及其对应的三峡下泄流量（简称生态流量）。生态水位和生态流量均涉及适宜量及上下限区间范围。实施生态调度的相关需求如下。

实施时间：全年均可开展保障两湖湿地生态安全的生态调度，使得湖泊水位维持在生态状态的有利范围内；重点是在每年枯水期（11月至次年3月），需合理调蓄水资源以应对下游通江湖泊生态需水。

调度频次：每年1—12月，根据实际情况进行实时调度；尤其应重视枯水期的生态补水调度。

洞庭湖湖区各站点生态水位区间为17.86～33.06m，适宜生态水位全年在19.14m至32.09m间波动；在枯水期（11月至次年3月），生态水位区间为17.86～30.43m，适宜生态水位在19.14m至29.83m波动。各站点生态水位所对应的生态流量区间范围为3500～39300m³/s，适宜生态流量全年在4550m³/s至29700m³/s间波动；枯水期生态流量区间为3500～11500m³/s，适宜生态流量为4550～9320m³/s。

鄱阳湖湖区各站点生态水位区间为6.72～21.78m，适宜生态水位全年在7.50m至18.85m间波动；在枯水期（11月至次年3月），生态水位区间为6.72～15.41m，适宜生态水位在7.50m至15.23m波动。各站点生态流量区间范围为3500～36600m³/s，适宜生态流量全年在4480m³/s至28800m³/s间波动；枯水期生态流量区间为3500～14300m³/s，适宜生态流量为4550～11500m³/s。

6.5.2　面向生态安全的长江上游水库群综合调度分析

在明晰生态调度目标后，针对各调度关键期展开相关研究工作。在面向生态安全的长江上游水库群蓄水期调度研究中，建立了蓄水期优化调度模型（最大蓄能调度模型和多目标生态调度模型），使用多种群连续域蚁群算法求解，并利用历史径流数据进行调度计算，由最大蓄能调度结果可知：乌东德、白鹤滩电站在绝大部分情况下都能蓄至正常蓄水位，溪洛渡、三峡电站在来水较枯情况下无法蓄至正常蓄水位，原因为：根据目标函数可知，上游电站的蓄水不仅是上游电站的蓄能，还是其下游所有电站的蓄能，故优先保证上游电站蓄能能保证梯级蓄能值最大；由多目标生态调度结果可知：洞庭湖生态需水满足度与梯级电站发电量、WUA呈负相关，WUA与梯级电站发电量之间无明显关系；洞庭湖生态蓄水满足度决定因素较多，由三峡出库流量、洞庭湖入湖流量、洞庭湖初期水位共同决定，在来水较枯年份梯级电站可通过联合调度适当缓解洞庭湖生态蓄水紧缺。采用支持向量机进行调度规则提取，基于1959—2010年金沙江下游—三峡梯级电站蓄水期日尺度生态优化调度结果，选取1959—2000年数据分别对乌东德、白鹤滩、溪洛渡、向家坝、三峡电站进行SVM训练，2001—2010年数据进行验证，出库流量模拟合格率分别为97%、94%、93%、91%、94%，模拟的电站出库流量过程与优化的出库流量过程吻合较好，训练结果精度较高，训练所得调度规则完全可用于指导梯级水电站群实际调度。

在面向生态的长江上游水库群消落期调度研究中，针对洞庭湖补水以梯级电站发电量最大和洞庭湖最小生态需水满足度为目标建立多目标优化调度模型，利用长系列历史径流数据进行调度计算，结果表明：三峡出库流量为6000m³/s时可满足洞庭湖补水需求并完成对梯级水库群的消落规律分析工作；三峡水库水华防控采用"潮汐式"调度方法，分析各个典型年下进行潮汐式调度对梯级水库发电量的影响，结果表明：对三峡水库水华进行防控并尽量减少其对梯级电站发电量的影响，可选择小幅多次水位升降的潮汐式生态调度策略；针对四大家鱼产卵保护拟定不同消落方式刺激四大家鱼繁殖，分析各典型年不同消落方式发电量变化，结果表明：生态调度不会造成明显发电损失，且出库过程可满足四大家鱼繁殖对洪水脉冲的需求。

参 考 文 献

班璇，2011. 栖息地模型在中华鲟自然繁殖生态流量决策中的应用 [J]. 水生态学杂志 (3)：59-65.

白秀莲，2012. 基于决策树方法的遥感影像分类研究 [D]. 呼和浩特：内蒙古师范大学.

卞鸿翔，龚循礼，1985. 洞庭湖区围垦问题的初步研究 [J]. 地理学报，40 (2)：131-141.

柏海霞，彭期冬，李翀，等，2014. 长江四大家鱼产卵场地形及其自然繁殖水动力条件研究综述 [J]. 中国水利水电科学研究院学报，12 (3)：249-257.

常剑波，曹文宣，1999. 通江湖泊的渔业意义及其资源管理对策 [J]. 长江流域资源与环境，8 (2)：153-157.

常剑波，1999. 长江中华鲟繁殖群体结构特征和数量变动趋势研究 [D]. 武汉：中国科学院研究生院.

长江四大家鱼产卵场调查队，1982. 葛洲坝水利枢纽工程截流后长江四大家鱼产卵场调查 [J]. 水产学报，6 (4)：287-305.

曹文宣，2011. 长江鱼类资源的现状与保护对策 [J]. 江西水产科技，126 (2)：1-4.

曹文宣，常剑波，乔晔，等，2007. 长江鱼类早期资源 [M]. 北京：中国水利水电出版社.

曹文宣，2019. 长江上游水电梯级开发的水域生态修复问题 [J]. 长江技术经济，3 (2)：5-10.

蔡玉鹏，万力，杨宇，等，2010. 基于栖息地模拟法的中华鲟自然繁殖适合生态流量分析 [J]. 水生态学杂志，31 (3)：1-6.

蔡庆华，2020. 长江大保护与流域生态学 [J]. 人民长江，51 (1)：70-74.

蔡庆华，胡征宇，2006. 三峡水库富营养化问题与对策研究 [J]. 水生生物学报 (1)：7-11.

蔡庆华，孙志禹，2012. 三峡水库水环境与水生态研究的进展与展望 [J]. 湖泊科学，24 (02)：169-177.

陈进，2018. 长江流域水资源调控与水库群调度 [J]. 水利学报，49 (1)：2-8.

陈宜瑜，吕宪国，2003. 湿地功能与湿地科学的研究方向 [J]. 湿地科学，1 (1)：7-11.

陈宜瑜，常剑波，1995. 长江中下游泛滥平原环境结构改变与湿地丧失 // 陈宜瑜. 中国湿地研究. 长春：吉林科学技术出版社：153-160.

陈宇顺，2019. 多重人类干扰下长江流域的水生态系统健康修复 [J]. 人民长江，50 (2)：19-23.

陈志刚，程琳，陈宇顺，2020. 水库生态调度研究现状与展望 [J]. 人民长江，51 (1)：94-103，123.

崔保山，蔡燕子，谢湉，等. 2016. 湿地水文连通的生态效益研究进展及发展趋势. 北京师范大学学报 (自然科学版)，52 (6)：738-746.

崔保山，杨志峰，2001. 湿地生态系统健康研究进展 [J]. 生态学杂志，20 (3)：31-36.

崔瑛，张强，陈晓宏，等，2010. 生态需水理论与方法研究进展 [J]. 湖泊科学，22 (4)：465-480.

戴会超，庞永祥，2005. 三峡工程与长江中下游生态环境 [J]. 水力发电学报，24 (4)：26-30.

戴志军，李九发，赵军凯，等，2010. 特枯 2006 年长江中下游径流特征及江湖库径流调节过程 [J]. 地理科学，30 (4)：577-581.

董哲仁，孙东亚，赵进勇，2007. 水库多目标生态调度 [J]. 水利水电技术，38：28-32.

段辛斌，陈大庆，李志华，等，2008. 三峡水库蓄水后长江中游产漂流性卵鱼类产卵场现状 [J]. 中国水产科学，15 (4)：523-532.

窦振兴，杨连武，Ozer J，1993. 渤海三维潮流数值模拟 [J]. 海洋学报 (5)：1-15.

邓铭江，黄强，畅建霞，等，2020. 大尺度生态调度研究与实践 [J]. 水利学报，51 (7)：757-773.

付湘，赵秋湘，孙昭华，2019. 三峡水库 175 m 试验性蓄水期调度运行对洞庭湖蓄水量变化的影响 [J].

湖泊科学, 31 (6): 227 - 239.

郭文献, 王鸿翔, 徐建新, 等, 2011. 三峡水库对下游重要鱼类产卵期生态水文情势影响研究 [J]. 水力发电学报, 30 (3): 22 - 26, 38.

胡德高, 柯福恩, 张国良, 1983. 葛洲坝下中华鲟产卵情况初步调查及探讨 [J]. 淡水渔业, 13 (3): 15 - 18.

胡茂林, 吴志强, 刘引兰, 2010. 鄱阳湖湖口水位特性及其对水环境的影响 [J]. 水生态学杂志, 3 (1): 1 - 6.

胡向阳, 丁毅, 邹强, 等, 2020. 面向多区域防洪的长江上游水库群协同调度模型 [J]. 人民长江, 51 (1): 56 - 63, 79.

黄国勤, 2006. 论鄱阳湖区生态安全与生态建设 [J]. 科技导报, 3 (1): 73 - 77.

黄梅, 言迎, 罗军, 2009. 基于生态保护的洞庭湖湿地生态需水量研究 [J]. 湖南农业大学学报 (自然科学版), 35 (6): 684 - 688.

黄维, 王为东, 2016. 三峡工程运行后对洞庭湖湿地的影响 [J]. 生态学报, 36 (20): 6345 - 6352.

黄晓君, 颉耀文, 卫娇娇, 等, 2017. 基于变化检测 - CART 决策树模式自动识别沙漠化信息. 灾害学, 32 (1): 36 - 42.

康玲, 靖争, 2018. 湖泊三维水动力—水温耦合模型及其应用研究 [J]. 中国水利 (4): 22 - 25, 21.

孔繁翔, 高光, 2005. 大型浅水富营养化湖泊中蓝藻水华形成机理的思考 [J]. 生态学报, 25 (3): 585 - 589.

匡亮, 张鹏, 杨洪雨, 等, 2019. 梯级水库叠梁门分层取水水温改善效果的衰减 [J]. 长江流域资源与环境, 28 (5): 1244 - 1251.

赖锡军, 姜加虎, 黄群, 2012. 三峡工程蓄水对洞庭湖水情的影响格局及其作用机制 [J]. 湖泊科学, 24 (2): 178 - 184.

李蓓, 张征, 1993. 二维波浪、潮流、泥沙淤积数学模型 [J]. 水道港口 (3): 36 - 42.

李剑锋, 张强, 陈晓宏, 等, 2011. 考虑水文变异的黄河干流河道内生态需水研究 [J]. 地理学报, 66 (1): 99 - 110.

李景保, 王克林, 杨燕, 等, 2008. 洞庭湖区 2000—2007 年农业干旱灾害特点及成因分析 [J]. 水资源与水工程学报, 19 (6): 1 - 5.

李孟国, 张华庆, 陈汉宝, 等, 2006. 海岸河口多功能数学模型软件包 TK - 2D 研究与应用 [J]. 水道港口, 27 (1): 51 - 56.

李孟国, 蔡东明, 张征, 等, 2000. 海岸河口二维潮流可视化数学模型 [J]. 海洋通报, 19 (6): 57 - 65.

李孟国, 1996. 伶仃洋三维流场数值模拟 [J]. 水动力学研究与进展, 11 (3): 342 - 35.

李世勤, 闵骞, 谭国良, 等, 2008. 鄱阳湖 2006 年枯水特征及其成因研究 [J]. 水文, 28 (6): 73 - 76.

李文华, 2004. 生态学研究回顾与展望 [M]. 北京: 气象出版社.

李扬, 2013. 水文频率新型计算理论与应用研究 [D]. 杨凌: 西北农林科技大学.

李艳青, 智丽丽, 陈惠敏, 2014. 黑体辐射与普朗克能量子假设 [J]. 高师理科学刊, 34 (3): 58 - 61.

李颖, 施择, 张榆霞, 等, 2014. 关于用藻密度对蓝藻水华程度进行分级评价的方法和运用 [J]. 环境与可持续发展, 39 (2): 67 - 68.

李跃龙, 2014. 洞庭湖的演变、开发和治理简史 [M]. 长沙: 湖南大学出版社.

刘德富, 杨正健, 纪道斌, 等, 2016. 三峡水库支流水华机理及其调控技术研究进展 [J]. 水利学报, 47 (3): 443 - 454.

刘飞, 刘定明, 袁大春, 等, 2020. 近十年来赤水河不同江段鱼类群落年际变化特征 [J]. 水生生物学报, 44 (1): 122 - 132.

刘剑宇, 张强, 顾西辉, 2015. 水文变异条件下鄱阳湖流域的生态流量 [J]. 生态学报, 35 (16):

5477 - 5485.

刘明典，高雷，田辉伍，等，2018. 长江中游宜昌江段鱼类早期资源现状 [J]. 中国水产科学，25（1）：147 - 158.

刘志刚，倪兆奎，2015. 鄱阳湖发展演变及江湖关系变化影响 [J]. 环境科学学报，35（5）：1265 - 1273.

廖文根，李翀，冯顺新，等，2013. 筑坝河流的生态效应与调度补偿 [M]. 北京：中国水利水电出版社.

吕宪国，刘红玉，2004. 湿地生态系统保护与管理 [M]. 北京：化学工业出版社.

闵骞，闵聃，2010. 鄱阳湖区干旱演变特征与水文防旱对策 [J]. 水文，30（1）：84 - 88.

闵骞，占腊生，2012.1952—2011 年鄱阳湖枯水变化分析 [J]. 湖泊科学，24（5）：675 - 678.

牛振国，张海英，王显威，等，2012.1978—2008 年中国湿地类型变化 [J]. 科学通报，57（16）：1400.

彭福全，熊正为，虢清伟，2010. 生物接触氧化工艺处理河道原水实验研究 [J]. 南华大学学报：自然科学版，24（1）：87 - 91.

邱顺林，刘绍平，黄木桂，等，2002. 长江中游江段四大家鱼资源调查 [J]. 水生生物学报，26：716 - 718.

邱光胜，胡圣，叶丹，等，2011. 三峡库区支流富营养化及水华现状研究 [J]. 长江流域资源与环境. 20（3）：311 - 316.

秦伯强，王小冬，汤祥明，等，2007. 太湖富营养化与蓝藻水华引起的饮用水危机——原因与对策 [J]. 地球科学进展，22（9）：896 - 906.

覃志豪，李文娟，徐斌，等，2004. 陆地卫星 TM6 波段范围内地表比辐射率的估计 [J]. 国土资源遥感，13（3）：28 - 32.

覃志豪，Zhang M，Arnon K，等，2001. 用陆地卫星 TM6 数据演算地表温度的单窗算法 [J]. 地理学报，56（4）：456 - 466.

任宪友，蔡述明，王学雷，等，2004. 长江中游湿地生态恢复研究 [J]. 华中师范大学学报（自然科学版），38（1）：114 - 120.

茹辉军，刘学勤，黄向荣，等，2008. 大型通江湖泊洞庭湖的鱼类物种多样性及其时空变化 [J]. 湖泊科学，20（1）：93 - 99.

孙鹏，张强，陈晓宏，等，2010. 鄱阳湖流域水沙时空演变特征及其机理 [J]. 地理学报，65（7）：828 - 840.

四川省长江水产资源调查组，1988. 长江鲟鱼类生物学及人工繁殖研究 [M]. 成都：四川科技出版社：98 - 99.

孙占东，黄群，姜加虎，2011. 洞庭湖主要生态环境问题变化分析 [J]. 长江流域资源与环境，20（9）：1108 - 1113.

汤显强，2020. 长江流域水体富营养化演化驱动机制及防控对策 [J]. 人民长江，51（1）：80 - 87.

谭维炎，胡四一，1991. 二维浅水流动的一种普适的高性能格式 [J]. 水科学进展，2（3）：154 - 161.

唐国华，2017. 鄱阳湖湿地演变、保护及管理研究 [D]. 南昌：南昌大学.

陶江平，乔晔，谭细畅，等，2009. 中华鲟回声信号判别分析及其在葛洲坝产卵场的空间分布 [J]. 科学通报，54（19）：2975 - 2982.

陶江平，龚昱田，谭细畅，等，2012. 长江葛洲坝坝下江段鱼类群落变化的时空特征 [J]. 中国科学：生命科学，42（8）：677 - 688.

陶江平，乔晔，杨志，等，2009. 葛洲坝产卵场中华鲟繁殖群体与繁殖规模评估及变动趋势分析 [J]. 水生态杂志，2（2）：37 - 43.

万成炎，陈小娟，2018. 全面加强长江水生态保护修复工作的研究 [J]. 长江技术经济，2（4）：33 - 38.

王丽婧，李虹，杨正健，等，2020. 三峡水库蓄水运行初期（2003—2012 年）水环境演变特征的"四大效应"[J]. 环境科学研究，33（5）：1109 - 1118.

王俊娜，董哲仁，廖文根，等，2013. 基于水文-生态响应关系的环境水流评估方法——以三峡水库及其坝下河段为例 [J]. 中国科学：技术科学，43（6）：715-726.

王桂芬，1988. 二、三维潮流数学模型嵌套连接技术 [J]. 交通与计算机，（3）：39-40.

王海云，程胜高，黄磊，2007. 三峡水库"藻类水华"成因条件研究 [J]. 人民长江，38（2）：16-18.

王扬才，陆开宏，2004. 蓝藻水华的危害及治理动态 [J]. 水产学杂志，17（1）：90-94.

汪登强，高雷，段辛斌，等，2019. 汉江下游鱼类早期资源及梯级联合生态调度对鱼类繁殖影响的初步分析 [J]. 长江流域资源与环境，28（8）：155-163.

汪登强，程晓凤，陈大庆，等，2013. 淡水四大家鱼分子鉴定的方法. CN 201310224987.

武海涛，吕宪国，2005. 中国湿地评价研究进展与展望 [J]. 世界林业研究，18（4）：49-53.

吴龙华，2007. 长江三峡工程对鄱阳湖生态环境的影响研究 [J]. 水利学报，（S1）：586-591.

吴金明，王成友，张书环，等，2017. 从连续到偶发：中华鲟在葛洲坝下发生小规模自然繁殖 [J]. 中国水产科学. 24（3），425-431.

王鸿泽，陶江平，常剑波，2019. 中华鲟濒危状况与物种保护对策的评估分析 [J]. 长江流域资源与环境（9），2100-2108.

肖慧，刘勇，常剑波，1999. 中华鲟人工繁殖放流现状评价 [J]. 水生生物学报（6）：572-576.

徐德毅，2018. 长江流域水生态保护与修复状况及建议 [J]. 长江技术经济，2（2）：19-24.

许继军，陈进. 三峡水库运行对鄱阳湖影响及对策研究 [J]. 水利学报，2013，44（7）：757-763.

徐薇，杨志，陈小娟，等，2020. 三峡水库生态调度试验对四大家鱼产卵的影响分析 [J]. 环境科学研究，33（5）：69-79.

杨波，2004. 我国湿地评价研究综述 [J]. 生态学杂志，23（4）：146-149.

杨桂山，朱春全，蒋志刚，2011. 长江保护与发展报告（2011）[M]. 武汉：长江出版社.

杨志峰，尹民，崔保山，2005. 城市生态环境需水量研究——理论与方法 [J]. 生态学报 25（3）：389-396.

杨宇，2007. 中华鲟葛洲坝栖息地水力特性研究 [D]. 南京：河海大学.

杨存建，徐美，黄朝永，等，1998. 遥感信息机理的水体提取方法的探讨 [J]. 地理研究，17（增）：86-89.

杨正健，俞焰，陈钊，等，2017. 三峡水库支流库湾水体富营养化及水华机理研究进展 [J]. 武汉大学学报（工学版），50（4）：507-516.

杨霞，胡兴娥，陈磊，等，2012. 藻类水华暴发影响因子研究综述 [A]. 中国环境科学学会. 2012 中国环境科学学会学术年会论文集（第二卷）[C]. 中国环境科学学会：中国环境科学学会，2012 年 7 月.

余达淮，贾礼伟，2010. 鄱阳湖人湖和谐发展的问题与对策 [J]. 江西水利科技，36（3）：196-200.

余志堂，1988. 大型水利枢纽对长江鱼类资源影响的初步评价（二）[J]. 水利渔业（3）：24-27.

余志堂，周春生，邓中林，等，1983. 葛洲坝枢纽下游中华鲟自然繁殖的调查 [J]. 水库渔业（2）：2-4.

袁敏，李忠武，谢更新，等，2014. 三峡工程调节作用对洞庭湖水面面积（2000—2010 年）的影响 [J]. 湖泊科学，26（1）：37-45.

辛小康，尹炜，叶闽，2011. 水动力调控三峡库区支流水华方案初步研究 [J]. 水电能源科学，29（7）：16-18.

向速林，周文斌，2010. 鄱阳湖沉积物中磷的赋存形态及分布特征 [J]. 湖泊科学，22（5）：649-654.

徐薇，刘宏高，乔晔，等，2014. 三峡水库生态调度对沙市江段鱼卵和仔鱼的影响 [J]. 水生态杂志，35（2）：1-8.

徐慧娟，许多，宁磊，等，2014. 重大人类活动对洞庭湖四口水系洪水特性的影响分析 [J]. 中国农村水利水电（9）：127-130.

许继军，2009. 鄱阳湖口生态水利工程方案探讨 [J]. 人民长江，12（3）：11-15.

徐卫明，段明，2013. 鄱阳湖水文情势变化及其成因分析 [J]. 江西水利科技，39 (3)：161-163.

许文杰，2009. 城市湖泊综合需水分析及生态系统健康评价研究 [D]. 大连：大连理工大学.

席晓燕，沈楠，李小娟，2009. ETM＋影像水体提取方法研究 [J]. 计算机工程与设计 (4)：993-996.

薛薇，陈欢歌，2010. Clementine 数据挖掘方法及应用 [M]. 北京：电子工业出版社.

谢平，陈广才，雷红富，等，2010. 水文变异诊断系统 [J]. 水力发电学报，29 (1)：85-91.

谢平，2018. 三峡工程对长江中下游湿地生态系统的影响评估 [M]. 武汉：长江出版社.

易伯鲁，余志堂，梁秩燊，1988. 葛洲坝水利枢纽与长江四大家鱼 [M]. 武汉：湖北科学技术出版社.

于晓东，罗天宏，伍玉明，等，2005. 长江流域两栖动物种多样性的大尺度格局 [J]. 动物学研究，26 (6)：565-579.

羊向东，董旭辉，陈旭，等，2020. 长江经济带湖泊环境演变与保护、治理建议 [J]. 中国科学院院刊，35 (8)：977-987.

张静，叶丹，朱海涛，等，2019. 在不同蓄水位下三峡库区春季水华特征及趋势分析 [J]. 水生生物学报，43 (4)：884-891.

张晓敏，黄道明，谢文星，等，2009. 汉江中下游四大家鱼自然繁殖的生态水文特征 [J]. 水生态学杂志，2 (2)：126-129.

张青玉，张廷芳，1990. 二维潮流的一个改进算法及其在长江口的应用 [J]. 大连理工大学学报，30 (4)：489-492.

张大伟，李丹勋，陈稚聪，等，2010. 溃坝洪水的一维、二维耦合水动力模型及应用 [J]. 水力发电学报，20 (2)：149-154.

张明，柏绍光，2011. 对数正态分布参数估计的积分变换矩法应用 [J]. 人民长江，49 (19)：21-23, 37.

张光贵，1997. 洞庭湖演变对农业生态环境的影响 [J]. 长江流域资源与环境，6 (4)：363-367.

曾辉，宋立荣，于志刚，等，2007. 三峡水库"水华"成因初探 [J]. 长江流域资源与环境，16 (3)：336-339.

郑建军，钟成华，邓春光，2006. 试论水华的定义 [J]. 水资源保护，22 (5)：45-47.

赵运林，董萌，2014. 洞庭湖生态系统服务功能研究 [M]. 长沙：湖南大学出版社.

赵贵章，董锐，王赫生，等，2020. 近30年鄱阳湖与洞庭湖水文变化与归因分析 [J]. 南水北调与水利科技，18 (5)：1-15.

郑林，1998. 三峡工程对鄱阳湖水环境质量影响的初步分析 [J]. 江西大学学报，22 (2)：177-180.

钟福生，王焰新，邓学建，等，2007. 洞庭湖湿地珍稀濒危鸟类群落组成及多样性 [J]. 生态环境，16 (5)：1485-1491.

钟业喜，刘影，2003. 从生态环境角度论鄱阳湖区农业可持续发展 [J]. 四川环境，22 (1)：46-48.

钟振宇，2010. 洞庭湖生态健康与安全评价研究 [D]. 长沙：中南大学.

周广杰，况琪军，胡征宇，等，2006. 三峡库区四条支流藻类多样性评价及"水华"防治 [J]. 中国环境科学，26 (3)：337-341.

周雪，王珂，陈大庆，等，2019. 三峡水库生态调度对长江监利江段四大家鱼早期资源的影响 [J]. 水产学报，43 (8)：1781-1789.

周广杰，胡征宇，2007. 三峡库区"水华"现状及防治策略建议 [C]// 中国海洋湖沼学会藻类学分会会员大会暨学术讨论会.

ABRIL G, MARTINEZ J M, ARTIGAS L F, et al, 2014. Amazon River carbon dioxide outgassing fuelled by wetlands [J]. Nature, 505 (7483)：395-398.

Adams C F, Harris B P, Stokesbury K D E, 2008. Geostatistical comparison of two independent video surveys of sea scallop abundance in the Elephant Trunk Closed Area, USA [J]. ICES Journal of Marine Sciences, 65：995-1003.

AKHTAR M K，CORZO G A，Van Andel S J，et al，2009. River flow forecasting with artificial neural networks using satellite observed precipitation pre‐processed with flow length and travel time information: case study of the Ganges river basin ［J］. Hydrology and Earth System Sciences，13（9）: 1607‐1618.

BAN X，DU Y，LIU H Z，et al，2011. Applying instream flow incremental method for the spawning habitat protection of Chinese sturgeon（Acipenser sinensis）［J］. River Research & Applications，27（1）: 87‐98.

BALK H，LINDEM T，2005. Sonar4，Sonar5，Sonar6‐Pro Post‐processing Systems Manual version 5.98. University of Oslo.

BAUMGARTNER A，BENECKE U，DAVIS M R，2014. Mountain climates from a perspective of forest growth ［M］. Technical Paper Forest Research Institute New Zealand: 27‐82.

BARBOUR M T，GERRITSEN J，SNYDER B D，et al，1999. Rapid Bioassessment Protocols for Use In Streams and Wadable Rivers: Periphyton，benthic invertebrates and fish ［M］. https://archive. epa. gov/water/archive/web/html/index‐14. html.

BESTGEN K R，OLDEN J D，POFF L R，2006. Life‐History Strategies Predict Fish Invasions And Extirpations In The Colorado River Basin ［J］. Ecological Monographs，76（1）: 25‐40.

BLUMBERG A F，MELLOR G L，1987. A description of a three‐dimensional coastal ocean circulation model ［J］. Coastal and Estuarine Sciences，26（4）: 1‐16.

BRACKEN L J，WAINWRIGHT J，ALI G A，et al，2013. Concepts of hydrological connectivity: research approaches，pathways and future agendas ［J］. Earth‐Science Reviews，119: 1‐7.

BRIX H，1994. Functions of Macrophytes in Constructed Wetlands ［J］. Water Science and Technology，29（4）: 71‐78.

BRIX H，1997. Do macrophytes play a role in constructed treatment wetlands? ［J］. Water Science and Technology，35（5）: 11‐17.

BUNN S E，ARTHINGTON A H，2002. Basic principles and ecological consequences of altered flow regimes for aquatic biodiversity ［J］. Environmental Management，30（4）: 492‐507.

BURN D H，ELNUR M A H，2002. Detection of hydrologic trends and variability ［J］. Journal of hydrology. 255，107‐122.

BRUCH R M，BINKOWSKI F P，2010. Spawning behavior of lake sturgeon（Acipenser fulvescens）［J］. Journal of Applied Ichthyology，18（4‐6）: 570‐579.

CHANG T，GAO X，DANLEY P D，et al，2017. Longitudinal and temporal water temperature patterns in the Yangtze River and its influence on spawning of the Chinese sturgeon（Acipenser sinensis gray 1835）［J］. River Research & Applications，33，1445‐1451.

CHANG J A，LI J B，LU D Q，et al，2010. The hydrological effect between Jingjiang River and Dongting Lake during the initial period of Three Gorges Project operation ［J］. Journal of Geographical Sciences，20（5）: 771‐786.

CHEN X Q，ZONG Y Q，ZHANG E F，et al，2001. Human impacts on the Changjiang（Yangtze） River basin，China，with special reference to the impacts on the dry season water discharges into the sea ［J］. Geomorphology，41（2‐3）: 111‐123.

CHEN C S，LIU H，Beardsley R C，2003. An unstructured，finite‐volume，three‐dimensional，primitive equation ocean model: application to coastal ocean and estuaries ［J］. Journal of Atmospheric and Oceanic Technology，20（1）: 159‐186.

COLES S G，2001. An introduction to statistical modeling of extreme values ［M］. Springer.

CONOVER W J，1980. Practical nonparametric statistics ［M］. Wiley.

COOPS H, BEKLIOGLU M, CRISMAN T L, 2003. The role of water-level fluctuations in shallow lake ecosystems-workshop conclusions [J]. Hydrobiologia, 506 (1-3): 23-27.

COSTANZA R, GROOT R, SUTTON P, et al, 2014. Changes in the global value of ecosystem services [J]. Global Environmental Change, 26 (1): 1-52.

CORTES C, VAPNIK V, 1995. Support-vector networks [J]. Machine Learning, 20 (3): 273-297.

DEJALON D G, SANCHEZ P, CAMARGO J A, 1994. Downstream effects of a new hydropower impoundment on macrophyte, macroinvertebrate and fish communities [J]. River Research and Applications, 9: 253-261.

EDWARDS A L, LEE D W, RICHARDS J H, 2003. Responses to a fluctuating environment: effects of water depth on growth and biomass allocation in Eleocharis cellulose Torr. (Cyperaceae) [J]. Canadian Journal of Botany, 81 (9): 964-975.

EPPLEY R W, 1972. Temperature and Phytoplankton Growth in the Sea [J]. 70 (4): 1063-1085.

FANG J Y, WANG Z H, ZHAO S Q, et al, 2006. Biodiversity changes in the lakes of the Central Yangtze [J]. Frontiers in Ecology and the Environment, 4 (7): 369-377.

GEORGAKRAKOS S, KITSIOU D, 2008. Mapping abundance distribution of small pelagic species applying hydroacoustic and Co-kriging techniques [J]. Hydrobiol, 612: 155-169.

GIBBS J P, 2000. Wetland Loss and Biodiversity Conservation [J]. Conservation Biology, 14 (1): 314-317.

GUAN L, WEN L, FENG D, et al, 2014. Delayed flood recession in central Yangtze floodplains can cause significant food shortages for wintering geese: results of inundation experiment [J]. Environmental Management, 54 (6): 1331-1341.

HAN X, CHEN X, FENG L, 2015. Four decades of winter wetland changes in Poyang Lake based on Landsat observations between 1973 and 2013 [J]. Remote Sensing of Environment, 156: 426-437.

HOFMANN H, LORKE A, PEETERS F, 2008. Temporal scales of water-level fluctuations in lakes and their ecological implications [J]. Hydrobiologia, 613 (1): 85-96.

HU S J, NIU Z G, CHEN Y F, et al, 2017. Global Wetland Datasets: a Review. Wetlands [J]. 37 (5): 807-817.

HU Y X, HUANG J L, DU Y, et al, 2015. Monitoring wetland vegetation pattern response to water-level change resulting from the Three Gorges Project in the two largest freshwater lakes of China [J]. Ecological Engineering, 74: 274-285.

HUDON C, WILCOX D, INGRAM J, 2006. Modeling wetland plant community response to assess water-level regulation scenarios in the Lake Ontario-St. Lawrence River basin [J]. Environmental Monitoring and Assessment, 113 (1-3): 303-328.

JIANG L Z, BAN X, WANG X L, et al, 2014. Assessment of hydrologic alterations caused by the Three Gorges Dam in the middle and lower reaches of Yangtze River, China [J]. Water, 6 (5): 1419-1434.

KIESER R, MULLIGAN T J, 1984. Analysis of echo counting data: A model [J]. Canadian Journal of Fisheries and Aquatic Sciences, 41: 451-458.

KINGSFORD R T, 2000. Ecological impacts of dams, water diversions and river management on floodplain wetlands in Australia [J]. Austral Ecology, 25 (2): 109-127.

KINGSFORD R T, WALKER K F, LESTER R E, et al, 2011. A Ramsar wetland in crisis-the Coorong, lower lakes and murray mouth, Australia [J]. Marine and Freshwater Research, 62 (3): 255-265.

KUNZ T J, DIEHL S, 2003. Phytoplankton, light and nutrients along a gradient of mixing depth: a field test of producer-resource theory [J]. Freshwater Biology, 48 (6): 1050-1063.

KILANEHEI F，NAEENI S，NAMIN M，2011. Coupling of 2DH－3D hydrodynamic numerical models for simulating flow around river hydraulic structures ［J］. World Applied Sciences Journal，53（1）：63－77.

KIESER R，MULLIGAN T J，1984. Analysis of echo counting data：A model. Canadian Journal of Fisheries and Aquatic，41：451－458.

KYNARD B，危起伟，柯福恩，1995. 利用超声波遥测技术定位中华鲟产卵区 ［J］. 科学通报，40（2）：172－174.

LAI X，JIANG J，HUANG Q，2012. Pattern of impoundment effects and influencing mechanism of Three Gorges Project on water regime of Lake Dongting ［J］. Journal of Lake Sciences，24（2）：178－184.

LAI X J，JIANG J H，HUANG Q，2013. Effects of the normal operation of the Three Gorges Reservoir on wetland inundation in Dongting Lake，China：a modelling study ［J］. Hydrological Sciences Journal，58（7）：1467－1477.

LEIRA M，CANTONATI M，2008. Effects of water－level fluctuations on lakes：an annotated bibliography ［J］. Hydrobiologia，613：171－184.

LI L Q，LU X X，CHEN Z Y，2007. River channel change during the last 50 years in the middle Yangtze River，the Jianli reach ［J］. Geomorphology，85（3－4）：185－196.

LI Z，NIE X，ZHANG Y，et al，2016. Assessing the influence of water level on schistosomiasis in Dongting Lake region before and after the construction of Three Gorges Dam ［J］. Environmental Monitoring & Assessment，188（1）：28.

LIU J，ENGEL B A，ZHANG G，et al，2020a. Hydrological connectivity：One of the driving factors of plant communities in the Yellow River Delta ［J］. Ecological Indicators，112：106150.

LIU J，ENGEL B A，WANG Y，et al，2020b. Multi－scale analysis of hydrological connectivity and plant response in the Yellow River Delta ［J］. Science of the Total Environment，702（Feb.1）：134889. 1－134889. 12.

LOVE R H，1971. Dorsal－aspect target strength of an individual fish ［J］. J Acoust Soc Am，49：816－823.

MAGILLIGAN F J，NISLOW K H，2005. Changes in hydrologic regime by dams ［J］. Geomorphology，71（1－2）：61－78.

MORIN J，LECLERC M，1998. From pristine to present state：hydrology evolution of Lake Saint－François，St. Lawrence River ［J］. Canadian Journal of Civil Engineering，25（5）：864－879.

MORRILL C，OVERPECK J T，COLE J E，2003. A synthesis of abrupt changes in the Asian summer monsoon since the last deglaciation ［J］. The Holocene. 13，465－476.

MIGLIO E，PEROTTO S，SALERI F，2005. Model coupling techniques for free surface flow problems：Part I ［J］. Nonlinear Analysis：Theory，Methods& Applications，63：1885－1896.

MAHJOOB A，GHIASSI R，2011. Application of a coupling algorithm for the simulation of flow and pollution in open channels ［J］. World Applied Science Journal，12（4）：446－459.

MINSHALL G W，CUMMINS K W，PETERSEN R C，et al，1985. Developments in Stream Ecosystem Theory ［J］. Canadian Journal of Fisheries and Aquatic Sciences，42（5）：1045－1055.

NAMIN M M，FALCONER R A，2004. An efficient coupled 2－DH and 3－D hydrodynamic model for river and coastal applications ［M］. Hydroinformatics. 2004.

OU C M，LI J B，ZHANG Z Q，et al，2012. Effects of the dispatch modes of the Three Gorges Reservoir on the water regimes in the Dongting Lake area in typical years ［J］. Journal of Geographical Sciences，22（4）：594－608.

OU C M，LI J B，ZHOU Y Q，et al，2014. Evolution characters of water exchange abilities between

Dongting Lake and Yangtze River [J]. Journal of Geographical Sciences, 24 (4): 731 – 745.

PARKER – STETTER S L, RUDSTAM LG, SULLIVAN P J, et al, 2009. Standard Operating Procedures for Fisheries Acoustic Surveys in the Great Lakes. Great Lakes Fish. http: //www. glfc. org/pubs/ SpecialPubs/Sp09 _ 1. pdf.

Qian S S, 1999. Exploring Factors Controlling the Variability of Pesticide Concentrations in the Willamette River Basin Using Tree – Based models [J]. Environmental Science& Technology, 33 (19): 3332 – 3340.

REYNOLDS C S, 2006. The Ecology of Phytoplankton: Growth and replication of phytoplankton [M]. https: //esajournals. onlinelibrary. wiley. com/doi/abs/10. 1890/05 – 0330.

RICHTER B D, THMOAS G A, 2007. Restoring environmental flows by modified dam operations [J]. Ecology and Society. 12 (1): 12 – 18.

RICHTER R A, 1996. Spatially adaptive fast atmospheric correction algorithm [J]. International Journal of Remote Sensing, 17 (6): 1201 – 1214.

RUXTON G D, 2006. The unequal variance t – test is an underused alternative to Student's t – test and the Mann – Whitney U test [J]. Behavioral Ecology. 17: 688 – 690.

SHAPIRO P, 1973. Blue – green algae: why they become dominant [J]. Science. 179: 382 – 384.

SHU G, 2004. Instant modelling and data – knowledge processing by reconstructability analysis. Kybernetes, 33: 984 – 991.

SUN Z D, HUANG Q, OPP C, et al, 2012. Impacts and implications of major changes caused by the Three Gorges Dam in the middle reaches of the Yangtze River, China [J]. Water Resources Management, 26 (12): 3367 – 3378.

SONG L, ZHOU J, GUO J, et al, 2011. An unstructured finite volume model for dam – break floods with wet/dry fronts over complex topography [J]. International Journal for Numerical Methods in Fluids [J]. 67 (8): 960 – 980.

SHCHEPETKIN A F, MCWILLIAMS J C, 2005. The regional oceanic modeling system (ROMS): a split – explicit, free – surface, topography – followingcoordinate oceanic model [J]. Ocean Modelling, 9 (4): 347 – 404.

TAO J, QIAO Y, TAN X, et al, 2009. Species identification of Chinese sturgeon using acoustic descriptors and ascertaining their spatial distribution in the spawning ground of Gezhouba Dam [J]. Chinese Science Bulletin, 54 (21): 3972 – 3980.

TAO J, YANG Z, CAI Y, et al, 2017. Spatiotemporal response of pelagic fish aggregations in their spawning grounds of middle Yangtze to the flood process optimized by the Three Gorges Reservoir operation [J]. Ecological Engineering, 103: 86 – 94.

TSAI M J, ABRAHART R J, MOUNT N J, et al, 2014. Including spatial distribution in a data – driven rainfall – runoff model to improve reservoir inflow forecasting in Taiwan [J]. Hydrological Processes, 28 (3): 1055 – 1070.

VOLLENWEIDER R A, 1968. Scientific basis of lake and stream eutrophication, with particular reference to phosphorus and nitrogen as eutrophication factors [J]. Organisation for Ecomonic Coorporation and Development, Paris.

WANTZEN K M, ROTHHAUPT K O, MÖRTL M, et al, 2008. Ecological effects of water – level fluctuations in lakes: an urgent issue [J]. Hydrobiologia, 613 (1): 1 – 4.

WALLINE P D, 2007. Geostatistical simulations of eastern Bering Sea walleye pollock spatial distributions, to estimate sampling precision [J]. ICES Journal of Marine Science, 64: 559 – 569.

WILCOX D A, MEEKER J E, 1992. Implications for Faunal Habitat Related to Altered Macrophyte

Structure in Regulated Lakes in Northern Minnesota [J]. Wetlands, 12 (3): 192 – 203.

WU H P, ZENG G M, LIANG J, et al, 2013. Changes of soil microbial biomass and bacterial community structure in Dongting Lake: impacts of 50, 000 dams of Yangtze River [J]. Ecological Engineering, 57: 72 – 78.

WANG C, KYNARD B, WEI Q, et al, 2013a. Spatial distribution and habitat suitability indices for non – spawning and spawning adult Chinese sturgeons below Gezhouba Dam, Yangtze River: Effects of river alterations [J]. Journal of Applied Ichthyology, 29 (1): 31 – 40.

WANG J D, SHENG Y W, GLEASON C J, et al, 2013b. Downstream Yangtze River levels impacted by Three Gorges Dam [J]. Environmental Research Letters, 8 (4): 44012 – 44020.

WEI QW, KYNARD B, YANG DG, et al, 2009. Using drift nets to capture early life stages and monitor spawning of the Yangtze River Chinese sturgeon (Acipenser sinensis) [J]. Journal of Applied Ichthyology, 25 (S2): 100 – 106.

QIAO Y, CHANG J B, TAN X C, et al, 2006. Chinese Sturgeon (Acipenser sinensis) in the Yangtze River: a hydroacoustic assessment of fish location and abundance on the last spawning ground [J]. Journal of Applied Ichthyology, 22 (s1): 140 – 144.

XU W, QIAO Y, CHEN X J, et al, 2015. Spawning activity of the four major Chinese Carps in the middle mainstream of the Yangtze River, during the Three Gorges Reservoir operation period, China [J]. Journal of Applied Ichthyology, 31 (5): 846 – 854.

YANG F L, ZHANG X F, TAN G M, 2007. One and two – dimensional coupled hydrodynamics model for dam break flow [J]. Journal of Hydrodynamics, 19 (6): 769 – 775.

YIN H F, LI C A, 2001. Human impact on floods and flood disasters on the Yangtze River [J]. Geomorphology, 41 (2 – 3): 105 – 109.

YU R C, Zhou T J, Xiong A Y, et al, 2007. Diurnal variations of summer precipitation over contiguous China [J]. Geophysical Research Letters, 34 (1): 223 – 234.

YI Y, WANG Z, YANG Z, 2010. Impact of the Gezhouba and Three Gorges Dams on habitat suitability of carps in the Yangtze River [J]. Journal of Hydrology, 387 (3): 283 – 291.

ZHANG G, CHANG J, SHU G, 2000. Applications of factor criteria system reconst ruction analysis in the reproduction research on grass carp, black carp, silver carp and big head in the Yangtze River [J]. International Journal of General System, 29: 419 – 428.

ZHANG H, Jaric I, Roberts D L, et al, 2020. Extinction of one of the world's largest freshwater fishes: Lessons for conserving the endangered Yangtze fauna [J]. Science of the Total Environment, 710: 136242 (1 – 7).

ZHANG H, WANG C Y, YANG D G, et al, 2014a. Spatial distribution and habitat choice of adult Chinese sturgeon (Acipenser sinensis Gray, 1835) downstream of Gezhouba Dam, Yangtze River, China [J]. Journal of Applied Ichthyology, 30 (6): 1483 – 1491.

ZHANG Q, YE X C, WERNER A D, et al, 2014b. An investigation of enhanced recessions in Poyang Lake: Comparison of Yangtze River and local catchment impacts [J]. Journal of Hydrology, 517: 425 – 434.

ZHAO N, CHANG J, 2006. Microsatellite loci inheritance in the Chinese sturgeon *Acipenser sinensis* with an analysis of expected gametes ratios in polyploidy organisms [J]. Journal of Applied Ichthyology, 22 (s1), 89 – 96.

ZOUNEMAT K M, SABBAGH – YAZDI S R, 2010. Coupling of two – and three – dimensional hydrodynamic numerical models for simulating wind – inducedcurrents in deep basins [J]. Computers and Fluids, 39: 994 – 1011.

ZHU B，ZHOU F，CAO，H，et al，2002. Analysis of genetic variation and parentage in Chinese sturgeon，Acipenser sinensis：estimating the contribution of artificially produced larvae in a wild population [J]．Journal of Applied Ichthyology，18（4 - 6）：301 - 306.

ZYDLEWSKI G B，HARO A，MCCORMICK S D，2005. Evidence for cumulative temperature as an initiating and terminating factor in downstream migratory behavior of Atlantic salmon（Salmo salar）smolts [J]．Canadian Journal of Fisheries and Aquaticences，62（1）：68 - 78.